1

2b

3

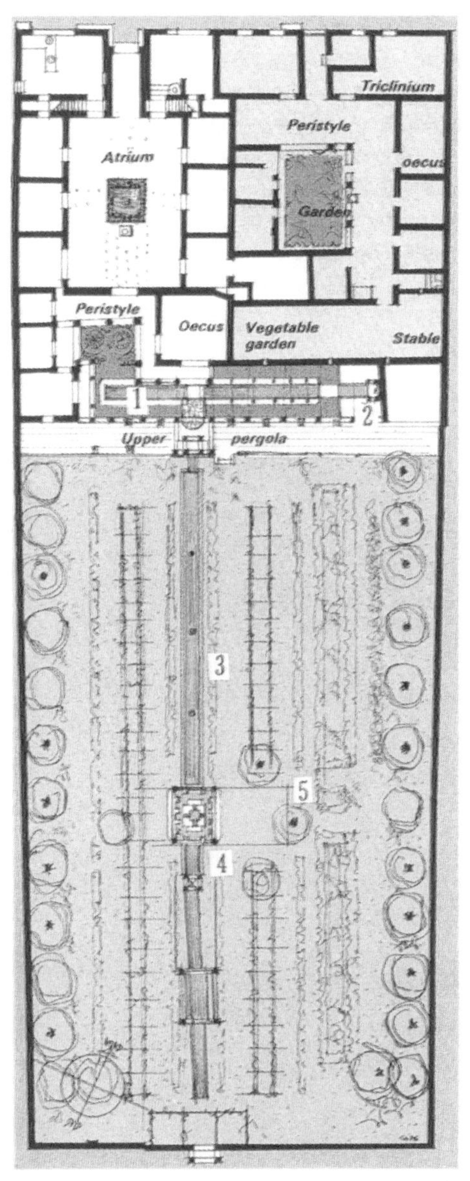

2a

彩图1 坎特伯里巨石阵,英国(Stonehenge, Canterbury, Britain)

彩图2a 庞贝洛瑞阿斯·蒂伯廷那斯住宅庭园(The House of Loreius Tiburtinus)平面,意大利南部庞贝城

彩图2b 庞贝洛瑞阿斯·蒂伯廷那斯住宅庭园(The House of Loreius Tiburtinus)住宅部分与后花园衔接的横渠,意大利南部庞贝城

彩图3 拙政园——从别有洞天西望与谁同坐轩,文征明,中国苏州,明代

彩图 4a　伊斯兰园 – 阿尔罕布拉(Alhambra)宫苑鸟瞰图，西班牙，公元 1238～1358 年
彩图 4b　伊斯兰园 – 阿尔罕布拉(Alhambra)宫苑，姚金娘庭院，西班牙，公元 1238～1358 年
彩图 5a　纽约中央公园平面图，弗雷德里克·奥姆斯泰德(Frederick Olmsted)，美国，1858 年
彩图5b　纽约中央公园 休闲草地，弗雷德里克·奥姆斯泰德(Frederick Olmsted)，美国，1858 年
彩图6　拉夫·坎玛戈(Ralph Camargo)的花园，布雷·马克斯 (Burle Marx)，巴西，1987 年[1955 年为克劳斯弗斯(Kronsfoth)花园]

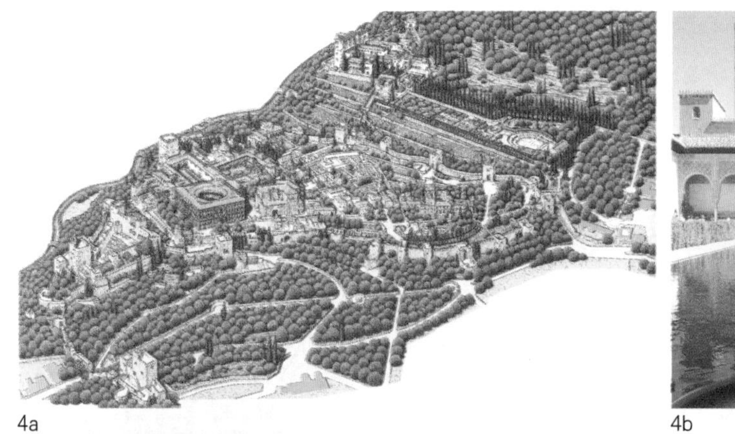

4a

4b

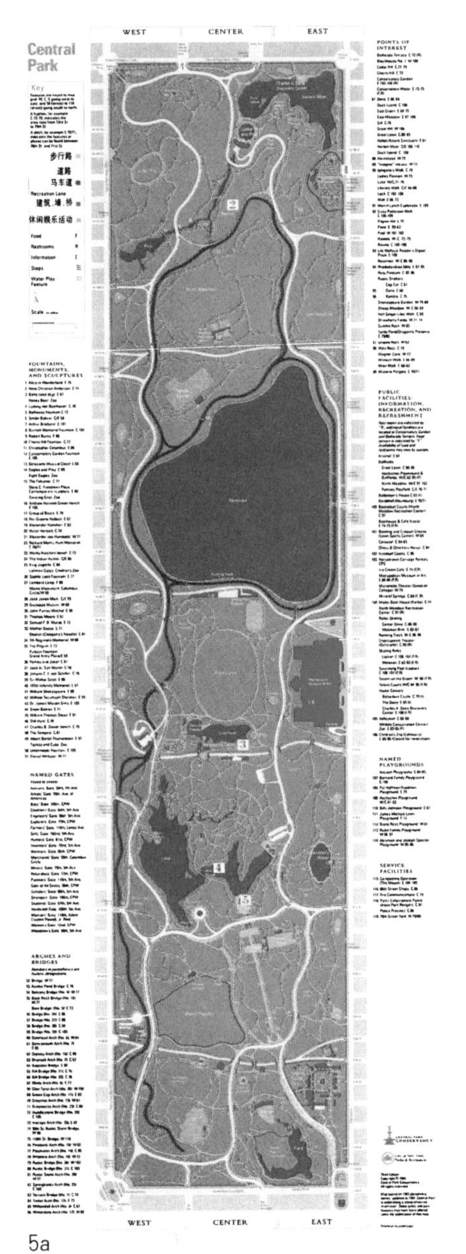

5a

5b

6

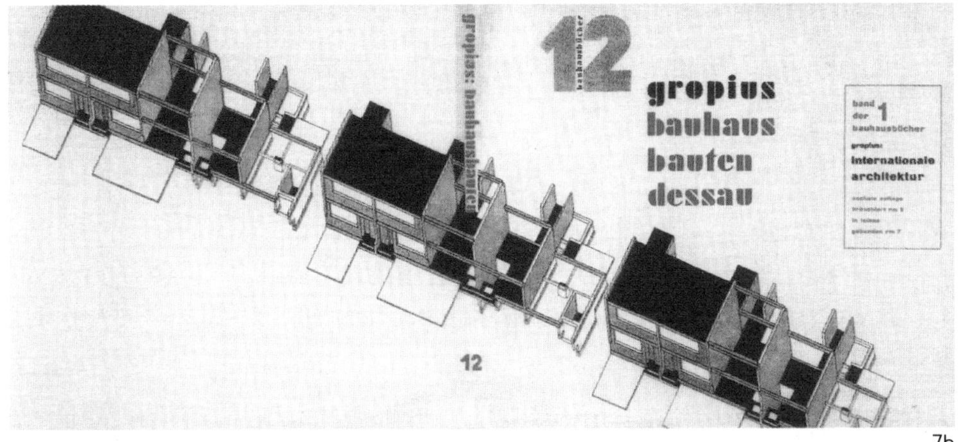

7b

7a

8

9

彩图 7a　包豪斯展览招贴，朱斯特 · 施密特，德国，1923 年

彩图 7b 《德绍包豪斯建筑》封面设计，霍利 · 纳吉，德国，1928 年

彩图 8　天龙寺(Tenryu Temple)，日本京都

彩图 9　瑞士亭桥 桥本身是一个空间，一个大空间中的小空间；亭桥将湖面分割成两个相邻的空间，亭桥成为陆地空间的穿插和水面空间的联系，瑞士

10

11a

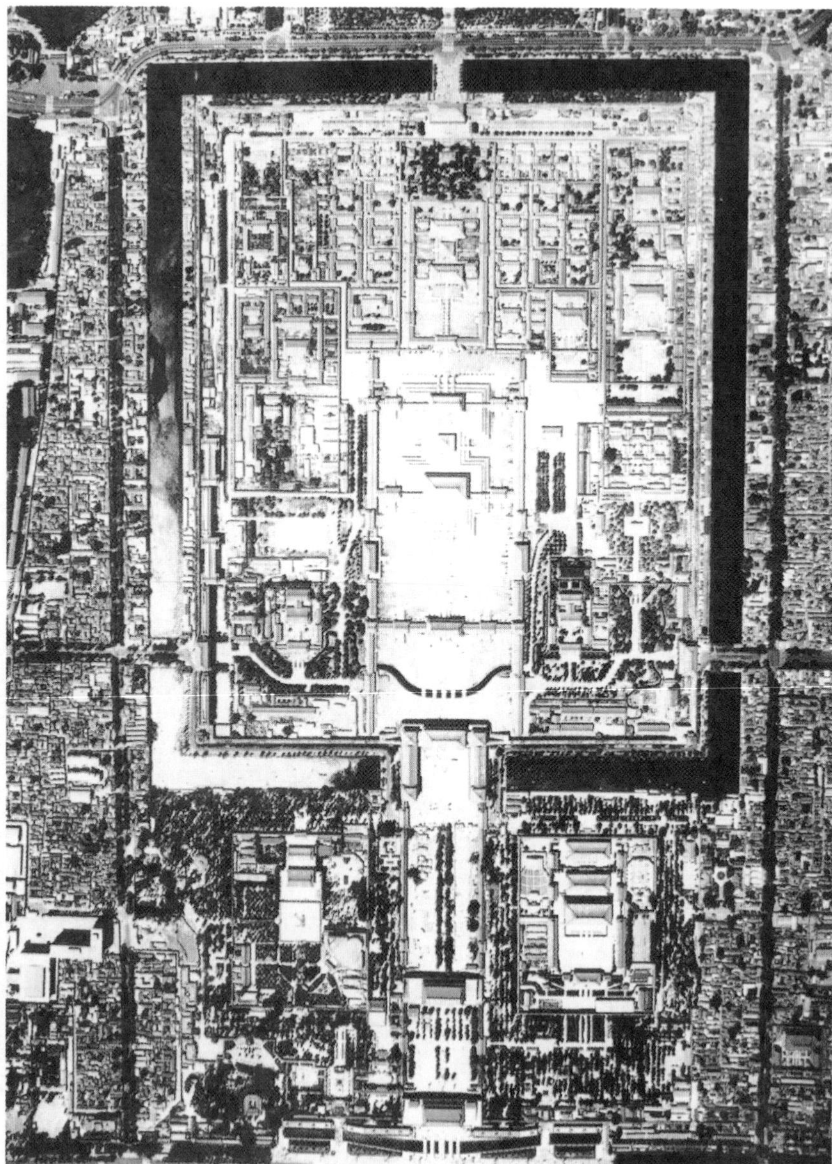

12

11b

彩图 10　盖帝艺术中心庭园石景(The Getty Center)，美国加利福尼亚州　圣迭哥
彩图 11a　赫顿广场(Horton Plaza)内部街道景观－多层次的步行场所与过街桥将两侧建筑相连，美国加利福尼亚州　圣迭哥
彩图 11b　旧金山夜巴波拿的建筑群，美国
彩图 12　壮丽的紫禁城 北京城的构图中心，也是构图母体，中国北京
彩图 13　郊野高速公路边上的公园 现代构图为自然的风土植被带来秩序，美国
彩图 14　家庭康复庭园，托弗尔·德莱尼公司，美国　加利福尼亚州　圣迭哥
彩图 15　亨利·摩尔雕塑公园，丹·厄本·基利，美国　密苏里州　堪萨斯

13

14

15

16

19

17

18

彩图16　尺度协调、自由奔放的路边柱列，澳大利亚 布里斯班世界博览会会址
彩图17　Johannis 广场步行区，齐根吕克(Ziegenrucker) 克姆(Kehm)，德国　埃尔富特
彩图18　圣索非亚教堂(Hagia Sophia)，土耳其伊斯坦布尔，A.D.532～535
彩图19　筑波科学中心广场，矶崎新，日本　茨城县
彩图20　模度图式(the Modular)，勒·柯布西耶(Le Corbusier)
彩图21　国家博物馆 奇特的建筑、空间和环境设施，澳大利亚 堪培拉，ARM+RPvHT 建筑师事务所，2001 年
彩图22　颐和园 后溪河买卖街，中国北京，清代

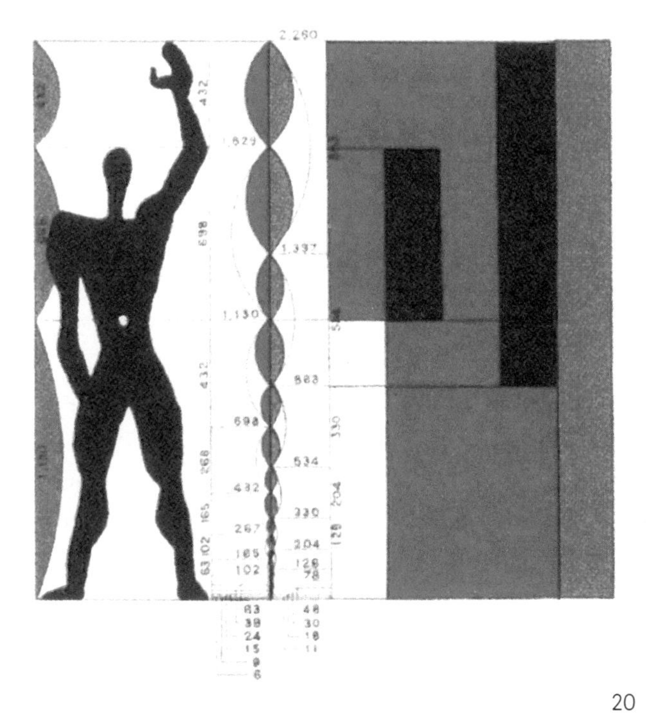
2,260
1,829
1,397
1,130
883
698
534
432
330
267
204
165
102
63
39
24
15

20

21

22

23

24

25

彩图23　许愿池喷泉(Fontana di Trevi, Rome, Italy)，意大利罗马
彩图24　印第安民族依峡谷地势以石材建造聚落，美国科罗拉多州Mesa Verde国家公园
彩图25　意大利广场 (Piazza d'Italia)，查尔斯·穆尔 (C.Moore)，美国新奥尔良，1974～1978年

26

27a

28

27b

彩图 26　纳尔逊 A · 洛克菲勒州长公园内的广场，汤姆 · 奥特内斯(Tom Otterness)，美国纽约州纽约，1992 年

彩图 27a　发掘罪恶(Device to Root Out Evil)，丹尼斯 · 奥本海姆(Dennis Oppenheim)，意大利威尼斯 Marghera 工业区，1996 年

彩图 27b　星尘(Stardust)，安那 · 西尔(Ana Thiel)

彩图 28　科斯茨咖啡馆，菲利普 · 斯塔克，法国巴黎，1987 年(现已不存在)

彩图29　圣三一教堂中厅，理查德·厄普约翰，美国纽约，1846年
彩图30　国家美术馆东馆，贝聿铭，美国华盛顿特区，1968～1978年
彩图31　希尔弗瑟姆市政厅，威廉·杜多克，荷兰，1924～1930年
彩图32　德·拉·沃尔展览馆，门德尔松 萨梅耶夫，英国萨塞克斯郡 滨海贝克斯希尔，1935～1936年

29

30

31

32

33

34

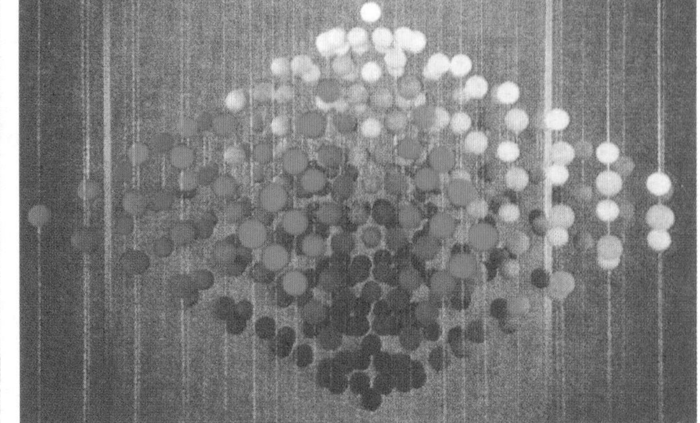

奥斯特华德色立体

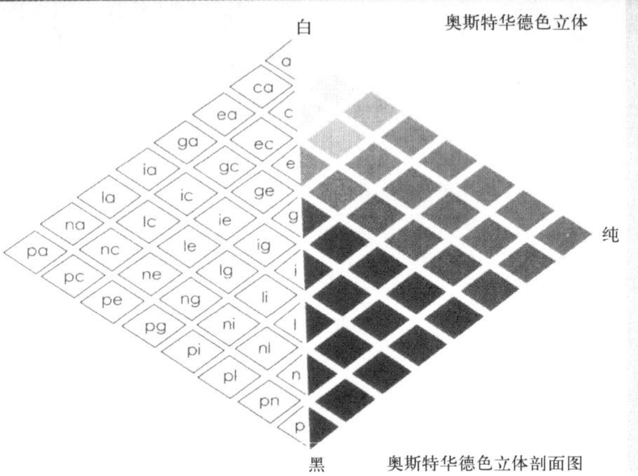

奥斯特华德色立体剖面图

35a

孟塞尔色立体纵剖面图

孟塞尔色立体的色相环

35b

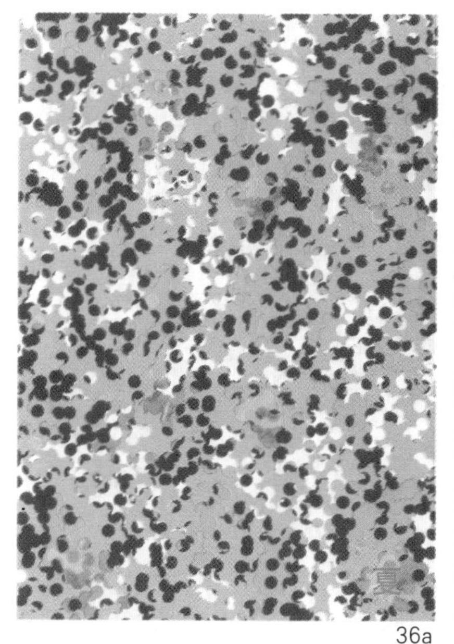

36a

36b

36c

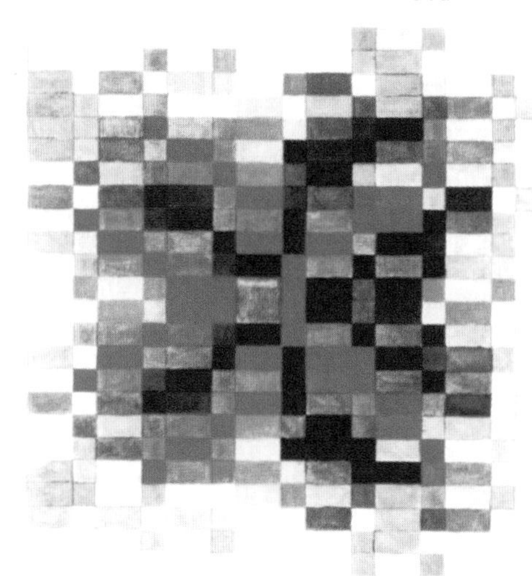

36d

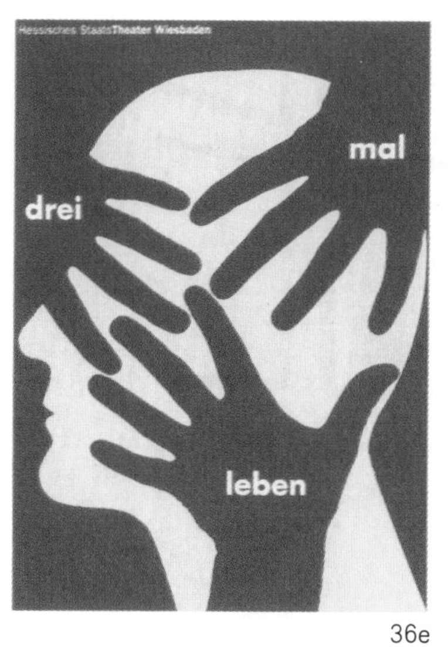

36e

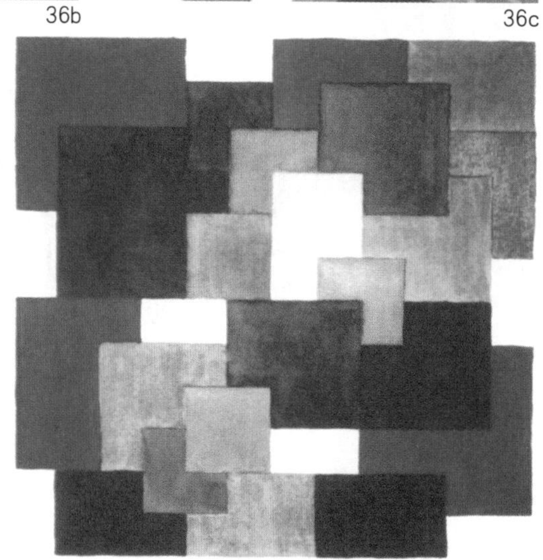

36f

36g

彩图 33　勒 · 雷恩西圣母教堂，奥古斯特 · 佩雷，法国，1922～1924 年
彩图 34　辛辛那提大学建筑、艺术与规划学院室内中庭，彼得 · 埃森曼，美国
彩图 35a　[德]奥斯特华德色立体，1916 年
彩图 35b　[美]孟塞尔色立体，1905 年
彩图 36a　使用打孔机制作的斑驳效果，用色点作为抽象语言生动地表达夏的主题
彩图 36b　在整体色调基础上加入轻重色彩的对比，防止画面过于沉闷和呆板
彩图 36c　平面化的静物
彩图 36d　水彩构成图案，Lo Kit Sum， Stephanie
彩图 36e　海报设计，Drei Mal Leban
彩图 36f　水彩构成图案，Li Pak Yee， Tuesday
彩图 36g　水彩构成图案，Lam Chi Wan， Joanne

彩图 37　儿童卧室
彩图 38　风中玫瑰——挡风墙，英国伦敦，2001 年
彩图 39　赫斯扎尔将梵·高(1889～1890)绘画中的色彩关系运用在德·阿伦舒夫住宅的卧室设计中，荷兰，1919 年
彩图 40　色彩训练——照片剪辑
彩图 41　乌尔姆市政厅，理查德·迈耶，德国，1993 年
彩图 42　佛利蒙大街声光秀，洛杉矶 The Jerde Partnership，Inc.美国拉斯韦加斯

38

37

39

40

41

42

彩图43　佛利蒙大街声光秀，洛杉矶The Jerde Partnership，Inc.美国拉斯韦加斯
彩图44　不夜山城，中国重庆
彩图45a　王府井步行商业街，中国北京
彩图45b　外滩夜景，中国上海
彩图46　环秀山庄，中国苏州

43

44

45a

45b

46

47

48

49a

彩图47　银河公园 由太极园望满月塔(观景塔)，中国天津，川口蔚，2004年
彩图48　沙克研究所(Salk Institute Laboratory Building)，路易斯·康(Louis I.Kahn)，美国加利福尼亚州La Jolla，1959～1965年
彩图49a　冈戈斯特(Congost)河畔公园，恩里克·巴特列　琼·罗伊格，西班牙　巴塞罗那

49b

50

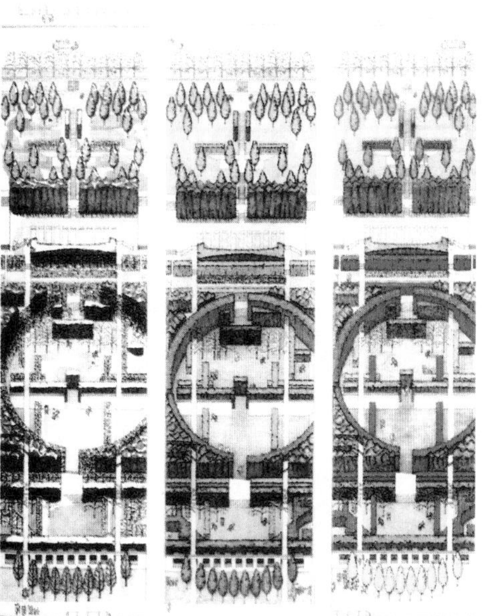

51

彩图49b　Jacob Javits广场，玛莎·施瓦茨(Martha Schwartz)，美国　纽约州纽约

彩图50　圣彼得大教堂的圆顶，米开朗琪罗，意大利罗马，1546～1564年

彩图51　现代主义的环境设计，用植物等环境元素进行简洁的构图

52

53

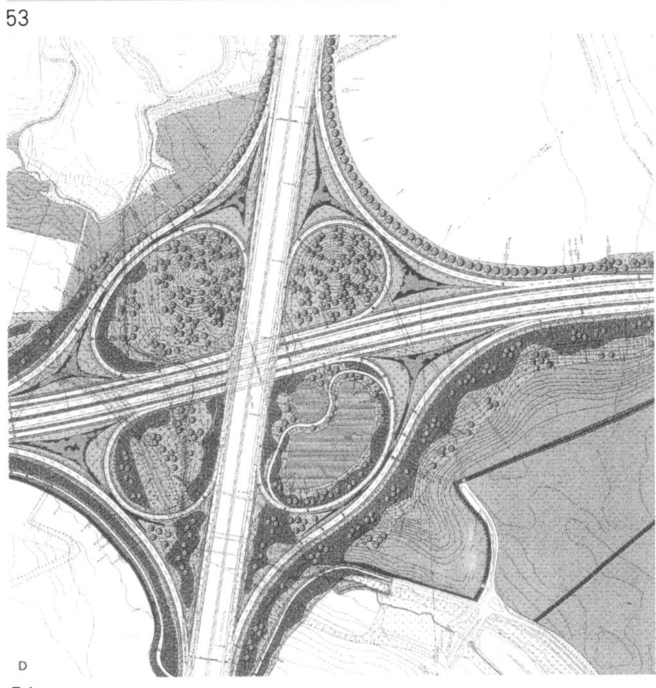
54

55

56

彩图 52　浙江湘湖风景区规划方案鸟瞰图，童鹤龄
彩图 53　承德避暑山庄，样式雷，中国河北
彩图 54　高速公路交叉路口，泰亚 · 特里普 克里斯托夫 · 贡德森，德国汉堡
彩图 55　达尔文中心（Darwin Center），布雷 · 马克斯（Burle Marx），英国爱丁堡，1995 年
彩图 56　越战纪念碑，林璎，美国华盛顿 ，1982 年

57

58

59a

59b

彩图 57　宜兰县头城镇运动公园，中国台湾
彩图 58　深南大道(夜景)，中国深圳
彩图 59a　上海人民广场模型鸟瞰，中国上海
彩图 59b　上海人民广场，中国上海

彩图 60　慈济大学医学院中庭景观，中国台湾

彩图 61　联邦艺术厅，恩斯特·路德维希·佐默尔拉德(Ernst Ludwig Sommerlad)；赖蒙德·哈赛(Raimund Haase)，德国波恩

彩图 62　巴特里公园城 世界金融中心——冬季花园，西萨·佩里，美国纽约，1980～1988 年

彩图 63　2003 上海美术设计大展 红色蜗居，章晴方，中国上海，2003 年

彩图 64　钓鱼台国宾馆芳菲苑 陈列在玻璃柜中的艺术品，让·菲利普·黑兹(Jean Philippe Heitz)，中国北京

彩图 65　西条光明寺，安藤忠雄，日本爱媛县西条市

60

61

62

63

64

65

66

67

69

68

彩图 66　陶瓷陈列，中国上海
彩图 67　天堂海滨酒店大堂，韩国釜山
彩图 68　拉什莫尔国家纪念碑，加特森 · 博格勒姆，美国南达科塔州，1927～1941 年
彩图 69　银河，亚历山大 · 利伯曼(Alexander Liberman)，美国俄克拉何马州 俄克拉何马
彩图70　西贝柳斯公园　简·西贝柳斯(Jean Sibelius)纪念雕塑,艾拉·希尔图宁(Eila Hiltunen),芬兰赫尔辛基
彩图 71　火柴，克雷斯 · 奥登伯格，西班牙巴塞罗那
彩图 72　小濑体育广场 纪念碑兄弟，会田雄亮，日本山梨县甲府市，1985～1986 年

70

71

72

73

74

75

CHEVALERET
CAMPO FORMIO
NATIONALE
PLACE D'ITALIE
TOLBIAC
IVRY

76

77

彩图 73　芝加哥中心广场 火烈鸟，亚历山大·考尔德，美国，1974 年
彩图 74　科斯马依游击队纪念碑，伏易斯多依奇，南斯拉夫
彩图 75　京都市国际交流会馆 涛，池田清，日本，1989 年
彩图 76　建筑立面上的地铁图，法国巴黎
彩图 77　古尔公园，安东尼·高迪，西班牙
彩图 78　城市广场中的儿童游戏场，法国里昂
彩图 79　古迹环境中的娱乐地，土耳其特洛伊
彩图80　在城区内设置的小型娱乐城，墨西哥坎昆，1997 年

78

79

80

81

83

82

84

彩图81　现代造型的广场照明灯，西班牙巴塞罗那

彩图82　依瓜苏热带植物园领域大门，巴西

彩图83　被包裹起来的德国国会(Wrapped Reichstag) 1971～1995年，克里斯托(Christo)，德国柏林，1995年

彩图84　岚山风景区 岚山秋色，日本京都

彩图85　中山堂纪念广场抗日战争胜利暨台湾光复纪念碑 环绕着广场的石材灯笼将人由两侧的花台入口缓缓地引向沉思区，中国台湾 台北

彩图86　地狱门(the Gate of Hell)，意大利Sacro Bosco，1550～1570年

彩图87　曼哈顿从布鲁克林方向看17号码头(Pier17)，背后是华尔街和世界贸易中心一带(高耸的世界贸易中心于2001年9月11日被恐怖分子劫机撞毁并倒塌)，美国纽约

彩图88　基地地层分析图示

85

86

87

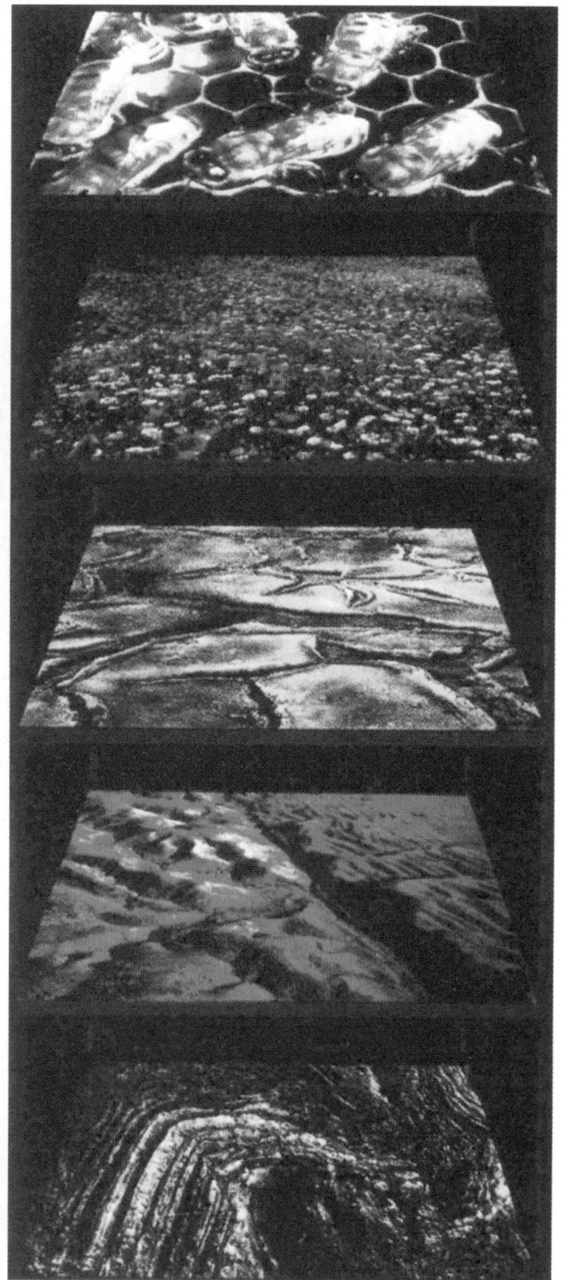

88

彩图 89　美国的郊野环境设计，着重于对土地、水土的整理
彩图 90　建筑前指示牌，日本
彩图 91　厦门白鹭洲景观，中国福建
彩图 92　威尼斯景观，意大利
彩图 93　拉·德方斯(La De Fance)区 拉·维莱特(Villette)公园景观细部，屈米，法国巴黎
彩图94　西苑(今北海部分)从五龙亭望琼岛，中国北京

89

90

91

92

93

94

彩图95　新城公园，米歇尔·科拉茹　克莱尔·科拉茹，法国　格勒诺布尔
彩图96　奥里沃·戈麦斯住宅(Olivo Gomes Residence）花园（现为布雷·马克斯花园），布雷·马克斯（Burle Marx），巴西圣保罗

95

96

ENVIRONMENTAL ART DESIGN 环境艺术设计概论

高 等 院 校 环 境 艺 术 设 计 专 业 规 划 教 材

⊙ 郝卫国 编著

中国建筑工业出版社

图书在版编目（CIP）数据

环境艺术设计概论／郝卫国编著．—北京：中国建筑工业出版社，2006（2021.7 重印）
高等院校环境艺术设计专业规划教材
ISBN 978-7-112-08063-2

Ⅰ.环...　Ⅱ.郝...　Ⅲ.环境设计－高等学校－教材　Ⅳ.TU－856

中国版本图书馆 CIP 数据核字（2006）第 078168 号

本书作为高校环境艺术设计专业系列规划教材，是按照环境艺术设计专业基础教材的定位编写的。主要内容包括：环境艺术的产生与发展、环境艺术设计的涵义、环境艺术设计的基本要素、环境艺术设计的程序与表现方式、环境艺术设计的定位、环境艺术设计的定向等。

本书可作为高等院校环境艺术设计、室内设计、建筑学等专业的教材，也可供环境艺术设计、室内设计、建筑装饰等行业的设计师学习、培训、参考使用。

责任编辑：张　晶
责任设计：崔兰萍
责任校对：张景秋　张　虹

高等院校环境艺术设计专业规划教材
环境艺术设计概论
郝卫国　编著
*
中国建筑工业出版社出版、发行（北京西郊百万庄）
各地新华书店、建筑书店经销
北京嘉泰利德公司制版
北京京华铭诚工贸有限公司印刷
*
开本：880×1230 毫米　1/16　印张：16¾　字数：403 千字
2006 年 9 月第一版　　2021 年 7 月第十三次印刷
定价：**38.00** 元
ISBN 978-7-112-08063-2
(14017)

序　言

近年来，高等教育不断发展，而其中艺术类专业的设置几乎遍及不同类型的高等院校，呈多元化局面，盛况空前。由于报考环境艺术设计专业的生源众多，社会市场需求很大，就业前景很好，因此环境艺术设计已成为热门的艺术类专业之一。

在学科发展中，设置环境艺术设计专业的艺术院校、建筑院校、农林院校由于自身原已具有相近专业的基础，又以相关学科优势背景为依托，因此构成了各具特色的环境艺术设计教学体系。但是，我国高校环境艺术设计专业的设置从中央工艺美术学院开始至今仅有约二十年的历史，由于其理论研究的滞后，当下教材的庞杂，导致广大学生甚至教师观念上的含混不清。因此只有以科学探索的精神，以客观理性的思考，才能相对全面地理解环境艺术设计的概念，才能相对科学地制订教学大纲，才能不误人子弟。

环境艺术设计专业的学科概念，广义的讲是环境的"艺术设计"。因此必须要清楚环境艺术设计与建筑学、城市规划、风景园林等相关专业是怎样的一种关系，因为上述相关专业的许多知识内容也同样是环境艺术设计专业所要掌握和应用的。另外，作为交叉学科的环境艺术设计又有自己的主要研究领域与设计方向。

目前，国内环境艺术设计专业在教学上基本分为室内设计与景观设计两大部分。环境的"艺术设计"，确切地说是以理性为基础，是理性与感性相统一的过程。在这个过程中存在着：功能、技术、艺术三种因素，三者之间的关系始终是一种不可分割的整体思考。其中功能问题是第一性的，技术问题是实现功能的必要基础，但是最后统统都要落实到具体的、实实在在的感知形态——艺术的形象。也就是说功能、技术在设计思考中一直处于显性状态，都可以找寻相对应的依据，因此也相对容易把握，但唯有艺术是最后的制高点，最不易把握。因此在环境艺术设计专业教育中强化艺术的基础训练是十分重要的一环，但这种艺术知识的强化绝不是靠素描、色彩就可以解决的问题。这种知识在绘画与设计之间，在具体与抽象之间，在感性与理性之间，是依托大脑的创造性，调动手的积极性，达到最优化的效果。

建立科学的教学体系，需要在教学中不断积累，逐步使教学大纲科学化。编写高水平的教材对我们来讲是一种社会职责，寄希望通过教学方面的深入思考，使教学内容更加充实，使这套教材更加完善。

天津大学建筑学院　董雅

2006 年 7 月

前　言

近年来，随着经济的迅速发展，中国大地掀起了城乡建设热潮，建筑师、规划师、环境艺术设计师有了广阔的施展天地。目前，人们已由"生存意识"进展到"环境意识"，寄希望于通过"设计"来改造我们的生活环境。环境艺术设计作为一门新兴学科便随着经济、文化和社会的发展以及人们对自身生存环境的迫切需求产生了。

环境艺术设计的内涵十分广泛，正如郑曙旸教授所说："在广义的层面上，环境艺术设计应理解为'环境的'艺术设计，即以环境生态学的理念来指导艺术设计。在狭义的层面上，环境艺术设计面向于人工环境的主体——建筑。现阶段的环境艺术设计，通过建筑的内外空间，以景观设计与室内设计的专业定位来实现自身的价值"。

目前全国各类艺术院校、建筑院校与一些综合大学的相关院系大多已开设"环境艺术设计专业"(1998年教育部调整：环境艺术设计专业改为二级学科艺术设计专业下的一个专业方向。不过，在本教材中仍然沿用环境艺术设计专业的说法)。越来越多的院校设有硕士学位教育，部分院校开始设有环境艺术设计研究方向的艺术设计学博士学位教育。在有些建筑院系，环境艺术设计发展成为与建筑学、城市规划呈三足鼎立之势的学科。

不过，环境艺术设计学科仍处于初级发展阶段，学科专业教育尚需完善。有必要进一步明确环境艺术设计学科概念，搭构其整体框架，理清学科发展趋势。行业的发展，需要从业者不断地思考、总结。我们的学科专业面需要拓宽，涉及的内容要增多，与其他学科渗透的程度要加深。《环境艺术设计概论》是环境艺术设计专业的重要学习内容，已经成为一门必修的学科基础课程。本书初步提出了学科的框架体系并论及发展方向，期待大家评判，一起思考环境艺术设计学科的建设道路与未来前景，使环境艺术设计师与其他各门类设计师一样能在大设计的空间构架中，真正找到自己的"坐标点"。

本书中的资料与图例，涉及景观、室内、公共艺术、建筑等各个领域，内容丰富，范围广泛。作者希望它能为广大教师、学生、设计师和相关专业人员提供生动的语言。本书部分资料与图片系引自公开出版的书刊，谨向有关作者表示谢意，并向为本书提供文字、图纸、照片等资料的教师和曾给予本书以关心和支持的编辑等相关人员表示感谢。

由于环境艺术设计概论涉及内容较广，作者的水平有限、经验不足，难免有谬误和偏颇之处，恳请广大读者给予批评、指正。

目 录

绪论　环境艺术的产生与发展

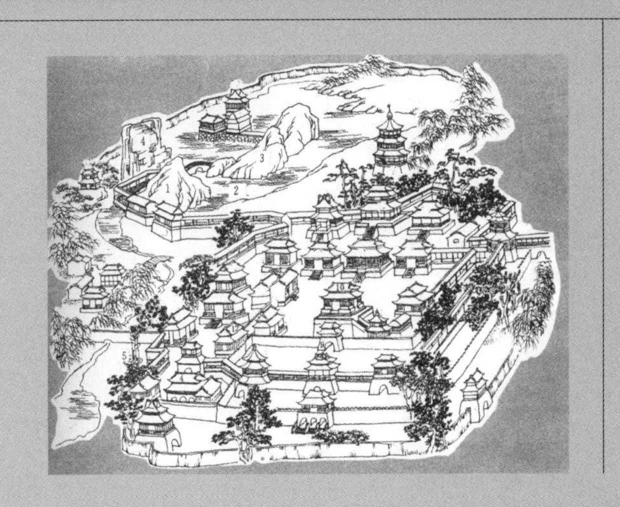

绪论 环境艺术的产生与发展

环境艺术设计作为一门学科，虽然是在20世纪后半叶才逐渐形成的，但人类的环境艺术设计意识与实际意义的改善环境的努力，却由来已久。早在生产力极为低下的远古时代，人类虽尚无大规模改造环境的活动，但已知道有意识地选择和适应环境（图0-1）。正如《诗经》中所描绘的那样："既溥乃长，既景乃冈。相其阴阳，度其流泉"。[1] "秩秩斯干，幽幽南山。如竹苞矣，如松茂矣。西南其户，爰居爰处。"[2]歌中体现了当时人们初步形成的环境观：理想环境是地势高亢，背山面水，松竹成林，阳光灿烂的地方，人们在此居住，应面向西南建造房屋。在更早的约公元前一万五千年左右，欧洲的原始居民已在偏僻的西班牙阿尔塔米拉洞穴与法国拉斯科洞窟中绘制野牛等洞穴壁画，其形象之生动，技术之娴熟，令今人啧啧称奇（图0-2）。虽然对于他们绘图的目的众说不一，大多数人认为是源于对收获的企盼，当属原始巫术的范畴，但我们很难否认他们在"创作"时具有对形式美感的感知，也很难否认他们的审美意识正是在此逐渐萌动。洞穴壁画、巨石"客观上"成为人类早期的环境艺术设计作品（彩图1）。

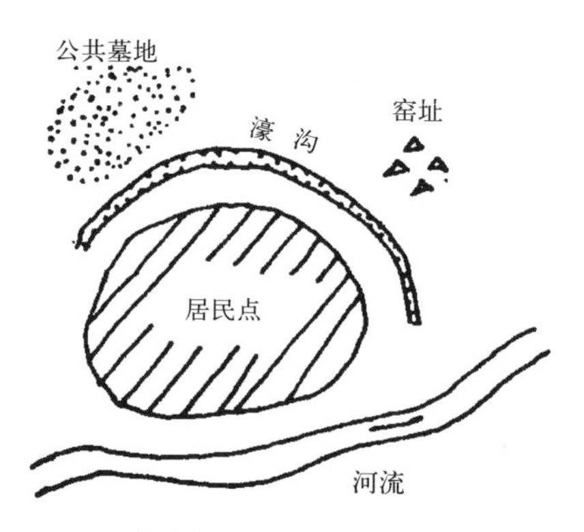

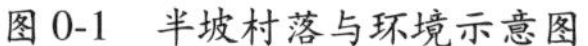
图0-1 半坡村落与环境示意图

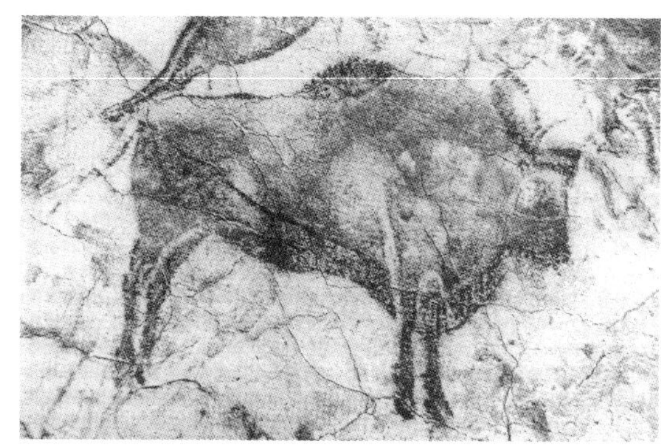
图0-2 阿尔塔米拉洞窟壁画，西班牙

人自成为人，其需要就包括物质和精神两方面的内容。很早人们就已懂得创造一个能够表达理想和观念，陶冶情操，激发健康灵性并能够引起心理愉悦反应的精神世界。"人类用了几万年的时间，摆脱了与动物相似的树栖洞居的生存方式；又用了几千年的时光，构筑了城市这样的生存形态。人类进化的历史，也正是一部人类用自己的力量构造理想的生存环境的历史。"[3]

1 引自《诗经·大雅·公刘》
2 引自《诗经·小雅·斯干》
3 吴家骅编著．环境设计史纲．重庆：重庆大学出版社，2002年第1版P2

在我国，黄帝时便出现了玄圃，夏商时期，有了灵囿、灵沼、灵台；美索不达米亚的亚述帝国也产生了狩猎苑囿(Hunting—Park)；而此时古埃及人的住宅和花园已达到了相当高的水平(神庙、陵墓和纪念碑已趋成熟)。在中国春秋战国时期，有了郑之原圃，秦之具圃，吴之梧桐园、姑苏台，秦汉时期出现了阿房宫、上林苑、未央宫(图0—3)；公元前6世纪，尼布甲尼撒二世(Nebuchadnezzar Ⅱ)因他妻子谢米拉密得出生于伊朗而习惯于丛林生活，在新巴比伦城下令建成了“空中花园”，被认为是世界上最古老的屋顶花园(图0—4)；波斯人在平坦的沙漠里按伊甸园的型制：一块围合起来的方形平面，用来区别充满危险与凌乱的外部世界，再用象征天国四条河流的水渠穿越花园，将水运至东南西北，并将园林隔离成四块(图0—5)；希腊人受巴比伦的影响，帕提农神庙以空间秩序的意识去寻求比例、安

图0-3 建章宫鸟瞰图（原载《关中胜迹图志》）1.蓬莱山 2.太液池 3.瀛洲山 4.方壶山 5.承露盘，公元前2世纪

图0-4 新巴比伦城“空中花园”，美索不达米亚迦勒底帝国尼布甲尼撒二世(Nebuchadnezzar Ⅱ)建造，本图为复原想像图(J · B · Beale绘制)

图0-5 地毯上描绘的波斯庭园（Marie Luise Gothein），公元前6世纪

全和平和，他们的几何式园林开创了一个理性与思考的境界(图0—6)；在亚历山大大帝(公元前338年征服西亚)时期开始的希腊风格的理性城市规划思想取代了希腊原本的城市设计思想，为后来罗马人的秩序化城市规划打下了基础，景观设计到了奥古斯都时代以后达到了高峰，罗马富翁小普林尼(Younger Pliny，23—79)给后人留下了有着特殊价值的细节描绘：人行林荫道、海景、乡村景观、联结住宅与花园并饰有浪漫墙画的阴凉柱廊、雕塑、修剪植物、盆栽、水景和石洞等等(彩图2a、b)。中国自三国两晋到明清期间，古典园林设计得到了充分的发展(彩图3)；欧洲中世纪与文艺复兴时期的教堂、广场、园林也层出不穷(图0—7；彩图4a、b)。17世纪法国建造了宏伟的凡尔赛宫(图0—8a、b、c)。而中国的景观设计以北京的圆明园和颐和园(Summer Palace)为标志达到了高峰。而且，中国造园风格影响到英

图0-6 克里特 · 克诺索斯宫苑（Palace of Knossos）大厅和台地遗址（Marie Luise Gothein），古希腊克里特岛，公元前16世纪

图 0-7　长诗《玫瑰传奇》(Roman de la rose) 插图，基洛姆·德·洛瑞思 (Guillame de Lorris). 诗中插图是当时画家对城堡庭园的写实画，法国，13 世纪（左图）

图0-8a　凡尔赛 (Versailles) 宫总平面图 (Marie Luise Gothein)，勒·诺特，法国巴黎，1662～1689 年（右图）

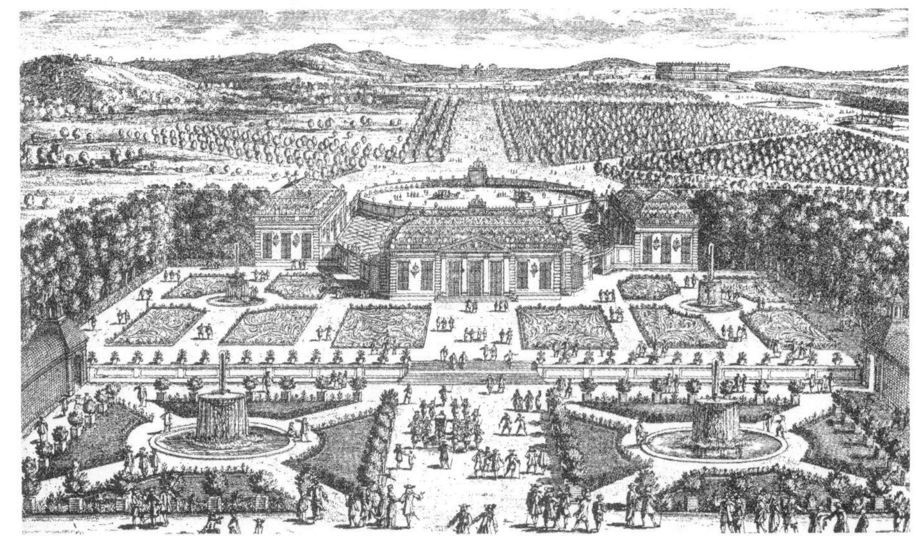

图 0-8b　凡尔赛（Versailles）宫. Trianon 园景画（Marie Luise Gothein）；勒·诺特，法国巴黎，1662～1689 年

图 0-8c　凡尔赛（Versailles）宫鸟瞰，勒·诺特，法国巴黎，1662～1689 年

国等欧洲国家，在凡尔赛宫可以见到中国的宝塔和瓷器；中国的康熙和乾隆皇帝则下令修建法国洛可可风格的宫苑，圆明园等景观设计中则局部运用了西方设计手法。

不过，王宫别苑仅服务于特定的人群；寺院里有公共花园，虽对市民开放，但仅是封闭空间内的花园。欧洲18世纪以来兴起的城市公园才可真正称为城市空间或城市空间内的公共环境，如美国景观设计师的先驱弗雷德里克·奥姆斯泰德(Frederick Olmsted)和沃克斯(Vaux)合作设计了纽约中央公园(彩图5a、b)。奥姆斯泰德认为城市公园、绿地是改良城市社会的有效手段，他将城市中的街道、广场、河流等所谓的户外空间系统作为环境设计的整体化的对象。

景观设计师克里夫兰(H·Cleveland)主张在城市中形成一个公园系统，在系统中用公园道路、林荫道连接不同大小的公园和户外空间，这样可以使全城都享受到自然的恩惠。克里夫兰设计过芝加哥的南公园，他与奥姆斯泰德实际上均指出了环境艺术设计要渗透到城市中每个角落的问题。柯布西耶提倡建屋顶花园，在公共性的室内环境中，也栽植树木。而现在，环境艺术设计范围已延伸到室内，室内设计可以看作是户外环境向建筑室内的延伸与浓缩，作为与人最为亲近、密切的部分，与外环境构成一个完整统一的环境艺术有机体。

城市中的环境艺术设计还有一个向宏观化发展的倾向。在自然条件优越，历史久远，发展模式日益稳定的欧洲，如英国、德国、奥地利、意大利、法国、瑞士等国家的国土总貌几乎能达到一个英国风景式园林的水平。近几十年来，美国的环境艺术设计发展显著，美国景观设计师协会(ASLA)给自己的工作下的定义是："利用文化与科学知识为手段，考虑资源的利用和管理，为达到使环境成为可以利用和享受的最终目的进行设计、规划、土地管理和安排自然要素与人工要素的艺术。"

近年来，经济发展作为"一切动力的动力"，在中国大地掀起了城乡建设热潮。建筑师、规划师、环境艺术设计师有了广阔的施展天地。目前，人们由"生存意识"进展到"环境意识"，开始领悟恩格斯曾警告过我们的那句话"不要过分陶醉于我们对自然界的胜利，对于每一次这样的胜利，自然界都报复了我们。"人们寄希望于通过"设计"来改造景观与环境。环境艺术设计作为一门新兴学科便随着经济、文化、社会的发展以及人们对自身生存环境的迫切需求产生了。

人类生存空间的拥有以及生存活动的展开必然与环境场所的质量有关。其间有技术因素，也有文化因素。这一切还都牵涉到山川、大地、植物、动物与人的情感问题。因此，在场所的研究与创造活动中，一个天、地、物、人的"共生意识"的建立是必不可少的。环境质量的提高正是这种共生条件的改善，是天意与人意的双重满足。在《音乐的诗学》中，斯特拉文斯基指出，比如鸟鸣阵阵和微风飒飒等的自然声音虽然悦耳动听，但那都是构成音乐的材料而非音乐本身。声音之成为音乐，必须经挑选后重加安排。而环境艺术设计之所以存在的理由就在于它实现着人们对其生存条件有着不断改善的理想，它对各种自然、人工环境元素加以组织、利用、改造，使之更加符合人类的行为和心理需求并具有更高的审美价值。

现代意义上的环境艺术设计的内涵十分广泛，从大地生态规划到区域景观规划；从国土生态保护到国家公园建设；从城市绿地系统到城市广场、步行街规划；从城市主题公园到住区花园建设；从局部环境建设到景观小品、雕塑设计；从私家庭院到建筑室内等。环境艺术设计的最终目的要对整个国土环境负责，设计对象变为所有土地。美国环境设计理论家理查德・道泊尔(Richard P・Dober)在其编著的环境设计丛书中有生动的描述“我认为‘环境设计’，它作为一种艺术，比建筑艺术更巨大，比规划更广泛，比工程更富有感情”。[1]

国外某些先进国家的当代环境艺术设计进入了新的阶段，但现代意义上的环境艺术设计学科在我国尚处于初级发展阶段，在学界也显得相对陌生与薄弱，以至概念上存在模糊性。环境艺术设计与风景园林的关系？环境艺术设计与建筑学、城市规划等近邻学科又有何异同？设计观念上混乱不清，学科理论上也难以深入，学科专业教育尚需完善。设计实践上亟待提高，环境艺术设计实践的研究内容是什么？方向是什么？现实表明有必要明确环境艺术设计学科专业概念，构建其整体框架，理清学科发展趋势，从而，在理论研究、人才培养、行业规范与工程实践方面采取相应举措。

---

1 邓庆尧著.环境艺术设计.济南：山东美术出版社，1995年第1版 P5

第1章 环境艺术设计的涵义

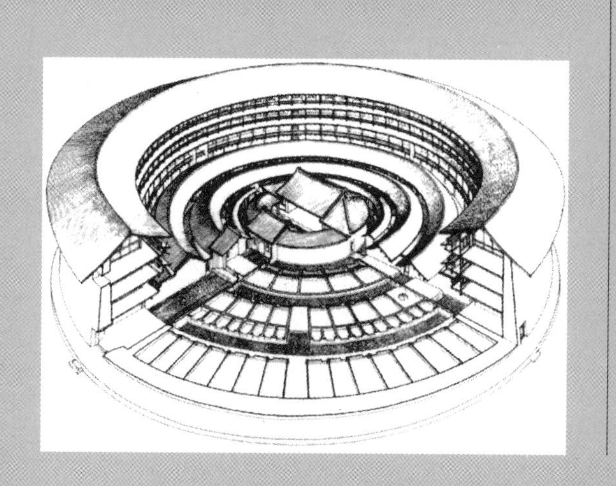

第1章　环境艺术设计的涵义

目前，环境艺术的内涵越来越宽泛，且富有动态性的变化特征，已成为由许多要素组成的艺术框架体系。环境艺术可以看作是由“欣赏的艺术”和“实用的艺术”联合派生出来的一种艺术形式。“确切地讲，环境艺术就是创造良好场所的艺术。更明确地说，就是用艺术的手段来优化、完善我们的生存空间。”[1]德国“包豪斯”的艺术家、建筑师们率先提出了环境与艺术的融合问题。他们认为，应该创造寓建筑、雕塑、绘画于一体的艺术，这一艺术形式与生活的联系要比以往任何一种传统的、单一的艺术形式更加密切。这可以说是“环境艺术”这一新的艺术形式的基本内涵。

1.1　环境艺术设计的概念

环境艺术设计是一门新兴学科，是随着经济、文化和社会的发展以及我们对自身生存环境日益迫切的需求而产生的，对各种自然、人工环境加以组织、改造、利用，使之更加符合人类的行为和心理需求并具有更高审美价值的一门新学科。纵观从达芬奇、黑格尔到众多的当代美学家，在他们的艺术分类说中从未提到过“环境艺术”，只是在人类向厄运、危机挑战，意识到环境生态化、智能化与可持续性发展要求的今天，我们才有可能以不同于过去的立足点和视野去深刻地认识什么是环境艺术设计。首先，我们来了解一下有关环境的基本知识。

1.1.1　什么是环境

1.1.1.1　环境

环境是人类生存与发展的基本空间，广义上是指围绕着主体，并对主体的行为产生影响的外界事物。对我们人类而言，它是一种外部客观物质存在，为人类的生活和生产活动提供必要的物质条件。另一方面，人类也按照自身的理想和需要，不断地改造和创建着自己的生存环境。因此，环境具有物质和精神双重属性，随着自然与社会的发展而处于动态性变化之中。

随着人类社会的发展，交通工具、信息传递手段的日新月异，使人类活动的领域大大扩展了，环境的范畴也随之不断扩大。相马一郎、佐古顺彦所著《环境心理学》一书认为“集聚的经济”意味着生产和生活上有价值的东西及生活方便、物

---

1 吴家骅编著.环境设计史纲.重庆：重庆大学出版社，2002年第1版P7

质丰富、时间充裕等成果；然而另一方面，称为“非集聚的经济”(即难以定量的集聚)也给生活带来了不良的后果。因为生产需要资源，为了无限地获得资源而进行盲目的开发，生产过程中的副产物会给人及生物带来危害，例如，水和大气的污染等，人们迫切需要采取各种手段来改善这种状况。可见，人们对环境造成正反两方面的影响。

按照环境的规模以及与我们生活关系的远近，我们可以将宏观意义上的环境分为聚落环境、地理环境、地质环境和宇宙环境四个层级。其中，与我们生活、工作具有最密切、最直接关系的是聚落环境(包括城市环境和村落环境)，作为人类聚居的场所与活动中心，理所当然地是环境艺术设计的主要研究对象。它具体包括四部分：

- 第一环境（原生环境）

第一环境，即自然环境，指自然界中尚未被人类开发的领域，是由山脉、平原、草原、森林、水域、水滨等自然形式和风、雨、雪、霜、雾、阳光、温度等自然现象所共同构成的系统。“只有在诗人的世界里，自然与生命有了契合，旷野与山岳能日夜喧谈，岩石能沉思，江河能絮语。”这首艾青的诗，叙述了诗人心中的“自然与生命的契合”。中国古代哲学早已存在把自然看作是有生命的，且像人体一样有着经脉穴位的观点。“据考证约成书于唐代的《宅经》，对住宅周围形势的论述充满了大地有机的观点。书中指出‘以形势为身体，以泉水为血脉，以土地为皮肉，以草木为毛发，以舍屋为衣服，以门户为冠带，若得如斯，是事严雅，乃为上吉。’大地俨然一副人的模样。”[1]老子有语“人法地，地法天，天法道，道法自然。”现代研究也越来越能证明大地是有生命的。自然环境是人类社会赖以生存和发展的环境金字塔的底层，对人类有着巨大的经济价值、生态价值以及科学、艺术、历史、游览、观赏等方面的价值(图1-1)。

图1-1　黄山风景区 石柱奇松，中国安徽

- 第二环境（次生环境）

第二环境是指人类改造、加工过的自然环境构成的系统。它包括被耕种的田野，被改造的山脉、河流、湖泊、草原等，特别是自然保护区、森林公园等旅游景区。第二环境在人力的适当程度的作用下能更好、更充分、更有力地体现自然环境的价值(彩图6)。

- 第三环境（人工环境）

第三环境是人工建造的景观、建筑、艺术品及各项环境设施组成的人工环境系统。景观包括公园、滨水区、广场、街道、住区景观、庭园景观等(图1-2)。建筑包括各种建筑物、构筑物以及由它们围合、限定出的内部空间。根据其用途可以

图1-2　穿过埃菲尔铁塔的绿色轴线，法国巴黎

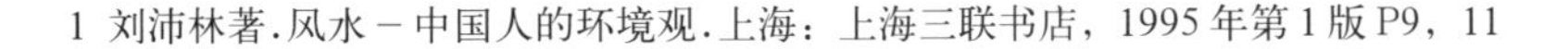

1 刘沛林著.风水－中国人的环境观.上海：上海三联书店，1995年第1版 P9，11

把建筑物分为住宅、办公、商业、旅游、观演、文教、纪念等类型；构筑物包括廊、桥、塔等类型。艺术品种类很多，根据其功能和形态的差异，我们可以将它分为雕塑、壁画(饰)、构造小品(如假山石作)等类型。[1]关于自然环境与人工环境的区别，宋代欧阳修就曾论述过“夫举天下之至美与其乐，有不得而兼焉者多矣。故穷山水登临之美者，必之乎宽闲之野、寂寞之乡而后得焉；览人物之盛丽，夸都邑之雄富者，必据乎四达之冲，舟车之会而后足焉。盖彼放心于物外，而此娱意于繁华，二者各有适焉。然其为乐，不得而兼也”。

• 第四环境（社会环境）

第四环境是指由政治、经济、文化等各种因素所构成的人与人之间的社会环境系统，正像今西锦二所说：“人类社会是从自然生态体系中分化出来的，又经过自身分化，并由人的自身所创造出来的一种生态体系。”[2]具体包括社会结构、生活方式、价值观念和历史传统等。

总之，我们生存的环境既非单纯的自然环境，也非纯粹的改造环境、人工环境或社会环境，而是由四部分糅合在一起组成的多层次的生态环境，大自然是人类赖以存在的基础，人们改造与创建活动是其发展的动力，社会文化是它生成发展的结果，也是进一步发展的背景和依据。它们共同结合在一起，形成了金字塔形结构的人类环境。

1.1.1.2 环境的组成

环境可以看作是由实体与空间组成的。远古人类用树枝、土、石块构筑简单巢穴，躲避风雨和野兽的侵袭，开始了最原始的环境创作活动。后来，人们又建造了宫殿、庙宇、陵墓、店铺、作坊、宅院和园林，出现了广场和街道等公共空间。到了近现代，随着工业的发展、生活状况的迅速改善，人们对环境的要求也不断提高。环境功能日趋复杂，技术愈加精巧，形态日益多样，街道、广场、国家公园、主题公园、滨水区等公共空间形象在扩展更新；出现了百货公司、金融贸易中心、博物馆、剧院、航空港、轻轨交通等新的建筑类型。

自然物、建筑物、构筑物、环境设施等构成环境的实体部分，物质技术条件关系到实体的建造材料和怎样建造的问题，它具体包括建筑材料、工程结构、施工组织和经济能力等方面内容。由这些实体组成室内室外空间。空间和实体是相互依存、不可分割的。实体作为一种物质产品，它们必须经由创造者构思、设计，并通过一定的物质材料和技术手段去实现，形成一种感官可及的形式，最终创造出满足人们实用功能的空间(图1—3)。老子曰：“三十辐共一毂，当其无，有车之用。

---

1 邓庆尧著.环境艺术设计.济南：山东美术出版社，1995年第1版 P13

2 [日]相马一郎、佐古顺彦著，周畅、李曼曼译.环境心理学.北京：中国建筑工业出版社，1986年第1版 P37

图1-3　戴维斯住宅花园，玛莎·施瓦茨(Martha Schwartz)，美国 得克萨斯州

埏埴以为器，当其无，有器之用。凿户牖以为室，当其无，有室之用。故有之以为利，无之以为用。”这段话深刻地揭示了实体与空间的共生关系，强调了空间的实质性与重要性。著名建筑理论家布鲁诺·赛维说过：“掌握空间与知道如何去观察空间，是了解建筑的钥匙。”这句话推而广之，在环境艺术设计领域也是适用的。空间由以下两种方式构成：一、实体围合，形成空间；二、实体占领，形成空间。[1]

城市中的环境大多是围合所形成的，围合与占领的构成方法也是相对而言的，常常是相辅相成、相互交错渗透的。例如，当我们由天安门广场四周走向纪念碑时，愈近，四周的景观在视野中逐渐消失，我们认知到的是由纪念碑的占领而构成的空间；而当我们置身于天安门广场上，在广场中心的人民英雄纪念碑旁环视整个广场，则感觉到它是一个由周围建筑围合的空间。这些认知的叠合形成我们对整个广场的印象(图1-4)。

图1-4　天安门广场人民英雄纪念碑，梁思成、刘开渠等，中国北京，1949～1957年

下面是一个实体占领，形成空间的例子。“巴厘岛上的孩子们赶着大群的鸭子到稻田里去放养。他们到了一个选择好的地方后，在地上插上一根竹竿，并在下面放上一盒饲料。这个地方就是鸭子世界的中心。它们整天围在它周围，直到一个孩子走到它跟前拔起竿子，再将它们赶回村庄。”[2]

在围合空间中，物质实体要素构成了被限定空间的界面，决定空间的形状。这些实体要素的比例尺度和相互关系决定了空间的比例、尺度、体量和基本形式。实

1 朱铭主编.环境艺术设计<室外篇>.济南：山东美术出版社，1999年第1版 P10

2 [美]查尔斯·莫尔、威廉·米歇尔、威廉·图布尔著，李斯译.风景.北京：光明日报出版社，2000年第1版 P134

体要素的色彩、质感等也影响到空间的表情和性格。而空间的形，实际上是一种心理的存在，它可以由实体限定要素的形来暗示给人们或由实体要素的关系推知。

围合构成的空间使人产生向心、内聚的心理感受。最典型的例子是我国传统的四合院住宅给居住者及观者以强烈的内聚、亲切、安全可防卫的感受(图1–5)。

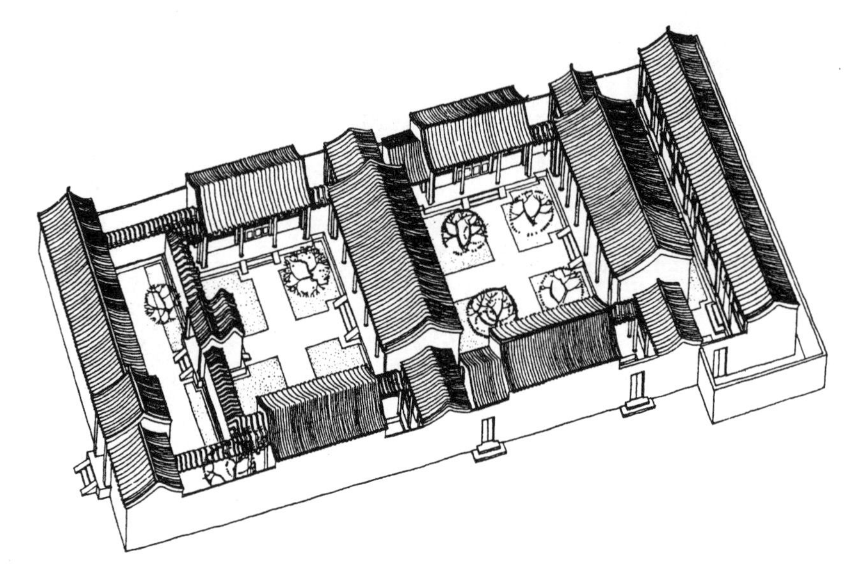

图 1-5　四合院，中国北京

图 1-6　巴黎香榭丽舍大道(Champs-Elysées)，法国

实体占领构成的空间"场"使人产生扩散、辐射的心理感受。如建在山顶的塔、设立在广场上的雕塑、墓地里的墓碑等使人们感到巨大的辐射力(图1–6)。理解到"围合"与"占领"的含义与特征，有助于将它们变成环境艺术设计的积极手段，来创造良好的空间。

1.1.2　环境与行为

1.1.2.1　环境行为学的研究

• 环境行为学研究的必要性

"以人为本"的设计思想已成为环境艺术设计人员普遍接受并努力遵循的原则。环境行为学(有称环境心理学)的研究被引入到环境艺术设计当中，它把人类的行为(包括经验、行动)与其相应的环境(包括物质的、社会的和文化的)之间的相互关系与相互作用联合起来加以分析(图1–7)。这意味着今后的设计工作必须更加重视人，重视人的心理与行为需求。然而如何将这一方法原则应用到具体设计之中，还需要进行大量的研究，包括人的行为特征和规律以及它与环境具有怎样的影响关系。怎样将环境行为理论纳入具体的环境艺术设计工作等一系列的问题。当然，这里的研究不是20世纪上半叶，所谓"环境决定论"(Environmental Determinism)、"行为主义"等带有机械唯物论色彩的偏于实验室研究的理论。

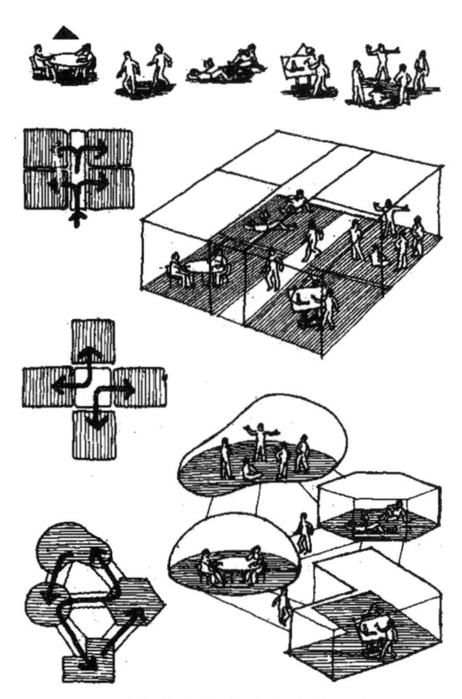

图 1-7　人的行为机能与建筑空间环境

美国著名景观设计师阿尔伯特·J·拉特利奇指出“环境设计成功的前提，必须是设计者建立为使用者的行为需要服务的思想”，而“设计过程实际上就是探索怎样满足这种行为需要”。可是，许多设计师在实际工作中往往并未给予充分的重视。他们常常面对设计失误怨天尤人，把责任归咎于现实中的麻烦，或建设资金不足，但究其根本原因在于其设计与环境的相悖及错误的设计方法。有的设计者过度醉心于主观的美感意识和诗情画意之中，片面追求个性与风格或沉迷于摹仿、追逐某个流派；有的设计者主观臆断、不求甚解，将自己“闭门造车”式的、想当然的“理想环境”强加给使用者，缺乏对使用者的深入了解与沟通及对他们特有生活习惯、行为方式的尊重；甚至于还有的设计者采取既不考虑功能又排斥美学的极端态度，而把精力放在了其他方面。

此种谬误的思维方式和工作方法给我们的环境和社会生活造成巨大的危害，使我们从中汲取大量教训，也从反面说明了更应该加快环境行为、心理方面的研究步伐。

• 环境行为学的发展

环境行为学在世界范围内的发展于20世纪70年代形成高潮。美国从1969年开始出版《环境与行为》期刊；1970年，环境设计研究学会(EDRA)出版了第一本年会会议录；20世纪70年代以后，美国、英国、德国、日本与北欧的许多国家都出版了大量的教科书、各种读物与专著，1978年“环境心理学”编入了渥尔曼(Wolman)大百科全书的辞条。

早在20世纪50年代中期，美国城市学家凯文·林奇（Kevin Lynch）就运用了心理学家有关“图式”的理论，以普通市民对城市的感受为出发点，开始研究人们对洛杉矶、波士顿和泽西城三座不同城市的意向(The Image of the City)，建立了城市印象性(Imageability)的组成要素，并且找出人们心理形象与真实环境间的联系，从而总结出城市设计的依据。这在环境艺术设计与建造中同样具有深刻的意义。60年代，挪威建筑学教授诺伯格－舒尔茨(Christain Norberg-Schulz)以皮亚杰心理学的理论为基础，研究了“空间”问题，写出《存在、建筑、空间》一书。在对“空间”问题的论述上比过去前进了一大步。[1]

还有一大批心理学家研究建筑、城市与环境的物质功能、社会背景、文化背景，从而发展、深化了环境与行为的研究。首先，放弃过去的“刺激决定论”(Stimulus Determination)，发展了感知(Perception)理论。认知理论的研究以皮亚杰的“图式”与“构造论”相结合来研究人对环境认识的发展机制。诺伯格－舒尔茨从人的头脑里如何构成外部世界的图式出发，论述空间理论，提出环境图式构成要素：中

1 李道增编著.环境行为学概论.北京：清华大学出版社，1999年第1版 P6–7

心和地点(center and place);方向和途径(direction and path);地区与领域(area and domain);要素间的相互作用(interaction between elements);地点精神(genius loci)。

"环境－行为"研究就是探索人的行为与周围环境之间关系的学科领域，它既是心理学、行为学的分支学科，也是环境艺术设计理论的一个重要组成部分。此外，它还广泛涉及社会学、文化学、人类学和环境工程学的知识(图1—8)。

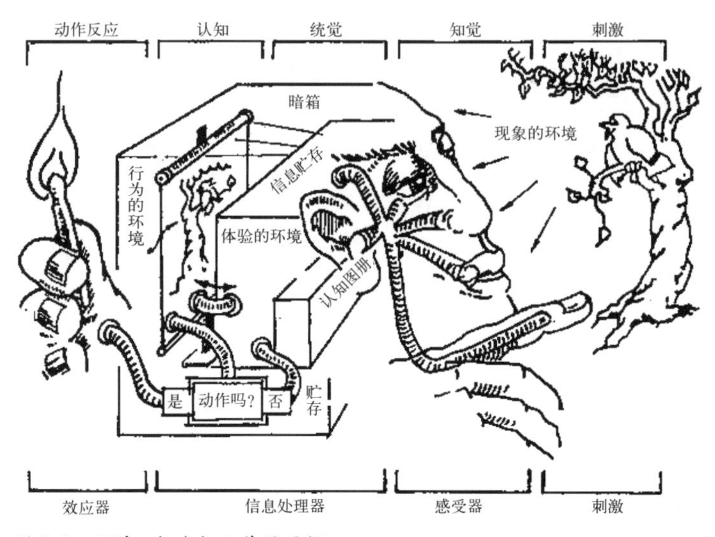

图1-8　环境-行为相互作用图解

• 人、行为、环境之间的关系

人、行为、环境关系的基本观点:人的行为与环境处于一个相互作用的动态系统之中。心理学家普罗夏斯基(Proshansky)说:"只有整体环境，人只是其中的一个组成要素，与其他要素具有一定的联系……从理论上看，除了从人体本身出发考察他与其他组成部分的关系,并不存在环境与人的区分。"从生态学的观点来说，总是把机体、行为与环境看作是一个完整的体系，行为只是其中的一个特性，而不去考虑个人原因。心理学是从人的观点出发去看问题，人不仅是环境中的一个客体，受环境的影响，同时也能积极地改造环境。人与环境始终处于一个积极地相互作用的过程中。丘吉尔有一句名言"我们塑造了环境，环境又塑造了我们"。我国福建省永定县客家人建设巨大的圆形集体住宅楼就是一个很好的说明"人如何塑造环境与环境如何塑造人"的例子。客家人是在南宋期间由于中原战火连绵而迁徙到永定一带定居下来的移民。为自身安全只能集体聚居而修建此类住宅,来防范抵御土匪的进攻，逐渐形成聚居的习惯与传统，并延续至今(图1—9a、b)。

1950年的另一个实例也很好地说明了环境与个人空间的关系。当时罗伯特·索默(Robert Sommer)在萨斯喀彻温的一所医院里的老年妇女病房里当大夫。医院有了钱，把一间专供病人白天休息的休息厅装修的明亮有序，新式镀铬的座椅

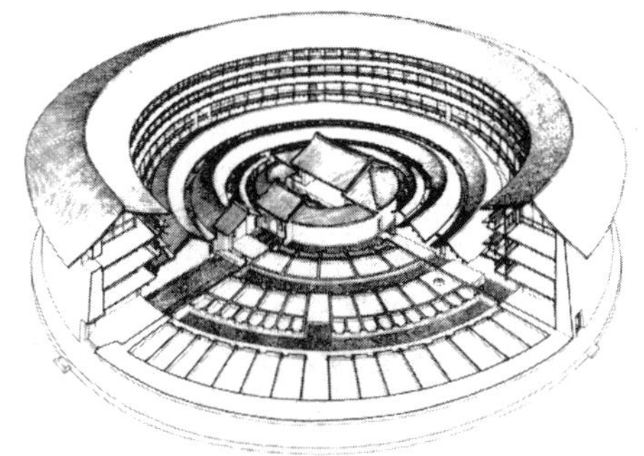

图 1-9a　客家民宅，中国福建

图 1-9b　客家民宅，中国福建

有的沿墙布置或直线排列，中间几行背靠背的排列，每一圆柱的四周摆上四把椅子(图1—10a)。这种井井有条的布置使管理人员满意，还得了地方上的一个设计改进奖。结果，病人整天坐在那里看墙、顶棚、地面，很少交谈聊天，对改善病人的精神状态毫无裨益。索默观察发现病人坐在那里感到没有什么意思，逐渐又都缩回到自己的病房中去。后来索默就根据新的模式(图1—10b)重新布置了家具。接着，休息室里的气氛改变了，大家的谈话交流立即活跃起来，有看杂志的，有做手工的，越来越多的人都愿意到这里来，坐在一起闲聊。于是，索默把前一种家具布置形式(只有私密性缺乏公共性)称为社会离心式空间，而把后一种布置形式称为社会向心式空间，它可以促进人际交流。研究人与环境的关系，目的在于切实解决不同人们的多方面生活、生产活动的需要。

为了弄清环境对人的生活和活动发生影响的途径和方式，杨·盖尔 (Jan Gala) 对街头景象作了仔细的观察和生动的描述："寻常街道上平凡的日子里，游人在人行道上徜徉；孩子们在门前嬉戏；石凳上和台阶上有人小憩；迎面相遇的路人在打招呼；邮

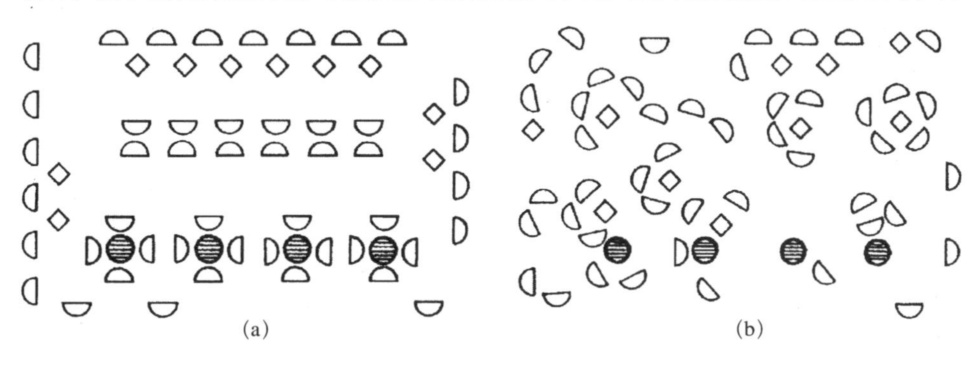

图 1-10a　最初的座椅排列平面·社会离心空间
图 1-10b　后来的座椅排列平面·社会向心空间

递员匆匆地递送邮件；两位技师在修理汽车；三五成群的人在聊天。这种户外活动的综合景象受到许多条件的影响，物质环境就是其中的一个因素，它在不同的程度上，以不同的方式影响着这些活动。"[1]经过观察和分析，盖尔发现人的日常生活和活动大致可划分为三种类型：必要性活动、自发性活动和社会性活动，而每一种活动类型对于物质环境的要求都是有所不同的。

环境不可避免地影响人的行为，它给行为以限制、鼓励、启发和暗示，但也不等同于"环境决定论"。一般而言，它只能对已决定了的行为方式起作用，却不易改变行为的基本方向。例如，教室、阅览室可以促使学生在学习、阅读时集中精力，而设计糟糕的教室、阅览室会影响学生的正常心理。教室设计的好坏却难以决定学生的成绩。人不仅可以被动地适应环境，更重要的是能够主动地改变环境，使其更好地满足人类生存发展的需要。环境虽然不能决定人的一切行为，但我们不得不承认环境对人的行为乃至心理的发展有着巨大的影响。美国《时代》杂志曾报道埃弗尔的一项研究结果，他发现被调查的儿童在他们认为"好看的"(淡蓝、黄、黄绿、橙色)房间中接受测试时，智商要提高12点，而在"难看的"(黑、棕色)房间中受试，他们的智商要降低14点。

率先系统研究环境与行为关系问题的学科是行为主义心理学。其创始人美国心理学家瓦特逊提出行为的基本构成因素是刺激和反应，提出了S-R(刺激-反应)的基本模式，这样的论断实际上就是一种"环境决定论"，他断定可以将一切心理问题及其答案都纳入到刺激与反应的范畴之中。他的学说有一个明显的不足，就是把人当作没有思想的动物和机器，只能对外界刺激作出被动机械的反应，因而受到人们的批评。因此，托尔曼提出了被称为"目的行为主义"的理论体系，他用较复杂的"S-O-R"公式代替"S-R"公式，其中"O"是中间变量，指有机体内的认知、动机、需要等因素。与瓦特逊的理论不同之处在于他承认行为包含目的，行为是达到目的的手段。[2]

瓦特逊和托尔曼的理论为后来的研究工作奠定了基础。从环境艺术设计角度来看，真正具有开拓意义并具备初步成果的研究工作是从20世纪40年代开始的。1947年美国堪萨斯大学的两位心理学家巴克尔和赖特对环境如何影响人的行为，特别是如何影响儿童的成长、发育，进行了有意义的探索。1949年芝加哥大学举行了一次跨学科的学术会议，提出了"行为科学"这一概念，研究了行为产生的根本原因和规律。1950年心理学家菲斯丁格尔、斯盖克特尔和巴克在一项研究中发现物质环境的布局对人的行为具有明显的影响。

---

1 杨·盖尔著，何人可译.交往与空间.北京：中国建筑工业出版社，1992年第1版P2
2 邓庆尧著.环境艺术设计.济南：山东美术出版社，1995年第1版P188-189

环境与行为研究是对传统的设计三原则——“实用、经济、美观”的深化和发展。“环境与行为”正是把环境的实用当作最重要的课题，但是它所研究的“实用内容”远远超出传统上对“实用”的理解，它不仅涉及使用者的生理需要、活动模式的需要，而且还包括使用者心理与社会文化的需要。例如，设计一个广场，除了面积、车流和人流组合、停车等技术问题外，还应考虑如何满足不同使用者对广场环境的不同要求；不同布局会对使用者的活动产生什么样的影响；最大限度地减少混乱感，加强识别性，还要有自己的个性；广场吸引公众的气氛如何；广场的设施是否让人感到舒适和方便等一系列的问题。再进一步看，如果广场上的座椅设计仅仅考虑到尺寸、高度等人体工程学的问题也还远远不能满足需要。座椅是固定的还是可移动的？是三座位还是两座位抑或其他？座椅是分散布置还是成组布置？这些问题的解决必须建立在对具体环境下人们就座时的心理活动、行为现象详细调查的基础之上。

环境艺术设计不是一门狭隘的纯技术或纯艺术的学问，它涉及许多学科领域。人们通过“环境与行为”研究来探索行为机制与环境的关系，然后由具体的环境设计来加以满足，其结果必然是使环境更加符合人们物质与精神需求，其中也自然包括审美的要求和经济的要求。因此，大家需要铭记“建造不实用的环境实际上是一种最大的浪费”。不幸的是我们在设计中往往只看到程式化的功能问题，而看不到“活”和“变”的因素，忽略了不同的文化环境、经济地位、个人状况相异的使用者行为特点的差别。环境艺术设计是为人服务的，而人是活动的、多样化的。了解特定环境场所与行为互相作用的规律，对环境艺术设计可以起到很大的指导和启发作用。例如，著名日本建筑师槙文彦设计的日本静冈县沼泽市的加藤学园充分体现了这样一个宗旨——创造孩子们的环境。它采用开放式布局形式，使门厅、走廊与教室灵活分割，相互渗透、穿插。将门厅、走廊由单一的交通功能变为交通、交谈、游戏、休息、阅读用的多功能空间。设计者对建筑整体和细部的造型、尺寸、色彩以及室外空间的布置也作了精心的考虑，紧紧扣住了建筑的主题(图1-11)。

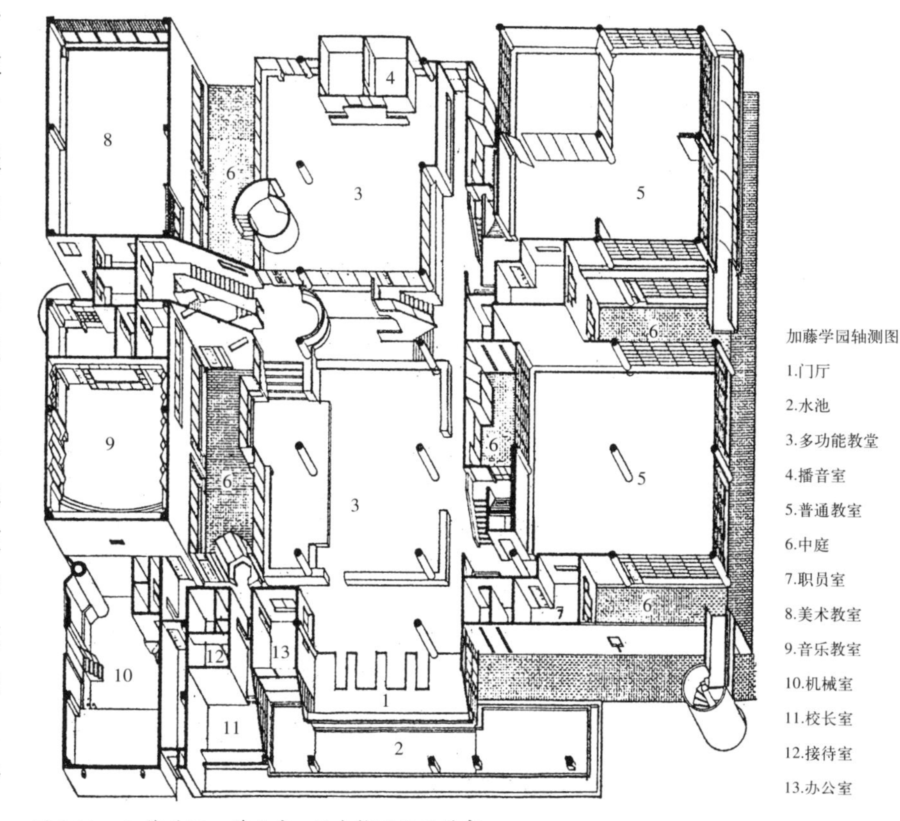

图1-11　加藤学园，槙文彦，日本静冈县沼泽市

1.1.2.2 重点分析的几个问题

为了分析环境与行为的关系，必须研究以下几个方面的问题：

• 人的基本需要

为了深刻地理解环境与行为，有必要对人的基本需要与内驱力作初步的了解。马斯罗（A.Maslow）、兰（J.Lang）把人的基本需要分为若干层次，从低级的需要到高级的需要排成梯级：[1]

（1）生理的需要（Physiological needs），如：饥、渴、寒、暖等。

（2）安全的需要（Security needs），如：安全感、领域感、私密性等。

（3）相互关系和爱的需要（Affiliation needs），如：情感、归属某小团体、家庭、亲属、好朋友等。

（4）尊重的需要（Esteem needs），如：威信、自尊、受到他人的尊重等。

（5）自我实现的需要（Actualization needs）。

（6）学习与美学的需要（Learning and aesthetic needs）。

与某一场所有关系的人，他们或居住于此，或工作于其中，或途经此地，或者是这一场所的保护者、管理者等。对同一环境场所而言，由于人群年龄、性别、健康程度、经济文化状况、社会地位、生活方式、宗教信仰以及在环境中所从事的活动不同，他们又可以进一步划分为更小的群体。这些不同群体对于环境艺术设计既有总的一般性要求（指生理需求），又有个别的、特殊的要求（指心理需求）。

人的生理需求：环境的日照、自然采光和人工照明；室外场所的物理问题；室内场所的保温与防热，室内场所声光设计。

人的心理需要：领域、个人空间、私密性、交往。

• 领域与个人空间

领域就是个体、成对或群组所占有的空间或领地范围。领域可以是一个席位、一个房间、一幢建筑物，也可以是一组建筑群、一座公园、一个区、一座城市，乃至一个国家。领域可以有围墙等具体的界限，也可以具有象征性的、容易让人识别的边界标志，如牌楼、界碑之类；也可以仅有大略可感知到的模糊界限，如通过基地色彩、肌理、标高的改变而暗示出的空间界限。人类的领域行为与动物既有相似点，也有区别。阿尔托曼（Altman）区别了领域的三种类型：

（1）主要领域（Primary territories），由个人或群体所有及专门使用，与其他领域划分明确，有相对永久性，一般为日常生活的中心，可限制他人的进入，如家及其他私用空间。

（2）次要领域（Secondary territories），比起主要领域不那么具有中心感与排它

1 林玉莲、胡正凡编著.环境心理学.北京：中国建筑工业出版社，2000年第1版 P220-221

性，然而还是属于一群人的常去之地，如私人俱乐部，邻里中的酒吧、茶馆等。

（3）公共领域（Public territories），即个人与群体对这些地点没有任何管辖权，只是暂时占有，如公园、公共交通等，属社会共有的空间。需指出，阿尔托曼在领域定义之内没有包括个人身体周围的空间领域。

关于领域的层次，拉曼与斯考特（Lyman and Scott）的观点反映了高度流动性的领域观，分为四个层次：①公共领域（Public）；②交往空间（Interaction）；③家（Home）；④个人身体（Body）（图 1－12）。概括而言，我们可从宏观环境（Macrospace）、中观环境（Mesospace）、微观环境（Microspace）三个环境层次上及不同领域中考虑人的空间行为。

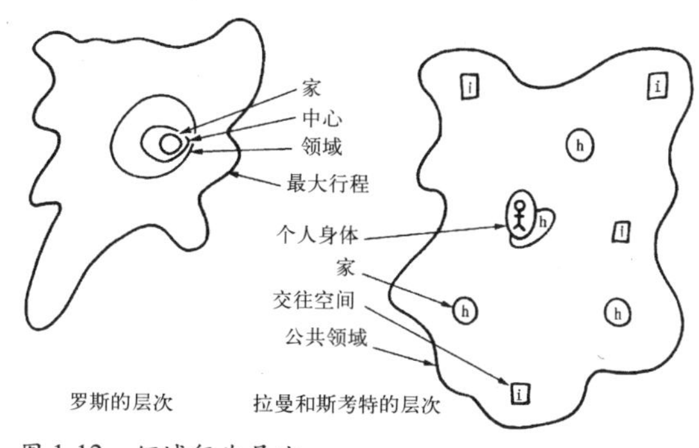

图 1-12　领域行为层次

研究人的特定领域中行为的规律性，掌握这一规律就可以预测使用者的一些活动状态。人们控制领域的机制一般有两种：一是个性化，个性化既是为自我认同，使环境人格化，也使他人识别其占有领域的范围。二是防卫，当他人突然闯入人所占有的领域时，人们就会感到不快，而用警告、呵斥或动作保卫这一领域。个性化空间与可防卫空间的观念应该在环境艺术设计中给予充分体现。

关于个人空间，人类学家霍尔（Edward Hall）说过："如果不是人的天性，也是植根于过去人类的生物性。"与性格学家们所谓的"个人间的距离"（Individual Distance）含义是一致的。每个人都对个人空间有无数次的亲身体验。如果观察电线上停歇的小鸟，它们之间都保持着一定的距离（图 1－13）。同类的动物只有被默许或受到邀请才能进入别的动物的个体空间范围中，否则将被逐出。我们人类也同样有在空间上保持一定距离的要求。如果观察阅览室、候车室、地铁、餐厅中人们入座的情况，很容易发现在座位足够多的前提下，陌生人之间一般总是间隔一个空座。与此接近，陌生人见面的礼仪是握手，只有属非常亲近的人见面后才会拥抱一下。在拥挤的地铁、电梯间内难免有身体的接触，但人的面部方向却是错开的，尤其避免视线接触或直视，否则将会引起对方反感，被视为无礼。这些现象表明：每个人周围都存在着一个无形的"气泡"似的空间界限。霍尔经过大量研究，提出了"个人空间"的概念。霍尔在他的《无声的语言》中把人际距离分

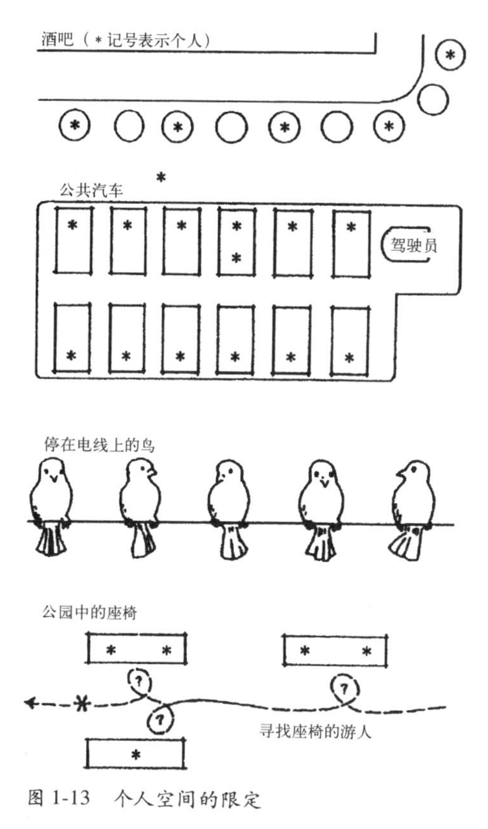

图 1-13　个人空间的限定

个人距离
密切距离
公共距离
社会距离

图 1-14　四种人际距离：亲密距离；个人距离；社交距离；公共距离

为四类(图1—14)：①亲密的距离(intimate distance)；②个人空间的距离(personal distance)；③社交距离(social distance)；④公共距离(public distance)。[1]

霍尔的上述理论与数据对于环境布局、规划具有很大的参考价值。我们在设计一些环境场所时，就可以根据场所的功能、性质、使用者的相互关系及接触的密切程度来决定为使用者提供布局合理的环境和舒适的设施。单以座椅为例，用于情侣幽会的，用于好朋友聚会的，用于一般公务接触的，用于讲演、演出的都应与各类人际距离相适应。否则，必然会给使用者的心理和行为带来一定的困扰，影响环境场所的使用效果。当然，影响人际距离的因素很多，而且霍尔在书中也提醒读者，他的研究成果仅依据北美社会白人中产阶级的生活习性。很多观察和实验的结果都说明个人空间的习性依据许多因素而变化，影响个人空间的因素主要有：①年龄与性别；②文化与种族；③亲近关系；④社会地位；⑤个人的生理、心理、情绪与个性；⑥环境与情景。

• 私密性与交往

人所具有的对于与他人接近程度进行主动控制的心理需求称为私密性要求。阿尔托曼提出私密性定义："对接近自己或自己所在群体的选择性控制。"[2]在日常生活中，它归纳起来表现在独处、亲密、匿名和保留四个方面。心理学家认为环境的私密性有如下作用：它可给人以个人感，使人能够按照自己的想法支配自己的环境；使人可以不受干扰，充分自然地表达自己的感情；可以界定个人在社会中的角色，进行自我评价，进而达成自我认同；私密性在隔绝外界干扰的同时，不排除人在需要时保持与他人的接触。

理想的私密性可以通过两种方式来获得：利用空间的控制机制；或利用不同

---

1 注：①亲密的距离(Intimate Distance)，它是情侣、夫妇、双亲与子女之间的距离。近距离小于15cm，有很大程度上身体间的接触，视线是模糊的，声音近乎耳语，能感觉到对方的呼吸、体温和气味；远距离在15～45 cm之间，在这个距离内可以抚摸到对方。②个人空间的距离(Personal Distance)，这是一般亲属、密友之间的距离。指近到45～76cm，是得以最好地欣赏对方面部细节与细微表情的距离；远到76～122cm时，在这一距离人们可以握手言欢、促膝谈心。说话的声音是适度的，不再能闻到对方的气味，香水味除外；超过122cm，人们就很难触摸到对方，除非双方同时伸臂才能做到。③社交距离(Social Distance)，这是人们进行社交和一般公务活动时所惯用的距离，指近到122～214cm，接触的双方均不扰乱对方的个人空间，能看到对方身体的大部分，一般出现在关系密切的同事或偶然相识的朋友之间；远距离为214～366cm之间，此时，对方的全身都能被看见，但面部细节被忽略，说话时声音要响亮些，是与陌生人处理一般公务或正式社交场合下人们一般保持的距离。④公共距离(Public Distance)，公共距离主要出现在正式的演讲、演出和各种正规礼仪场合中的中心人物与一般人员之间。近到366～762cm，此时，说话声音比较大，讲话用词正规，姿势要夸大，才能被对方听清楚、看清楚；若距离大于762cm，则全属公共场合，声音需要很大且带有夸张的腔调，人与人之间的相互影响开始明显减弱。林玉莲、胡正凡编著.环境心理学.中国建筑工业出版社，2000年第1版P109—110

2 从这一定义可以看出，私密性并非仅仅指离群索居，而是指对生活方式和交往方式的选择与控制。林玉莲、胡正凡编著.环境心理学.中国建筑工业出版社，2000年第1版P111

文化的行为规范与模式来调节人际接触。在此我们所关心的则是如何从有形的物质环境的设计来达到这一目标。

人类既需要私密性也需要社会交往，过度的交往接触与完全没有接触，对个性的消极影响都很大。如今，许多城市居民常常抱怨“鸡犬之声相闻，老死不相往来”的淡漠的人际关系。所以，对每个人来说既要能退避到私密性的小天地里，又要有与别人与社会接触交流的机会，好的环境会支持、坏的环境会阻碍这些需要的实现。环境艺术设计中的一个基本点就在于创造条件求得两者间的平衡，满足人的私密性与公共性两方面的需要。环境艺术设计一般都要包含有私密性与公共性以及半私密性与半公共性的空间。

环境艺术设计师应与建筑师、规划师等设计人员一起在设计中致力于加强人与人之间的沟通，促进人与人之间的相互吸引。1978年12月的国际建筑师协会通过的《马丘比丘宪章》就明确指出：“我们深信人的相互作用和交往是城市存在的基本依据，城市规划与住房设计必须反映这一现实。”

在社会生活中，人们常常不满城市的拥挤，并且把它与人口高密度相互混淆，事实上拥挤存在着实际状态和心理状态之分。所谓实际状态是指高密度，即占有单位空间的实际人数较多。心理状态指的是拥挤感，即个人空间及其私密性受到过多干扰时所产生的不良情绪，它是一种消极的心理状态。拥挤是否产生消极作用与人们的主观感受息息相关。拥挤与拥挤感有直接的联系，但只有拥挤本身不一定引起拥挤感，它必须与其他环境、社会和个人因素共同作用才会使人产生拥挤感。例如，一个窄小的房间会使一对陌生人感到拥挤不堪，但却使一对恋人感到安静、亲切。一条繁华的商业街，虽然顾客摩肩接踵，但人们还是趋之若鹜，而一条同样密度的林荫路却会使人留住脚步。

避免拥挤感的根本办法是为使用者提供足够宽敞的空间，为他们提供多种交往的可选择性，是与人交往还是回避，是运动还是静止。引起拥挤感的无论是行为限制还是刺激超荷，只有通过人的知觉来感知，所以对密度的知觉是问题的关键，当环境尤其是城市环境无法避免高密度时，设计人员可通过设计手法去控制人的密度知觉，来降低拥挤感及其带来的消极反应。其方法有二：一是分隔，它是减少相互干扰、降低环境信息输出量的有效手段之一；二是避免信息过载，也能有效地减少拥挤感。

• 人的行为

“行为是人同环境的相互作用而表现出来的，如果把进行行为的人作为主体来考虑，便可以理解人是通过行为去接近环境的。”[1]日本学者渡边仁史把空间中人的

1 [日]相马一郎、佐古顺彦著，周畅、李曼曼译.环境心理学.北京：中国建筑工业出版社，1986年第1版 P80

图 1-15a 抄近路

行为特点归纳为：

1）空间的秩序，即行为在时间上的规律性和一定的倾向性；

2）空间中人流的流动，即人从某一点运动到另一点时两个地点之间的位置移动；

3）空间中人的分布，即人在空间中的定位；

4）空间的对应状态，即人活动时的心理和精神状态。

其中，人在空间中的流动又分为：

1）避难、上学、上班等以两点间的位置移动为目的之流动；

2）为完成其他行为目的，如购物、游园和参观等所作的随意流动；

3）散步、郊游等以移动过程本身为目的的流动；

4）流动的停滞状态。

关于行为习性，并没有严格的定义。它是人的生物、社会和文化属性（单独或综合）与特定的物质和社会环境长期、持续和稳定地交互作用的结果（图1—15a、b、c、d）。[1]

（1）动作性行为习性

①抄近路

②靠右（左）侧通行

③逆时针转向

④依靠性

（2）体验性行为习性（图 1—16a、b、c）

①看人也为人所看

图 1-15b 靠右（左）侧通行（王府井商业步行街，王引 魏科等，中国北京，1998～1999 年）

图 1-15d 依靠性

图 1-15c 逆时针转向

1 林玉莲、胡正凡编著．环境心理学．北京：中国建筑工业出版社，2000 年第 1 版 P176—183

图 1-16a 看人也为人所看(府南河滨水景观，高宗辉 王树椿等，中国四川成都，1993～1997年)

图 1-16b 围观(朝天门广场，梁晓琦 彭瑶玲等，中国重庆)

②围观

③安静与凝思

这里列举的是相对带有一定普遍性的行为习性，实际上，行为习性因情景、群体、文化等因素的不同而存在明显的差异。索默认为：环境中每个人所处的空间位置是与那里的人们相互作用的方式相对应的。而且人所处的空间位置是由其空间(或环境)的设计决定的。所以，空间的设计也就是人的行为的设计。

阿尔托曼在《环境与行为》一书中，分析了空间行为方式中的四个重要概念：私密性、个人空间、领域与拥挤，并探讨了它们之间的关系，作者认为私密性是了解环境与行为关系的中心概念，个人空间与领域行为是人为达到理想私密性所使用的行为机制，而拥挤与孤独则是失败的结果(图1-17)。此类研究对设计实践有着重要指导作用。另外，要特别关注一些特定人群，如儿童、老年人与残疾人的环境行为，以便在具体设计中做到无障碍。

图 1-16c 安静与凝思

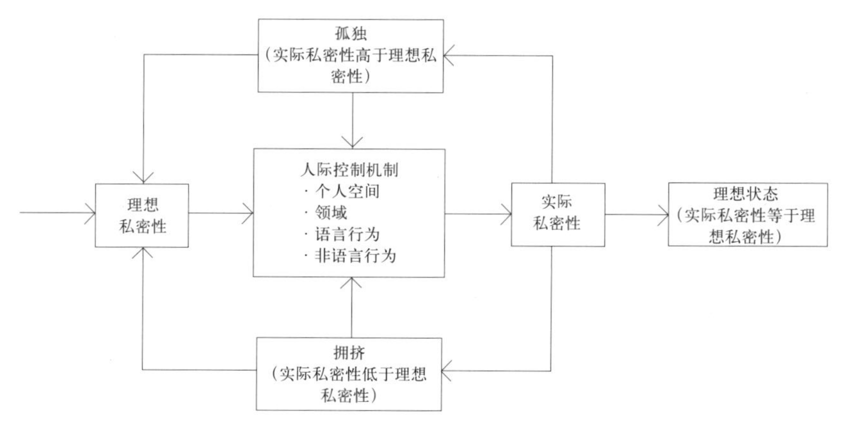

图 1-17 领域、个人空间、私密性、拥挤与行为之间的相互关系

1.1.3 设计与设计思维

1.1.3.1 设计

设计一词对于今天的人们绝不会感到陌生，它实际上可以说存在于一切“人为事物”中。设计是人们建立起与世界关系的一种手段，而设计所创造出来的一切则是我们与外界建立联系的媒介。通俗地说，人们以反映自己的才智技能和自觉意志为目标，寻求解决问题的途径的实践活动就是设计。“设计”在英文中是“Design”，“Design”一词在西方的不同历史时期，其含义是不同的。在文艺复兴前后，它的词义为：“艺术家心中的创作意念”，“以线条的手段具体说明那些早先在人的心中有所构思，后经想像力使其成形，并可借助熟练的技巧使其现身的事物”；到了18世纪后期，“Design”的意义有所拓展，1786年版的《大不列颠百科辞典》对其的解释为：“指艺术作品的线条、形状，在比例、动态和审美方面的协调。在此意义上，“Design”与构成同义；可以从平面、立体、色彩、结构、轮廓的构成等诸多方面加以思考，当这些因素融为一体时，就产生了比预想更好的效果……”由此可以看出，当时“Design”的涵义还仅局限于“艺术作品”的范围之内，只有到了工业时代，“Design”的词义才从“艺术作品”这种纯艺术的范围内扩展出来，现代意义上的“设计”概念才逐步形成。[1]

关于设计的定义有很多：设计是“面临不确定情形，其失误代价极高的决策”（阿西莫夫《设计导论》，1962年）。设计是“在我们对最终结果感到自信之前，对我们要做的东西所进行的模拟”（鲍克《工程设计教学论文集》1964年）。设计是“一种创造性活动——创造前所未有的、新颖的东西”（李斯威克《工程设计中心简介》1965年）。设计是“从现存事实转向未来可能的一种想像跃迁”（佩奇《给人用的建筑》1966年）。设计是“在特定情形下，向真正的总体需要提供的最佳解答”（玛切特《创造性工作中的思维控制》1968年）。[2]到了20世纪70年代，第15版的《大不列颠百科全书》对“Design”的解释更为明确，更具有现代性，即指进行某种创造时计划、方案的展开过程，即头脑中的构思。一般是指能用图样、模型表现的实体，但并非最终完成的实体，只指计划和方案。与之接近，到了20世纪80年代，有人描述：设计“作为一种专业活动，反映了委托人和用户所期望的东西。它是这样一个过程，通过它便决定了某种有限而称心的状态变化，以及把这些变化置于控制之中的手段。”[3]我国的《现代汉语词典》对“设计”一词的解释为：“在

---

1 李龙生编著.艺术设计概论.合肥：安徽美术出版社，1999年第1版P1

2 朱铭、荆雷著.设计史.济南：山东美术出版社，1995年第1版P14

3 雅格斯.设计 · 科学 · 方法.导言，1981年

正式做某项工作之前，根据一定的目的要求，预先制定方法、图样等。”简而言之，“设计”就是设想和计划。

值得提出的是张道一先生主编的《工业设计全书》对“设计(Design)”一词的涵义提出了非常透彻、清晰的理解：①设计是围绕某一目的而展开的计划方案或设计方案，是思维、创造的动态过程，其结果最终以某种符号(语言、文字、图样及模型等)表达出来；②设计是一个涵义非常广泛的词，使用该词时，一般应加适当的前置词加以限定，来表达一个完整而准确的意思。如环境艺术设计、服装艺术设计、建筑设计，计算机程序设计等，只说“设计”，让人弄不清是指什么设计，只有在特定的语言环境中才能省略掉“设计”前面的修饰词；③设计具有动词和名词的双重词性。“这个设计很有新意”，“你去设计一个新的灯具造型”，显然，前面的“设计”是名词，后者是动词。

1.1.3.2　设计思维

• 思维

思维，从广义上讲就是在表象、概念的基础上进行分析、综合、判断等认识活动的过程。思维是人类特有的一种精神活动，是从社会实践中产生的。它一般由思维的主体、思维的客体、思维工具、思维的协调等四个方面组成。思维的主体是人；思维客体就是思维的对象；思维工具由概念和形象组成，或称之为思维材料，思维的协调是指在思维过程中，多种思维方式的整合，也就是说在思维的过程中，单一的思维方式往往不能解决问题。

• 环境思维

环境思维是人脑对环境的概括和间接的反映。它是认识的高级形式，能够揭露环境的本质特征和内部联系。环境思维不同于感知觉，但又离不开感知觉活动所提供的感性材料。只有在获取大量感性材料的基础上，人们才能进行推理和联想，做出种种假设，并检验这些假设，近而揭露感知觉所不能揭示的环境的本质特征和内部联系，从而进展到设计思维。

• 设计思维

设计过程中总存在着思维活动，而且这种思维活动非常复杂，它是多种思维方式的整合，可称之为设计思维。设计思维是科学思维的逻辑性和艺术思维的形象性的有机整合，艺术思维在设计思维中具有相对独立和相对重要的位置。设计思维的核心是创造性思维，创造性思维对于一个设计师来说是十分重要的，它具有主动性、目的性、预见性、求异性、发散性、独创性和灵活性等特征。创造性思维并非随时都会出现，也不是随心所欲可以控制的，经常要经历一个“痛苦”的过程。

设计是科学与艺术相结合的产物。在思维的层次上，设计思维必然包括了科学

图 1-18　艺术；艺术性(artistic)图形联想

思维与艺术思维的特质，或说是这两种思维方式整合的结果。科学思维称逻辑思维，是一种锁链式的、环环相扣递进式的线性思维方式。它表现为对现象的间接的，概括的认识，用抽象的或逻辑的方式进行概括，并采用抽象材料(概念、理论、数字、公式等)进行思维；艺术思维则以形象思维为主要特征，包括直觉思维在内，它是非连续性的、跳跃性的、跨越性的非线性思维方式(图1—18)。艺术思维主要用典型化、具象化的方式进行概括，用形象作为思维的基本工具，对于环境艺术设计者而言，形象思维可以说是最经常、最灵便的一种思维方式。需用形象思维的方式去建构、解构，从而寻找和建立表达设计的完整形式。[1]

在设计思维中，逻辑思维是基础，形象思维是表现，两者相辅相成。在实际的思维过程中，两种思维是互相渗透、相融共生的。从思维本身的特性而言，常常是综合而复杂的。"人的每一个思维活动过程都不会是一种思维在起作用，往往是两种，甚至三种先后交替起作用。比如人的创造性思维过程就决不是单纯的抽象(逻辑)思维，总要有点形象(直觉)思维，甚至要有点灵感(顿悟)思维，所以三种思维的划分是为了科学研究的需要，不是讲人的哪一类具体思维过程。"[2]设计思维的综合性体现了设计思维的辩证逻辑，即处理好抽象与具象，理性与感性，分析与综合，历史与逻辑，人与物等关系(彩图7a、b)。

1.1.4　环境艺术与环境艺术设计

1.1.4.1　环境艺术

在以往的经典美学著作中，我们难以找到"环境艺术"的概念。今天，由于社会的发展，艺术参与、艺术活动在环境中渗透的更为广泛，与环境结合的愈来愈密切才使我们能够而且必须从新的角度，以新的眼光重新审视艺术生产的基本组成及其在现代艺术设计、文化发展中的地位和作用，"环境艺术"应运而生。顺便指出，这里所说的环境艺术与某些艺术学者所指的概念不同。美国的H·H·阿纳森在《西方现代艺术史》一书中，就提到了"Art of Environment"，并把偶发艺术的创立者阿·卡普罗同时称为"环境艺术"的创立者。把它作为波普艺术的一支，主要态度是各种艺术整体化的概念，更重要的是生活与艺术的整体化(图1—19)。一些现代艺术家也往往把"环境艺术"只局限于60年代以来在欧美城市迅速发展起来的"公共艺术"(Public Art)或"街道艺术"(Street Art)(图1—20)。在国内很多人的概念中，"环境艺术"也仅指与环境有关的雕塑、壁画、音乐喷泉等等。出现这种情况是十分自然的，即使是这样的认识仍有着它的积极意义。因为，使这

图 1-19　一笔勾销的收成，奥本海姆，荷兰

1 李砚祖著.工艺美术概论.长春：吉林美术出版社，1991年第1版

2 钱学森著.关于思维科学.上海：上海人民出版社，1986年第1版

些“架上艺术”以崭新的姿态和面目回归到生活环境中去，使环境日益恶化的状况得到缓解，这的确是非同小可的观念变化。但上述种种有关环境艺术“特指”的概念毕竟是十分狭隘的理解，这将有碍于我们全面提高环境艺术整体水平的初衷。

人们从宏观文化的角度运用传统的观点探索环境与艺术的关系，赋予人类环境改造活动以完整的艺术地位，进而发展出一门相对独立的艺术设计门类——环境艺术（图 1–21）。

环境艺术的意识由来已久，前苏联著名美学家莫·卡冈曾指出“艺术设计创作在人的周围创造了一个封闭的实用——审美环境……它起始于对人体本身的装饰；然后为他的躯体设计了有艺术意义的外壳（服装）及同它结合在一起的各种各样的装饰；继而使人在自己日常生活中所利用的所有物品具有审美价值——从祭祀的、日常使用的生产工具（器具、用具、仪器）开始，直至他生活、劳动与同类人交往的处所环境为止。艺术创作赋予建筑物以艺术涵义，人的整个一生都在这些建筑物中和它们之间度过（这些建筑物包括楼房、各种大小不等的专门客体：从桥、电

图 1-20　墨西哥国立自治大学图书馆西北侧，胡安·奥·戈尔曼，墨西哥

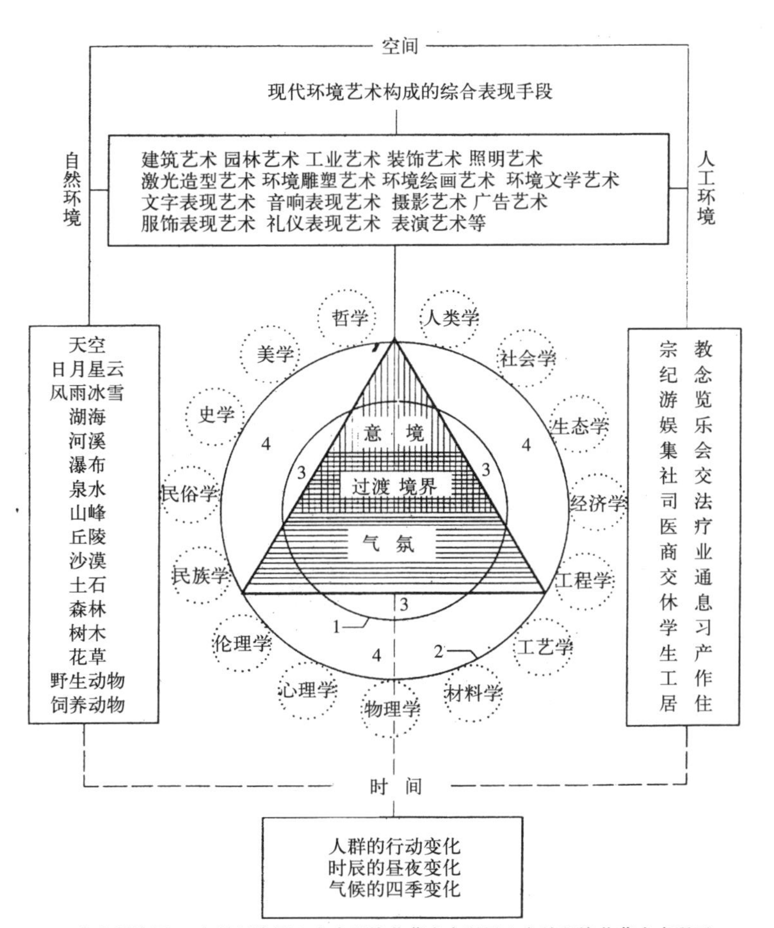

图 1-21　环境艺术的构成系统

视天线桅杆到售货亭和垃圾箱)。艺术设计创作将其审美主动性扩及地上、地下、水上和空中交通工具的设计；最后，它进入自然本身之中，对自然进行审美改造(所谓的‘绿色建筑’)(图1—22)”。[1]可见，由于人们文化视野的扩展和理论思维的日臻密化，面对人类艺术创作活动的发展现实，艺术已突破了传统的方法和界限，各艺术门类互相渗透、融合，在人类的生存环境中找到了共同点和发展的广阔天地。有学者提出一个与宏观社会生活更为贴近的艺术分类系统：“环境艺术系统应兼具实用艺术与纯粹艺术因素，同时以某些实用产品与某些非实用产品为审美信息的载体，处于社会艺术生产的最为广泛的中间层(实用艺术系统处于社会艺术生产的最基层，以实用产品为审美信息的载体；纯粹艺术系统处于社会艺术生产的最上层，以非实用产品为审美信息的载体)。”[2]

• 实用的艺术

20世纪60年代，理查德·道泊尔指出：“环境设计是一种实用的艺术，胜过一切传统的考虑，这种艺术实践与人的机能密切联系，使人们周围的事物有了视觉秩序而且加强和表现了人所拥有的领域。”

由此可见，环境艺术设计强调最大限度地满足使用者多层次的功能需求(图1—23)。它既要满足人的休憩、工作、交通、聚散等物质要求，又要满足人们交往、共享、参与、安全等社会心理需求，还要满足人们的审美需要，它是一种实用的艺术。正如现代雕塑家克雷斯·奥登伯格(Claes Oldenburg)所说：“我所追求的是一种有实际价值的艺术，而不是搁置于博物馆里的那种东西。我所追求

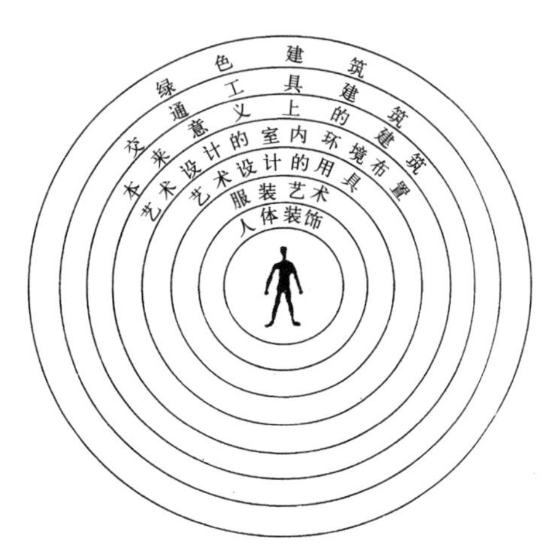

图1-22　艺术设计创作在人的周围创造了一个封闭的实用——审美环境

图1-23　都市绿洲21，EDAW 杰里·奥卡，日本 名古屋

1 [苏]莫·卡冈著，凌继尧、金亚娜译.艺术形态学.北京：三联书店，1986年第1版

2 布正伟著.自在生成论－走出风格与流派的困惑.哈尔滨：黑龙江科学技术出版社，1999年第1版P17

的是自然形成的艺术，而不想知道它本身就是艺术，一种有机会从零开始的艺术。我所追求的艺术，要像香烟一样会冒烟，像穿过的鞋子一样会散发气味。我所追求的艺术，会像旗子一样迎风飘动，像手帕一样可以用来擦鼻子。我所追求的艺术，能像裤子一样穿上和脱下，能像馅饼一样被吃掉……。”[1]

• 感受的艺术

人对外部环境的认识是由感觉、知觉开始的。环境艺术充分调动各种艺术和技术手段，通过多种渠道传递信息，形成多媒体的“感官冲击波”，以创造一定的环境气氛和主题。“感觉是客观事物的个别属性在人脑中的直接反映。”环境艺术要求设计师综合利用各种环境表达要素，如形、色、光、质感与肌理、声音以及各要素间的不同构成关系，调动人们的视、听、味、嗅、肤等感觉，继而激发人的知觉、推理和联想，然后使人们产生情绪感染和情感共鸣，积极体验、参与审美活动(彩图8)。

• 整体的艺术

英国杰出的建筑师和城市规划师F · 吉伯德在《市镇设计》一书中称环境艺术为“整体的艺术”，认为环境诸要素和谐地组合在一起时，会产生比这些要素简单之和更多地东西，即 A+B+C=X>ABC。

环境艺术将室外、室内空间的诸多因素如城市、公园、广场、街道、建筑物、雕塑、壁画、广告、灯具、标志、小品、公共娱乐与休闲设施有机地组合成一个多层次的整体。美国KPF事务所的W · 彼特森认为：“不论一座建筑物作为一个单体有多美，但如果它在感觉上同所在的环境文脉格格不入，就不是一座好的建筑。这里说的环境文脉不单是地段条件的简单反映，更多的是指体量间含蓄的联系，道路格局的统一，开敞空间的呼应，与现有建筑的对话，材料、色彩和细部的和谐，以及天际轮廓线的协调与变化，等等。”[2]“这种整体的美，固然无所不在，但如能在较大尺度的范围内它既有千百种不同的各具表现力的物象形态，而又有内在的有机的秩序和综合醇美的整体精神，就更为难能可贵。”[3]德国哲学家谢林在他的《艺术哲学》中说：“打动他的也许是个别的美，但在真正的艺术作品中是没有个别美的，只有整体才是美的。因此，谁如果不把自己提高到整体的观念，他就完全没有能力判断一个艺术作品。”[4]同时，整体艺术也包含了关系艺术与系统艺术的涵义(图1—24)。

---

1 [美]约翰 · 拉塞尔著，陈世怀、常宁生译.现代艺术的意义.南京：江苏美术出版社，1996年第2版 P408、409

2 白德懋著.城市空间环境设计.北京：中国建筑工业出版社，2002年第1版 P304

3 吴良镛著.广义建筑学.北京：清华大学出版社，1989年第1版 P156

4 吴良镛“城市美的创造”收录在天津社会科学院技术美学研究所编.城市环境美的创造.北京：中国社会科学出版社，1989年第1版 P27

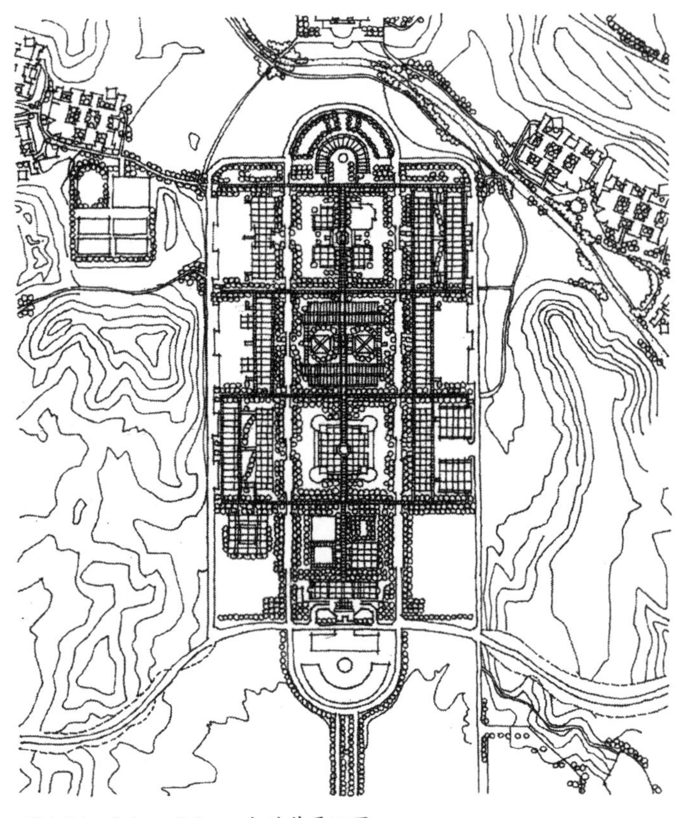

图 1-24　Saltan Oaboos 大学总平面图

戈登·卡伦（Gordon Cullen）在其名著《城镇景观》一书中把环境艺术称作“关系的艺术”，在设计中，即使面临的是具体的、相对单一的设计问题，但处理问题的着眼点也应该从整体环境出发，因为“我们对环境中的每个街区、每个微末细节的点点滴滴处理，必定会纳入总体环境的洪流，从而对人的心理、行为以及社会产生深远的影响。”在这里关系重于独立的关系项。[1]

环境艺术是多学科交叉的系统艺术。“城市与建筑艺术、绘画、雕刻、工艺美术以至园林之间的相互渗透促使“环境艺术”的形成和发展。”[2] 与其相关的学科有城市规划、建筑学、艺术学、园艺学、人体工程学、环境心理学（环境行为学）、美学、符号学、文化学、社会学、文化地理学、物理学、生态学、地质学、气象学等众多学科领域。当然，在环境艺术这一范畴内，这些学科知识不是简单的机械综合，而是构成一种互补和有机结合的系统关系。环境艺术中的各种具体形态构成的整个系统可以分为框架系统与填充系统。街道、广场和主要的建筑物决定环境的空间关系与结构形式，构成框架系统（图1—25）；灯具、标志、广告、小品、公共设施等构成填充系统（图1—26）。这就类似于人体骨架与血肉的关系。

• 时限艺术

任何环境场所都不是瞬间所能建成的，一个成熟环境的形成需要长时间，需要设计者进行接力式、连续不断的创造活动。这样看来，环境艺术作品始终处于“未

图 1-25　柏林普伦茨劳尔-贝尔格区海尔姆霍尔茨广场，斯特凡·耶克尔(Stefan Jäckel)；托比亚斯·米克(Tobias Micke)，德国，1996 年

图 1-26　天津市鼓楼商业步行街，曹磊 董雅 郝卫国 苏海涛，2002 年

1 沈福煦编著.现代西方文化史概论.上海：同济大学出版社，1997 年第 1 版 P186

2 吴良镛先生其《广义建筑学》“探讨走向融贯的综合研究方法”中有关交叉学科的论述。吴良镛著.广义建筑学.北京：清华大学出版社，1989 年第 1 版 P185

完成"状态，所以每一个设计者既要以长远的目光向前看，又不能割断历史文脉，以保持每一具体事物与整体环境在时间和空间上的连续性，在具体事物之间建立和谐的对话关系(彩图9)。从系统论的角度来讲，环境艺术是一个动态的、开放的系统，它永远处于发展的状态之中，是动态中平衡的系统。只要人类社会发展，环境变化就不会止息。每一次文化的进步，技术的发展，都会有新的突破，环境将在一个新的高度上达到平衡。爱因斯坦指出：一个事件的发生不仅取决于时间，而且决定于空间。将它借入环境艺术领域，意味着：在整个设计过程中，运用时间观念，持续不断地进行自由设计，永无止境。"怎样才能在空间中加入时间因素呢？路易斯·康指出了一个方法。他把空间分成了可供穿行的空间和'抵达尽端'的空间"，"甚至尽端空间，如起居室、书房和卧室，也不应是完全静态的。它们必须有利于人的交流，智力的发挥；甚至有利于人睡醒后很快地恢复清醒"。[1]交通带来人的快速运动，带来时间因素，运动又丰富了街道景观层次，速度变化构成不同的景观序列。

鉴于"环境艺术"是一门新兴学科和交叉(边缘)学科，因此，对这一概念的涵义界定至今尚不能说是十分肯定或完美无缺。

我们可以把环境艺术看作是由"欣赏的艺术"和"实用的艺术"联合派生的一种艺术形式。但是环境艺术创作的审美意识的特点、审美信息的载体以及传达的方式都不同于上述两者。同时，它也不等同于环境与艺术品或者环境与装饰的简单相加。我们可以这样认识它：环境艺术是文化的一种尝试，是在环境中的高层次的文化、艺术追求。它是在相当广的范围内，积极调动和综合发挥各种艺术和技术手段，使人们生活所处的时空环境不仅满足人们物质和心理需要，而且具有一定艺术气氛或艺术意境的整体艺术，是回归人们生活环境的综合艺术。

1.1.4.2　环境艺术设计

• 环境艺术设计的定义

环境艺术设计是指设计者在某一环境场所兴建之前，根据人们在物质功能(实用功能)、精神功能、审美功能三个层次上的要求，运用各种艺术手段和技术手段对建造计划、施工过程和使用过程中所存在或可能发生的问题，作好全盘考虑，拟定好解决这些问题的办法、方案，并用图纸、模型、文件等形式表达出来的创作过程。

有些学者尝试运用符号学及语言学的知识来理解环境艺术设计。意大利语言学家艾柯坚持认为，所有文化现象都是符号系统，建筑和环境也不例外。他说：

---

1 [意]布鲁诺·塞维著，席云平、王虹译.现代建筑语言.北京：中国建筑工业出版社，1986年第1版P51

"原始的洞穴可供躲避风雨野兽的袭击，一旦这些过去，他又外出觅食，这洞穴就在他头脑中形成形象，有入口、内空、堵住洞口的石墙，逐步又有安全舒适等概念，使他能意识到并不一定存在的另一洞穴也有这些可能性。当他经营第二洞穴时，这形象就成为一种模式，他可以画出来或告诉他人。这个意义上可以认为此模式已经信码化了，具有了交往传递的作用……。"建筑广场、街道、公园等人工环境的出现，虽然首先是因为实用功能而不是为了传递信息，但是随着人类实践活动的发展，客观上赋予它们一种传递信息的作用。"从符号学的角度来观察，符号在我们的生活环境中随处可见，可谓俯拾皆是，如砖、瓦、各种预制件、门、窗、梁、柱、电梯、楼梯、台级、广告、招牌、家具、壁饰、雕塑、建筑物等等，它们构成了一个庞大的符号体系，并且形成一种特殊的语言——环境语言。"[1]

环境艺术设计者熟练地掌握和运用"语汇"（环境符号和环境语言）遵循一定的"语法"（设计原则和设计规则），就可以写出"文章"（设计作品）。这样可以更好地表达环境形式的意义，公众通过对"文章"的"阅读"即通过对环境符号的有顺序的译解，可以更全面地理解环境的意义。

环境艺术设计的初步成果、设计方案是环境开发建设过程中各个部门（如管理、备料、施工部门等）互相配合协作的共同依据。它可以确保整个工程在预定投资限额范围内，遵照统一的计划顺利建设并保证建成的环境场所能够达到预期设计的效果，充分满足人们的各种需求。

• 环境艺术设计的成果

（1）政策——计划型成果

它包括环境政策、规划方案、设计导引三种形式。环境政策是对整体环境建设进行管理控制的框架性文件，主要表现为有关环境建设的条例、法规；规划方案是对环境政策的具体诠释和形象描绘，主要表现手段是规划图和规划说明书；设计导引是为保证整体环境质量，对某一环境场所的建设所规定的指导性设计要求，如规定一座拟建公园的主题、规模、风格等。

（2）工程——产品型成果

工程——产品型成果是指针对某一待建场所而提出的具体建造、施工方案。一般包括项目设计可行性论证报告、设计说明；场所的平、立、剖面图，透视效果图，结构、水、暖、电、绿化配置施工图，细部节点构造详图；工程造价预算等内容。有时为了更好地表达设计意图，还要制作渲染动画和沙盘模型。

环境艺术设计的成果类型一般与它涉及的项目规模和复杂程度有关，规模愈

1 邓庆尧著．环境艺术设计．济南：山东美术出版社，1995年第1版 P247

大，牵扯因素越复杂，其成果越偏重于政策——计划型；反之则偏重于工程——产品型。

• 环境艺术设计的原则与评价标准

环境艺术设计的原则包括：

(1) 功能原则，这里的“功能”主要指物质功能，即实用功能，处理好自然环境、人工条件与环境内部机能的关系。

(2) 形式原则，做到景观、建筑、城市和自然景观的协调组合；减弱人工的几何形与自然的，生态形之间的矛盾。注意各种美感要素的运用，如：比例与模数，尺度感与空间感，对称与不对称，色彩与质感，统一与对比等；传统形式的继承运用及其与现代形式的共生，强调文脉与时空连续性。

(3) 材料与技术原则，材料是设计的物质基础，技术是实现设计的重要手段。设计者要掌握好各种材料特性，懂得各种材料的结构、加工工艺、价格等。

(4) 整合优化原则，首先强调人的合作，建筑师、规划师、艺术家、园艺师、工程师、心理学家等与环境艺术设计师一起完成对环境的改善与创新，其次，学科相互交叉整合，包括环境心理学、人体工程学、生态学、园艺学、结构学、材料学、经济学、施工工艺等学科。最后还有宏观文化的综合，哲学、历史、政治、经济、民俗、文学、书法、绘画等知识都兼容并包在环境艺术中。

(5) 识别性与创新性原则，环境艺术设计除了要遵循一般设计原则，更可贵的是要有个性，不要给人以千篇一律，似曾相识的感觉，要有独创性。

(6) 尊重公众意识原则，环境艺术的审美价值，已从“形式追随功能”的现代主义转向情理兼容的新人文主义；审美经验也从设计师的自我意识转向社会公众的群众意识。使用者积极参与，使当代的设计文化走向了更符合大众性的道路。“公众参与”已不只是漂亮的口号，它已渗入到我们的设计中。在不知不觉中，大众的文化品位已在引导着我们的设计方向，有时甚至起到支配的作用。

(7) 未来可能性原则，环境艺术设计要遵循可持续发展的要求，不仅不可违背生态要求，还要提倡绿色运动来改善生态环境。另外，将生态观念应用到设计中，使环境成为一个可以进行“新陈代谢”的有机体，留有未来更改与发展的余地。

根据环境艺术的功能要求，尝试确定设计作品的评价标准，可以归纳为：方便性；舒适性；含义性；个性；和谐性；愉悦性。

1.2 环境艺术设计的本质

1.2.1 环境艺术设计是生活方式的设计，是艺术与科学的统一

“一切艺术，应该只有一个目的，即克尽厥职，为最高的艺术——生活的艺术，

作出自身的贡献。"[1]换句话说，一切艺术，都要为美化人类的生活服务。这更是环境艺术设计的宗旨，其中实用功能是环境艺术设计的主要目的，也是衡量环境优劣的主要指标。从发生学的观点来说，实用功能也是产生认知功能的基础。这就要求环境艺术中有科学的一面。

环境艺术不仅是要求设计一个实用的环境，还要设计一件艺术品。这与美学息息相关，其艺术性涵盖形态美、材质美、构造美及意境美。这些都往往通过"形式"(form)来体现。形式的考虑主要在于各元素的"统一"，以便形成视觉上有力的群体；以及元素之间的"变化"，以避免单调与乏味；还要顾及"尺度"(Scale)以便与周围环境及使用者搭配；要注重"比例"以便成就自身的美；另外如"色彩"、"质感"、"重复"、"平衡"、"韵律"、"象征"等要素，也是环境在艺术表现上的重要内容。

环境艺术是非常明显地受到诸多艺术学科的影响，尤其是现代建筑、绘画、音乐、戏剧的影响。比如1950年为纪念纽约现代美术博物馆创立20周年，在该馆举办了题为"在你生活中的现代艺术"的展览。这个展览所展现的作品有超现实主义的，有梦幻现实主义、立体主义、抽象主义、巴黎画派的，它们的不少观念很快被环境设计者所借鉴，因为环境设计语言与现代艺术语言有某些共同之处。

如果从科学技术的角度看，环境艺术的发展，经过了手工技艺、机械技艺和计算机技术三个阶段。科学，包括技术以及由此诞生的材料是设计中的"硬件"，从设计这一大范围来说，设计就是使用一定的科技手段来创造一种理想的生活方式。科技对设计产生直接的影响，尤其是工业革命以后，人们进一步思考设计与科学之间的关系。科技的进步，创造与其相应的日常生活用品及环境，不断改变着人们的生活方式与环境，设计师就成为名副其实的把科学技术日常化、生活化的先锋。比如，美国的雷蒙德·罗维（Raymond Loewy）公司承担了1972年月球登陆飞船的室内设计工作，月球登陆舱有特殊的使用目的和功能要求（它与我们生活中的室内设计迥异，空间狭小，集工作、休息、睡眠于一体，科技含量很高），设计师必须根据人机工程学、行为科学、心理学等要求，在新的技术中发现新的表现的可能性，进行创造性的设计。

法国作家福楼拜尔曾经预言"越往前进，艺术越要科学化，同时科学也要艺术化，两者从基底分手，回头又在塔尖结合"。可以这样说，环境艺术的艺术性与科学性在设计上集中体现在"形式"与"机能"的关系上。形式在前面已讲过，机能是针对功能而言，主要反映在设计过程的各个阶段中，基地环境的配合，所使用材料的性能，空间关系与组织以及人在环境中行进的路线，可以称之为"动线"。

---

1 [美]房龙著，衣成信译．人类的艺术．北京：中国和平出版社，1996年第1版 P3

各种结构系统使它得以建造起来，如梁柱、木构架、薄壳、钢结构等，最终科学与艺术紧密相连(图 1–27)。

“艺术与科学相连的亲属关系能提高两者的地位；科学能够给美提供主要的根据是科学的光荣；美能够把最高的结构建筑在真理之上是美的光荣。”[1] 随着环境声学、光学、心理学、生态学、植物学等学科适用于环境艺术设计之中，以及利用计算机科学、语言学、传播学的知识来对人与环境进行深入研究与分析，相信环境艺术设计会更加深化，其艺术性与科学性会结合的更为完美。

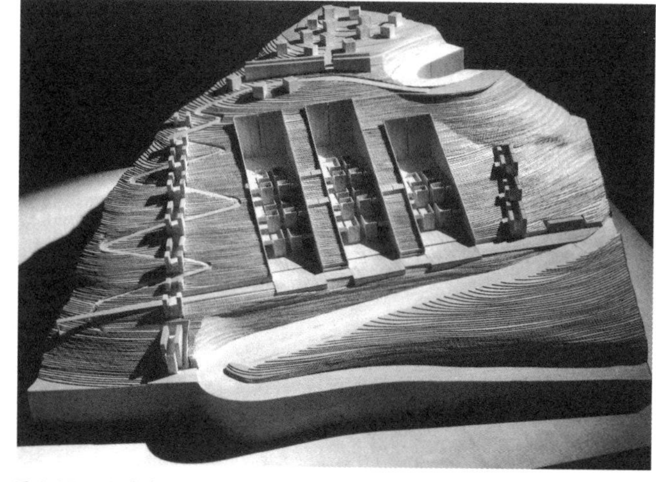

图 1-27　圣潘克拉公墓，马克 · 巴拉尼(Marc Barani)，法国　罗克布吕讷 - 卡普马丹

1.2.2　环境艺术设计是人类的一种行为，是感性与理性的统一

我们知道，很多动物在生存环境有所变化或遇到生存危机时，能够以一系列先天就具备的生物性机能，来改变个体或群体的行为方式或生活方式，来适应变化了的生存环境。如蜥蜴会随着环境的改变而变换皮肤的颜色；非洲大陆生活着一种兀鹰，会用嘴叼起石子去打鸵鸟蛋，打碎后吃里面的蛋清、蛋黄；关在笼子里的猩猩会利用竹竿来取放在远处的食物。这些动物的有些行为让人们感到吃惊和好奇。如果说设计是一种设想和计划，或者是“为达到预想的目的而制定的计划和采取的行动”。人的设计行为显然不同于动物的“天生会”行为。马克思在《1844 年经济学——哲学手稿》中写到：“诚然，动物也进行生产，它也为自己构筑巢穴或居所，如蜜蜂、海狸、蚂蚁等所做的那样。但动物只生产它自己或它的幼仔所直接需要的东西；动物的生产是片面的，而人的生产是全面的；动物只是在直接的肉体需要的支配下生产，而人则甚至摆脱肉体的需要进行生产，并且只有在他摆脱了这种需要时才真正的进行生产；动物只生产本身，而人则生产整个自然界；动物的产品直接同它的肉体相联系，而人则自由的与自己的产品相对应；动物只是按照它所属的那个物种的尺度和需要来进行塑造，而人则懂得按照任何物种的尺度来进行生产，并且随时随地都能用内在固有的尺度来衡量对象。所以，人也按照美的规律来塑造。”马克思在《资本论》中还谈到，蜜蜂建造的蜂房使人类的建筑师都感到惭愧。但是，最蹩脚的建筑师比最灵巧的蜜蜂还是要高明，因为建筑师用蜡来造蜂房之前，就已经在头脑里把那蜂房建成了。这就向我们表明了，只有人类才根据预想的目的，从事自觉的实践活动；也只有人类才有自觉的、创造性的设计行为。

感性主要是指从“创造性”这一点出发来探索环境艺术，现代科学研究表明，

1 [法]丹纳著，傅雷译.北京：艺术哲学.北京：人民文学出版社，1963 年第 1 版 P347

人的创造活动离不开想像和思维。想像和思维同属认识的高级阶段，它们均产生于问题的情景下，由个体的需要所推动，并能预见未来。在环境艺术设计中，潜意识与直觉起着相当重要的作用。只有经过潜意识的活动，才能产生“使问题得到澄清的顿悟”——灵感。诗人埃米·洛厄尔干脆就将创作看作是潜意识活动。美国行动画派的杰克逊·波洛克（Jackson Pollock）也是寻求在潜意识下作画。超现实主义画家马克斯·恩斯特（Max Ernst）也有类似的看法，他说，当他作画的时候，他感觉到他就像旁观者在观察自己作品的诞生。但是，更多的人不同意这种神秘的解释，反对这种无限夸大潜意识作用的说法。他们认为创作介于神秘、非理性与可解释、理性这两者之间。设计直觉，这里的“直觉”(Intuitionism)不是西欧17～18世纪唯理论者如斯宾诺莎所说的那种能“认识到无限的实体或自然界本质”的理智能力，也不是直觉主义(Intuitionism)所主张的那样，带有超越经验和理性的神秘色彩（柏格森）或认为直觉是一种先天的辨别善恶的能力（马蒡诺）。它应是这样一个方向“对一般直觉包括审美直觉的唯物主义的理解，是把直觉同人的经验联系起来”。从不同角度充分利用感觉和直觉，集中精力，减少思维定式的束缚，充分利用原型启发，保持镇定、乐观的情绪，均有助于设计任务的完成。

在人类历史的17、18世纪，最重要的发展莫过于由哲学家培根、斯宾诺莎、康德等人所带动的“理性”(reason)发展。因此，了解事物的规律便成了人类思想的核心。环境艺术的理性体现在，在设计过程中建立适当框架，对资料与元素进行全面分析、理解，最终综合、归纳，使环境艺术作品体现出秩序化、合理化的特征。环境艺术应具备理性容量与感性容量，是理性与感性的统一，是建立在对其艺术与科学双重性的认识基础上的。环境艺术作为艺术它必须以个性反映本质，始终与个性、偶然性紧密联系着；而作为科学它却又不能迷恋于偶然性、个性之中，它必须以逻辑反映本质。

环境艺术设计中的随意性、意外机遇是建立在理性“积累”之上的。包括：①积累了坚实的生活经验，其中包括对空间类型及使用功能的体验，对各种自然环境及人文环境的体验，对城市各种机能的了解；②积累了典型的设计图式，特别是不同流派与风格的世界建筑名作的图式；③积累了丰富的解难经验。

同样道理，人们在对某一具体设计作品进行审美感知和审美评价的过程也是感性与理性的统一。环境艺术体现出来的是多种思维的综合表现。设计者必须针对这一探索性的工作付出巨大的脑力与体力，必须依靠高级、复杂的创造思维活动，才能创造出满足人们各种物质与精神需求的环境场所（彩图10）。

1.2.3 环境艺术设计成果是人为文化产物，是物质与精神的统一

柳冠中先生曾提出“人为事物是设计的本质”这个观点。他认为，人为事物是

人类在适应自然并改造自然的过程中出现的。在人类发展过程中的特定历史时期，由于其认识自然、了解社会的程度不同，其改造自然、社会的手段也不同，所以这种人为事物的一个显著特征是具有限定性，即我们常说的设计定位的意思。限定性主要表现在不同的民族、地区、社会制度、文化传统、时代对适应自然、改造自然以求生存、享受和发展时所用的材料、工艺、技术、生产方式、设计美学等是有所不同的，因而创造出来的人为事物（工具、用品、居住环境等）就不是单一的，而是多元的。所以，不同的民族、时代、经济模式、社会机制等会产生不同的艺术设计。

美国著名学者赫伯特·A·西蒙在《人工科学》中写到"我们今天生活着的世界与其说是自然的世界，远不如说是人类的或人为的世界。在我们周围，几乎每样东西都有人工技能的痕迹。""人为的世界"即是由许许多多的人为事物组成的。人为世界就是"人化的自然"，或称"第二自然"。理想的人为事物并不是破坏自然、榨取自然，而是利用自然，使人与自然和谐相处，使其更好地为人的生存和发展服务。[1]

作为人为事物的环境艺术具有物质和精神的双重本质。其物质性有二，首先表现为组成环境的物质因素，包括自然物和人工物，自然物由空气、阳光、风霜雨雪、气候、山脉、河流、土地、植被等组成。由于自然物的不同特征而造成环境的不同性格，是环境艺术的基本特点；人工物（指环境中经过人的改造、加工、制造出来的事物），如建筑物、园林、广场、道路、灯具、休闲设施、小品、雕塑、家具、器皿等。其次，物质性还表现为环境艺术的设计与完成，且通过有形的物质材料与生产技术、工艺，进行的物质改造与生产。设计制作的结果也以物品、场所的形式出现，带有实用性。环境艺术的物质性能体现出一个民族、一个时代的生活方式及科技水准。

组成环境的精神因素，通常也称为人文因素，是由于人的精神活动和文化创造而使环境向特定的方向转变，或形成特定的风格与特征。这种精神因素贯穿在横向的区域、民族关系和纵向的历史、时代关系两个坐标之中。从横向上来说，不同地区、不同民族的相异的宗教信仰、伦理道德、风俗习惯、生活方式决定着不同的环境特征；从纵向上来说，同一地区、同一民族在不同历史时代，由于生产力水平、科学技术、社会制度的不同，也必然形成不同的环境特色，例如一个中世纪时期的欧洲城市和现代城市就具有截然不同的特征（图1-28；彩图11a、b）。精神性能反映出一个民族、一个时代的历史文脉、审美心理和审美风尚等。

1 李龙生编著．艺术设计概论．合肥：安徽美术出版社，1999年第1版P9

图 1-28　完整保留了中世纪形式的名城，德国洛顿堡

1.3　环境艺术设计与相邻学科的关系

1.3.1　环境艺术设计学科由来

环境艺术设计学科的前身是于1956年首先在中央工艺美院（现为清华大学美术学院）成立的“室内装饰”专业，实为室内设计专业，以后曾数易其名。1978年设室内设计硕士学位，培养较高层次的专业设计人才。1988年国家教委将“环境艺术设计”专业，列入国家教委学科专业目录。环境艺术设计专业的课程包括了室内环境设计与室外环境设计（即景观设计）。1988年后，全国各地艺术类院校、建筑类院校与一些综合大学的相关院系大多已开设“环境艺术设计专业”。越来越多的院校设有硕士学位教育，少数院校已经设有环境艺术设计研究方向的艺术设计学博士学位教育。环境艺术设计专业在我国开始呈现蓬勃发展之势，在有些建筑院系，环境艺术设计发展成为与建筑学、城市规划呈三足鼎立之势的学科（1998年教育部批准：环境艺术设计专业改为二级学科艺术设计专业下的一个专业方向。不过，在本文中仍然沿用环境艺术设计专业的说法）。

“环境设计”在发达国家，并不是一门新的学科，它既与“景观设计学”(Landscape Architecture)，又与“城市设计”(Town and Urban Design)有相同之处。20世纪60年代以来，由于世界范围的环境研究受了环境科学体系的影响，城市规划和建筑师更加重视了环境美的创造，环境设计的概念很快为整个社会所接受。在美国，成立了环境设计研究学会；有的城市规划和建筑系则以“环境”更名，如美国加州大学贝克莱分校的建筑学院，就于1965年改称为环境设计学院，并建立了环境设计研究中心。在美国等发达国家，“景观设计学”和“城市设计”这两个专业已经有了上百年的历史；它们基本上覆盖了环境设计的主要内容；而且在社会上也有景观建筑师和城市设计师的职业，所以环境设计只是一个深化和完善的问题。而我国的实际情况是，既无“景观设计学”之说，也无“城市设计”专业。为了适应我国的具体情况，又能迎接当代潮流的挑战，“环境艺术设计”成为我国一个新兴的专业。

“环境艺术设计”较“环境设计”多了“艺术”二字，有强调设计的艺术性之意。因为“环境艺术设计”专业在我国首先诞生在艺术院校，况且由于我们建国以来有重工程，轻艺术性设计的“传统”，加上艺术二字，有助于纠正以往的偏向。

无论是专业人员自身的知识结构，或是学科理论研究分支，以及行业实践范围，这门学科自创立以来就是一个极为综合的设计领域，是一个集艺术、科学、工程、技术于一体的边缘学科。环境艺术设计的重点是各种环境的规划与设计，在寻求人们需求与客观环境的协调关系中，要成为一个环境艺术设计师就必须掌握环境生态与人类行为诸领域的知识，并通过具体规划设计将其实现于具体环境形态之中。

环境艺术设计与建筑学、城市规划、城市设计、园林学科有何异同？首先看相同点，它们的宗旨都是为人们提供良好的居住、工作、游憩环境，处理好人与环境的关系。它们的不同点在于学科的侧重点和专业分工不同。

1.3.2 环境艺术设计与相邻学科的关系

1.3.2.1 环境艺术设计与建筑学

“建筑设计就其工作范围而言，在中国有两种不同的概念。广义的建筑设计是指设计一个建筑物或建筑群所要做的全部工作。”“但通常所说的建筑设计，是指‘建筑学’范围内的工作。它所需解决的问题，包括建筑物内部各种使用功能和使用空间的合理安排，建筑物与周围环境，与各种外部条件的协调配合，内部和外表的艺术效果，各个细部的构造方式，建筑与结构、建筑与各种设备等相关技术的综合协调，以及如何以更少的材料、更少的劳动力、更少的投资、更少的时间来实现上述各种要求。”

由定义看出，建筑学的设计范围主要是建筑物，侧重于“物”的塑造及空间的处理，专业分工重在建筑物各种使用功能和使用空间的合理安排。所涉及的专业知识主要包括建筑学、结构学、建筑物理以及其他工程技术知识。建筑学一般是以建筑物为营造中心，一切设计构思和处理手法都主要是围绕建筑物而确定的，因此有时难免缺乏对环境的总体把握，使建筑个体过于突出。

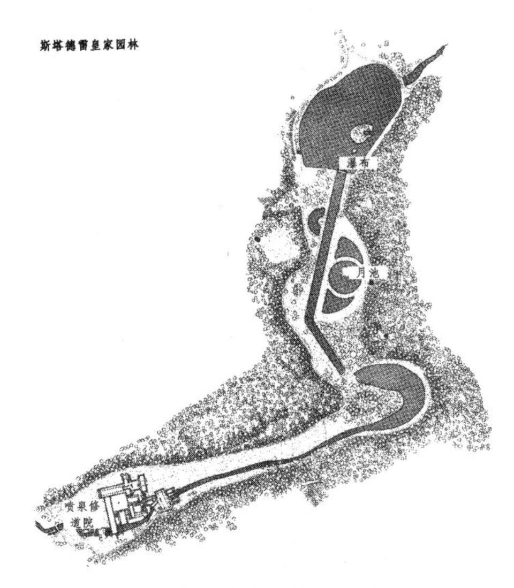

图 1-29　斯塔德雷皇家园林，英国

图 1-30　红岩圆形剧场，美国科罗拉多州丹佛

而环境艺术设计的范围包括城市、地区的宏观景观环境，建筑室内外空间，各种景观小品以及市政设施等，环境艺术设计所需要的专业知识除一些园林、建筑设计知识外，还需要绘画、雕塑等学科知识(图 1—29)。环境艺术设计构思从整体环境出发，不仅考虑设计对象本身，而且注意设计对象与整体环境的关系(图 1—30)。随着人们对单调、冷漠环境的反感和对环境质量要求的日益提高。越来越多的建筑师开始以整体环境的眼光从事建筑设计，注重建筑单体与整体环境的关系(图 1—31)。

图 1-31　爱琴海中的希腊岛城，希腊

1.3.2.2　环境艺术设计与城市规划

“城市规划是一定时期内城市发展的目标和计划，是城市建设的综合部署，也是城市建设的管理依据”。城市规划的前提主要包括城市的地理位置与区域规划，自然环境与气候条件，资源和发展前景，城市性质与用地规模，人口组成与预计总量，以及城市的成因和发展历史，人文传统和特色等等。城市规划的主要内容包括城市对外交通与市内交通体系，各种市政基础设施体系，环境保护与绿化体系，文物保护与利用，土地利用与功能分布，布局结构与社区组织，空间构成与人居环境等。所以城市规划是以可持续发展为目的，全面、综合、整体地研究和规划城市(彩图12)。城市规划的发展方向越来越以数理分析为主，通过对人口、环境等方面进行考证、评估，得出大量的数据指标、文字资料(图纸作为交流语言减少)。因此，它对环境艺术设计具有政策上宏观的指导和约束作用，环境艺术设计必须服从城市规划的基本原则，城市规划总结制定的城市性质、人口规模、用地面积，生态保护、城市的发展方向等都是环境艺术设计的基本依据。由此可以说，

环境艺术设计是贯彻、细化城市规划思想、内容的阶段(图1—32a、b)。当然宏观上的城市规划要求与实际进行的环境艺术设计结果在某些方面或局部不可能达到理想上的和谐一致。因此，二者之间还需要相互反馈，相互补充与调整。

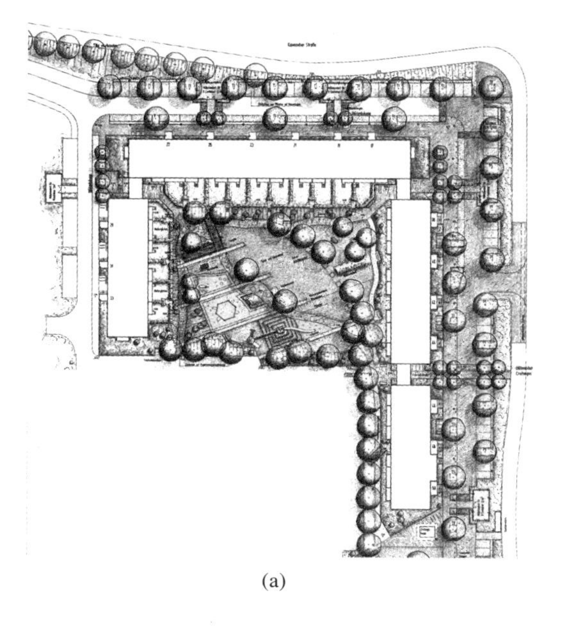

(a)

(b)

图1-32a　舒勒建设区平面图，马丁·茜保尼卡尔·魏弗，德国，1996年
图1-32b　舒勒建设区景观，马丁·茜保尼卡尔·魏弗，德国，1996年

社会条件的日益复杂，使城市规划对数字指标的科学分析加强，这也体现社会分工的规律。城市规划主要是从城市“物”的角度出发，满足人们对城市效率和发展的要求，为了解决日益严峻的人口密集，交通拥挤、原料危机、土地流失、环境污染等社会问题，城市规划的重点已从控制环境的具体形态转向制定城市宏观的看起来较为抽象的经济、文化发展战略，逐渐向社会科学的范畴倾斜。因此，城市规划可以看作是理性的产物，它要求规划师尽可能排除人的主观和非理性因素，努力追求规划成果的科学性和准确性。因此，城市规划的表现手段主要是文字、数据和图表等抽象形式。

环境艺术设计侧重于城市、地区的环境开发与规划设计，即土地、水、大气、动植物等景观资源与环境的综合利用与创造，专业分工重在各级具体环境形态的设计。环境艺术设计，在遵循城市规划原则的前提下更强调对人的关心和尊重。它以人为本，重视满足人的生理、行为、精神、审美要求，在人类生活空间的营造过程中追求环境的舒适、方便、个性、含义、和谐、愉悦。环境艺术设计不仅需要逻辑推理活动，还需要设计师的直觉活动与主观决断。这是因为它要满足的人的生理、行为、精神及审美要求，特别是精神及审美要求是模糊的，没有统一固定的衡量、判断标准，常需要设计师及业主凭个人的主观感觉加以评判。环境艺术设计需重视形象思维，特别是要具备将三维、四维的空间形象表达在二维图面上的能力。因此，其成果表现一般侧重于较为直观的手段，如图纸、模型、照片、渲染动画等。

需要指出的是目前的环境艺术设计专业还很年轻，远没有发展成为一个如建筑学、城市规划一样相对成熟、完善的专业。值得庆幸的是，专门从事环境艺术设计的机构开始涌现，环境艺术设计作为一种新的观念，需要众多设计者协同努力。目前从事环境艺术设计专业的设计者需要奋发努力，弥补不足以外，越来越多的建筑师与规划师不断地完善其知识结构，在实际的建筑设计工作中常常跨入环境艺术的设计领域。1999年北京建筑师大会《北京宪章》认为："对建筑学有一个广义的、整合的定义是新世纪建筑学发展的关键，"提倡"从局部走向整体，并在此基础上进行新的创造"的思维方式。由此可见，建筑学、城市规划已开始接受环境艺术设计的有关理念。

人们认识到"人类——建筑——环境三者之间有密切的相关性"。环境艺术设计、建筑学、城市规划三种学科共同构筑"人居环境"的主导框架，密不可分。

1.3.2.3 环境艺术设计与城市设计

在谈二者关系之前，先来看一下城市规划与城市设计的关系。城市规划和城市设计应该说是相互包容的，城市设计的许多内容是在城市规划的要求里有所规定的，城市设计的项目本身也体现了城市规划的政策上的指导要求。也可以这样说，城市规划偏重于条文、数据、图表性的规定，可以明确某个区域的性质，但对于此区域的整体形态、空间系统的形态、建筑组群的形态等，一般难以做到直接分拨给建筑师、园艺师做单项设计的深度。而城市设计可以说成从宏观上将城市规划的要求转化成整体形态设计的过渡阶段性工作(图1—33)。

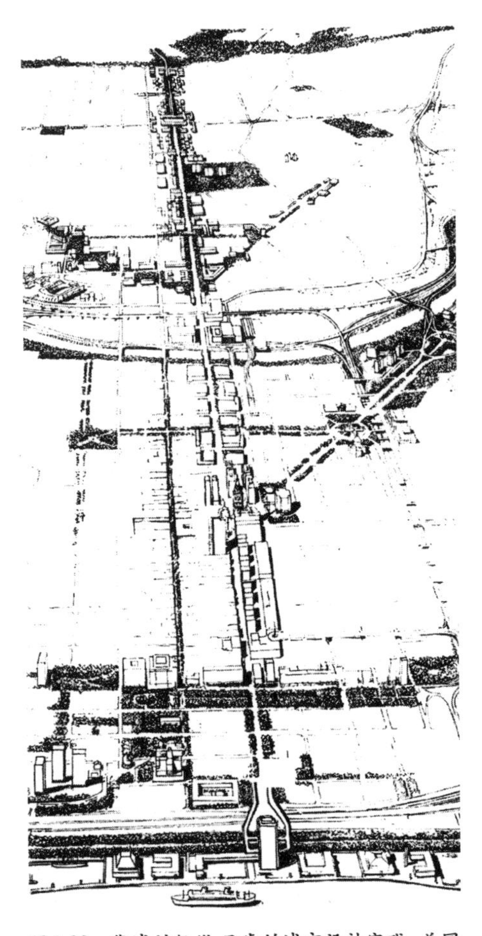

图1-33　费城的轴线 贝肯的城市设计实践，美国

城市设计较之于环境艺术设计来说是较为宏观与整体的，它一般是指城市区域性的整体形态，空间系统形态的形象设计。城市设计对城市空间组织和环境设想最终要通过建筑设计和环境艺术设计实施和实现。环境艺术设计虽然也是着眼于整体环境，但是更侧重于外部与内部环境的深化、细节性设计。它把工作的重点放在了那些最贴近于人，最富有人性化的空间形态部分。城市设计仍是偏重于全局性的功能区划，偏重于理性。而环境艺术设计则加强了人的精神性、审美性，突出了感性、艺术性的地位。

1.3.2.4 环境艺术设计与园林

园林无论规模大小，无论在东方还是西方，都具有一个共同点："即在一定的地域范围内，利用并改造天然山水地貌或者人为地开辟山水地貌、结合植物的栽植和建筑的布置，从而构成一个供人们观赏，游憩、居住的环境"。园林都包含着四种基本要素：土地、水体、植物、建筑。

园林设计的主要范围是各种园林，如实用园(苗圃、果园等)、观赏园、大型公园、区域公园等（侧重于其中的绿化部分)(彩图13)。园林设计师需掌握园林设计的形式法则和工程技术知识外，精通园艺学、植物学知识为其特点。园林设计的构思时常仅限于景园内部。内部处理协调、令人赏心悦目，但有时忽视整个园林与外部环境的关系，使之成为城市孤岛。

环境艺术设计的范围除包括园林景观外，如上所述还包括各类城市区域景观，广场、街道、庭园绿地、建筑物内外环境、各类市政设施等。环境艺术设计师在从事园林等设计工作时，更善于着眼于整体形式、色彩、内涵，从而易于把握整体风格。

环境艺术设计与过去存在过的风景园林专业的关系怎样呢？（1997年国务院学科指导委员会决定，已取消了“风景园林”本科及“风景园林规划设计”硕士专业目录。）风景园林主要指风景区规划、园林规划设计及园林绿化。而环境艺术设计早已超出了这个范畴，它包括自然景观，更包括人工环境；它扩大到广泛的“外部环境”的规划与设计。可以说，环境艺术设计是一门包含了传统风景园林精华的新学科。

1.4　环境艺术的功能与意义

任何室内或室外，或大或小的环境都满足人们一定行为的要求，即具有一定功能，这样的环境才具有实际意义。另外，环境艺术设计虽然在狭义功能上是为人们提供一个可居住、停留、休憩、观赏的场所，但是由于环绕在历史、社会、与风土人文等脉络关系中，而使其在功能上具有多层次性与复杂性。为了分析的方便，我们把本来为一个整体的功能要求与实现过程剖析开来，认为环境都具备物质功能、精神功能和审美功能。例如居室，它首先可以遮风避雨，给主人安全感，满足居住的基本需求；其次，居室内的布置应从“港湾”的理念出发，室内陈设往往表达主人所赋予的独特含义，给它们带来精神上的寄托；还有，色彩与装饰品的设计与应用，使人感到审美上的愉悦。

这三种功能在环境中都会同时有所反映，但由于人们的具体需求不同，环境空间构成要素、空间组织及空间特征的不同，在三种功能上会分别有所侧重。因此，有些环境是以满足物质需求为主，如住宅、餐馆、步行街、公园内的座椅、街道等；有些环境是以满足精神需求为主，如教堂、纪念广场、公墓等；还有些环境主要的是审美功能的体现者，如美术馆、音乐广场、雕塑公园等。即使侧重点不同，任何环境也一般都是三种功能共同作用的有机整体，满足人们的多种需求。同样一种环境构件在不同环境中所具有的涵义也不尽相同，如卧室内的座椅一般仅供主人休息，具有私密性的特点；商业步行街的座椅，目的非常明确，人们购物间隙，因疲劳而坐，座椅完全融入商业气氛中；而纪念性广场上的座椅常常是凝重的，虽然也具有休憩功能，但往往是引人深思的。环境艺术满足了以上功能的特定要求而具有了其基本意义，另外，还具有文化上的深层意义。

1.4.1 功能

1.4.1.1 物质功能

墨子的一段话道出了物质功能的重要"食必常饱，然后求美；衣必常暖，然后求丽；居必常安，然后求乐"。环境作为满足人们日常室内外活动所必需的空间，空间的实用性是其基本的功能所在。儿童在幼儿园里学习、活动，在游乐场内嬉戏，学生在教室里上课，在校园中休憩、进行体育运动，成年人在各自的办公室中工作，节假日去旅游、度假，老年人在家中种花、养鸟，在社区内晨练。人们喜欢在舒适的小区中居住，在方便的商场内购物，在饱含艺术氛围的剧院中观看演出，在富有美感的公园里、广场上散步、乘凉、交谈、锻炼、游憩……，环境的物质功能体现在：

• 满足人的生理需求

空间要素的合理设计，让人们可坐、可立、可靠、可观、可行，既能挡风，又能避雨；空间的合理组织，满足人们日常生活中对它的需求，其距离、大小据内容而定。这样的环境就满足了作为空间主体的人的保暖与隔热，自然采光与人工照明，提高声音质量与减少噪声，防潮与通风等方面的生理需求。要使环境更好地实现这些功能，必须考虑到许许多多的细节性要素，比如材料的使用合理，空间的尺度怡人，具体小环境的功能单纯性等等（图 1-34；图 1-35）。

图 1-34 综合交通站，澳大利亚 悉尼

图 1-35 哈雷动物园中心酒店楼旁的绳索游戏场，马提亚斯·戴尔(Matthias Daerr) 西格窿姆·戴尔(Sigrum Daerr)，德国，1995 年

环境及其设施的尺度与人体的比例、各种活动体态的尺寸具有密切关系，设计者应了解并熟悉人体工程学的相关知识，对于不同年龄、性别人群的身体尺寸、体重、运动幅度与强度、视域状况有足够了解，特别是健康状况不好及有视残、身残的特殊人群。因此，我们除了一般以成年人的平均状况为设计依据以外，在特定场所的设计中要充分考虑到其他人群的生理、心理状况。例如，在托儿所、幼儿园、儿童游乐场的设计中应该以婴儿、幼儿及儿童的身体状况为依据(彩图14)；老年人住宅、老年人医疗康复中心就应该参照他们的自身特征进行设计。

• 满足人的心理需求

我们在环境与行为一节中讲到了人心理上对领域与个人空间，私密性与交往的需求。环境艺术设计为人们提供原级领域，如卧室、专用办公室；次级领域，如学校、走廊；公共领域，如大型超市、公园等，满足人们不同层次的心理需求。在环境艺术设计中还应重视个人空间的可防卫性，给使用者身体与心理上的安全感。美国纽约大学规划与住宅学院院长奥斯卡·纽曼（Oscar Newman）根据人的领域行为规律提出“可防卫空间”的概念，他所领导的由城市规划师、建筑师、计算机专家与社会心理学家组成的研究小组，进行了为期三年的有关住宅安全防卫问题的研究，提出了“可防卫空间”的设计原则：

——明确界定居民的领域，增强控制；

——增加居民对环境的监视机会，减少犯罪死角；

——社区应与其他安全区域布置在一起，以确保安全；

——应该促进居民之间的互助、交往，避免使其成为孤立的、易受攻击的对象。

他认为“可防卫空间”设计的关键在于将居住环境分为：私有、半私有、半公共和公共领域。不同层次的领域之间应该有明确的界限(真实的或象征性的)，前三种领域内的居民人数不宜过多，以保证人们之间相识并识别外来者，防卫、震慑潜在的犯罪者。

人在环境中生活，有着私密性与交往的需求。人的私密性要求并不意味着自我孤立，而是希望有控制选择与他人接触程度的自由，所以简单地提供一个与世隔绝的空间并不意味着解决了问题。[1]

在环境艺术设计中，隔断空间联系，限制人的行为，遮挡视线，控制噪声干扰，就成为获得私密性的主要方法。传统的“重重宅户，三门莫相对，必主门户退”，就是此理，常用的做法是将门错开(图 1–36)。一是不使入门之气一通到底，二是在使用功能上保证了各房间的私密性。[2]由于私密性是控制与他人接触的双向

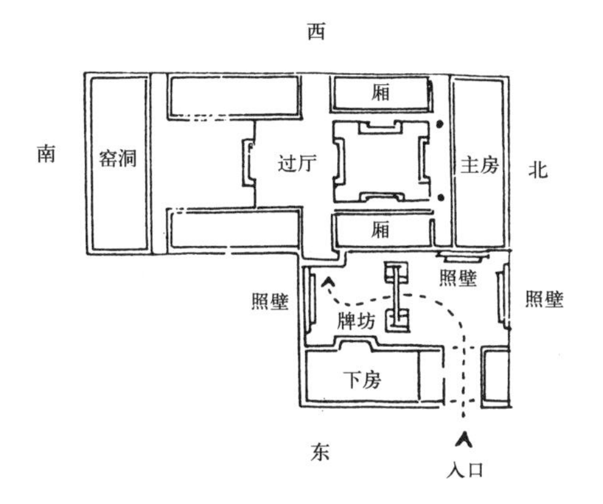

图 1-36　丁村影壁挡煞示意，中国山西襄汾

1 王小慧著．建筑文化 · 艺术及其传播．天津：百花文艺出版社，2000 年第 1 版 P17

2 刘沛林著．风水 – 中国人的环境观．上海：上海三联书店，1995 年第 1 版 P198

过程，所以空间不仅应满足视、听隔绝的要求，而且也应提供使用者可控制的，与公共生活联系的渠道，有的学者从空间行为的角度出发，把空间划分为私密——半私密——半公共——公共这样一些层次，并把它称为亲密梯度。例如，对居住区而言，住宅单元——组团——小区——居住区，构成了渐变的亲密梯度(图1-37)。在室外环境中，像阅读、恋爱、亲密交谈等私密性强的行为由凹入式座椅、树荫、构筑物围合、占领而形成的空间来提供，这样的小空间过往行人较少而又相对封闭；一般性的交往、休憩则常常由人流较少的通道旁、水池边形成的领域来提供；而演出、集会等公众活动则往往发生在向心的，较大的开敞型空间之中。这种“划分”常常是人们在心理自然作用下自觉形成的。

心理上私密性与交往的不同层次的需要，在环境艺术设计中，可以通过门、围墙、绿带对空间加以明确划分，也可以通过铺地材料的变化，地面标高的变化以及光、声、色限定的区域来暗示其不同层次。在私密性空间与公共性空间之间，往往需要一定的过渡空间作为心理变化的缓冲区。如临街的住宅、写字楼、展览馆、

图1-37　柏林奥伯尔哈沃水城西门子住宅区WA1-4，托马斯·马萨哈鲁·迪特利希(Thomas Masaharu Dietrich)，德国

广场等都应注重人们心态自然转换的过渡空间。

另外，“趋吉避凶”也是人的一种典型心理需求。古代环境中的镇物和镇符，一般并没有真正意义上的建筑功能，只不过是满足人们趋吉避凶的心理需求而已。尤其是古代生产力水平不够发达，人们驾御自然的能力还很有限的情况下，这便成为人们普遍的心理需求。

人们除了这些基本的心理需求以外，还有回归自然、回归历史、回归高情感的心理需求。城市居民对城市的喧嚣、拥挤常常感到厌倦，越来越多的人在心理上都有向自然回归的渴望，想重新投入大自然的怀抱，沐浴在和煦的阳光、芬芳的鲜花、悦耳的声音之中。即使城市环境中不允许更多的自然风光，但人们采用象征、融汇、引入等手段，利用点、线、面的空间布局形式，在有限的空间内引入绿地、流水等自然景观，所谓“多方胜景，咫尺山林”。室内也开始种花，点缀盆景甚至在大型公共空间内植树，“小中见大”、模拟自然，满足人们的生理、心理需求。历史是社会文化的积淀，是物质文化与精神文化的结晶，人类能从富有历史文脉的环境中直观自己的天性。历史文化具有继承性，人们在心理上常常喜欢历史文化、历史遗迹，人们具有怀旧的心理，喜欢回忆过去，也许这是一种逆反、拓补心理的实现。人们还常常通过与历史的对比“忆苦思甜”，展望未来。因此，饱含历史文化内涵的环境艺术设计能够满足人们这种怀念历史的心理需求。应注重历史文化遗迹的保护和历史符号的延续应用。随着社会的进步，环境艺术也成为技术展示的舞台，高科技、新材料、新工艺被广泛应用。智能化、生态化的环境建造也在进行，向人们传达各种技术信息，设计手段也在更新，计算机被用来辅助设计，在电脑中可以模拟环境。高技术的环境空间也正需要高情感的内涵。人们需要更多的交流空间，如学校的师生休闲空间，办公场所的休息茶座，企业的室外庭院空间等(彩图15；彩图16)。

• 满足人的行为需求

行为的考虑反映在设计的各个阶段中，其中又以基地环境的配合，空间关系与组织，以及人在环境中行进的路线(我们可称之为“动线”[circulation])为主要的考虑因素之一。例如勒·柯布西耶(Le Corbusier)为哈佛大学视觉艺术系设计的卡彭特中心(Carpenter Center)，在基地环境上考虑了波士顿的气候、哈佛校园附近的建筑与邻近建筑物的位置与风格；在空间关系上考虑到不同的展示厅、教室、工作室、办公室、入口大厅的相互关系并以“人的使用行为”为基础来组织空间；在动线上考虑到要联络户外到室内以及室内各空间之间的水平楼层与垂直楼层的联系(图1−38)。不同人群在不同环境中有着不同的行为，具体环境也存在类型的差异，环境的空间形态、空间特征以及设计要求都会有所不同，侧重于不同的功能。

居住区环境是整个环境中最为基本的一部分，是满足人们居住功能的环境。早在《黄帝宅经》中就已写到“夫宅者，乃是阴阳之枢纽，人伦之轨模。”住宅一般包括客厅、起居室、书房、卧室、厨房、餐厅、卫生间，有的还具备家庭娱乐室、工作室、健身房、储藏室、车库、庭院、游泳池等设施，满足居室主人会客、休憩、阅读、饮食、娱乐等日常行为需求(图1—39)。中国五代时期顾闳中的绘画作品《韩熙载夜宴图》描绘了几十种家具及室内布置，西方古罗马时期维特鲁威的《建筑十书》列举了贵族宅邸的空间布局，属于城市类型的潘萨住宅和属于乡村类型的玻斯科勒阿的田园住宅。这说明了住宅无论过去、现在还是将来作为人类生活场所的重要，它满足着人类多样性的行为需求。

图1-38　冬季的哈佛大学卡彭特艺术中心
图1-39　上海四季园小区庭院局部，华东建筑设计研究院

居住区的室外环境满足人民日常生活的室外行为，绿化环境是不可缺少的组成部分。绿化环境中的休憩环境，如儿童的游戏空间、成年人交谈娱乐的空间、老年活动区等，它们有利于儿童的成长、居民的身心健康及保持祥和安定的友好互助气氛。居住区的休闲区、游乐区、健身区、附属设施区等满足人们散步、休息、文化娱乐、社会交往、儿童游戏、运动锻炼等功能(彩图17)。

文教环境主要是指各种校园以及城市图书馆等构成的环境空间。以学校环境为例，首先在环境中应划分静区与闹区。环境艺术设计应反映他们的精神面貌，表现进取向上的气息。近年来，校园中有了越来越多的树木、公共绿地，注重喷泉、雕塑、壁画、设施等的应用。教室、图书馆、餐厅、宿舍、体育馆等室内造型空间、色彩配置、灯光设计、声音控制的深入分析、细节设计更好地满足了师生学习、阅读、饮食、运动等行为需求。拥有树林、灌木、绿地、石桌凳、小径的校园使他们进行课外学习、散步休息，缓解精神压力。同时，这些室外环境与教学楼的台阶中庭连在一起，促进师生之间的交流，大家可以在主题雕塑区、绿地、广场上聚会、娱乐、举办舞会与演出，丰富校园生活(图1—40)。

购物是人们日常社会的基本行为，人们经常进入综合商场、大型商场、各类市场、专卖店、社区卖点等各类商店选购生活的必需品，商业环境的优劣直接关系

图1-40　新竹交大户外剧场，中国台湾

到人们的购买行为。商业环境既包括商店内部的购物环境，也包括指导顾客实现购物的外部环境。室内环境实现人们购物、餐饮、娱乐等商业行为；舒适性、宜人性、观赏性的外部环境如步行街，则较好地满足了人们行、坐、看的行为需求。人们在环境优美，富有情趣的步行街上行走，心情愉悦，同时增强了购物的欲望；设施的有效设置，利于人们休息而恢复体力，继续购物；富有艺术趣味、文化气息与广告创意的招牌、橱窗、吉祥物等有利于营造欢快的商业气氛，吸引人们的目光(图1—41)。

图1-41　新世界百货，中国天津

街道环境包括街道设施及其两侧的自然景观、人工景观和人文景观。主要的城市干道满足汽车、人力车及步行的行为要求，在行的过程中，交通灯、路标等实现行人的识别、感知与相应行为，路旁景观起到调节视觉疲劳的功效，同时引起人们一定的审美活动。高速公路一般仅供车行，路旁建筑物、构筑物、指示牌、路灯、广告牌应避免过于繁杂与刺眼，以免干扰司机的驾驶。街道步行系统使行人在一定的空间范围内，免受车辆的干扰，保证人们行进的安全；人文景观元素的介入，更完美地满足了人的边“行”边“赏”的行为需求。在交通型广场上更是如此，如美国波士顿柯布雷广场、天津火车站广场(图1—42)。

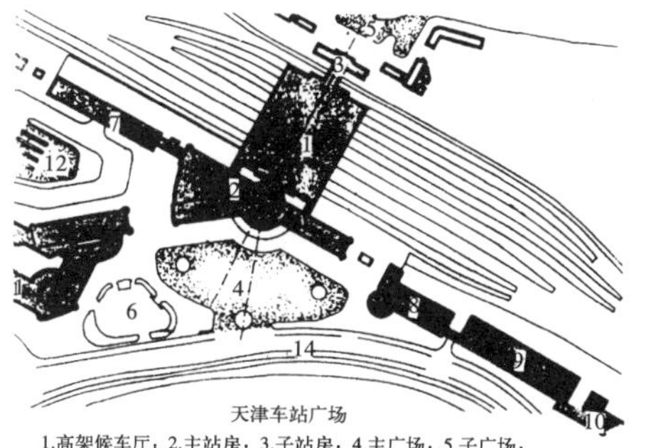

1.高架候车厅；2.主站房；3.子站房；4.主广场；5.子广场；6.下沉式停车场；7.行包综合楼；8.邮政支局；9.邮政楼；10.生活服务；11.商业楼；12.副广场；13.公交车站；14.路

图1-42　天津火车站广场平面图

公园与广场、旅馆、办公、展览、观演、餐饮等环境类型在满足人们行为需求方面与上述几种环境类型分别有相近之处，在此不在赘述。

图 1-43　以鱼为造型的一盏灯(Fish lamp)，弗兰克·盖里(Frank Gehry)

1.4.1.2　精神功能

物质的环境往往借助空间渲染某种气氛,来反映某种精神内涵,给人们情感与精神上带来寄托和某种启迪。尤其是标志性与纪念性的空间，最为典型的如中国古代的寺观园林、文人园林，西方的教堂与广场，现代城市中的纪念性广场、公园以及城市、商店、学校的标志性空间等。在此类环境中主要景观与次要景观的位置尺度、形态组织完全服务于创造反映某种含义、思想的空间气氛，使特定空间具有鲜明的主题。例如威海的甲午海战纪念馆、唐山抗震纪念碑等。这些环境的主题是大家所熟悉的历史人物或事件，当人们置身于其中，会引起精神上的激愤而达到心灵上的共鸣。房龙说过，"一切艺术要有含义，要用最简洁的方法说明含义，不要啰嗦"(图 1—43)。

• 形式上的含义与象征

在环境艺术设计中,透过具体空间造型来表达某种含义与象征时,最基本、最常见的是从形式上着手，在此寄托设计者想要抒发的情感，在中国古典园林思想中常可看到此类手法。比如关于文人的小型庭园，清代李渔在《一家言》中说到"幽斋磊石，原非得已，不能致身岩下，与木石居，故以一卷代山，一勺代水，所谓无聊之极思也。"假山水池，形式上摹拟自然山川，表达了主人向往自然、回归自然的含义。与之有着渊源关系的中国画讲究"意在笔先"、"惜墨如金"的写意手法也常常具有抽象与象征的意义。日本庭园中的"枯山水",尽管不是真的山水,但人们由它的形象和题名的象征意义可以自然地联想到真实山水，这种处理引起人的情感上的联想与共鸣,有时比起真的山水更为含蓄和具有较为持久的魅力。中国古典园林中的圆形月门，不仅造型饱满和谐，尺度怡人，游人可畅通无阻，远处景色可充分借入。而且在每一个中国人的心中，都理解到其含义——象征无暇的圆月，亲人团聚、生活圆满，另外，也有"金钱"与财富进门的意义。在北京近郊的香山饭店的设计中，贝聿铭借鉴了中国园林的布局，而且在墙面、地面造型元素中引入传统建筑的菱形窗以及来自西藏的宗教图样，都是努力使这栋现代的旅馆建筑表达出更深刻的精神含义。

在用形式表达含义与象征时,也可以使用抽象的手法。"普鲁斯特曾描述过这样一种矛盾感受：现实当中的美常常会令人失望，因为想像力只能够为不在场的事物产生。有时候，一个场地最明显的独特之处不是实际在场的一切，而是与之相联系的东西,是我们的回忆和梦想穿过时间和空间与之相联系的一切。"[1]在费城的富兰克林纪念馆中，罗伯特·文丘里（Robert Venturi）将纪念馆所需要的展示

---

1 [美]查尔斯·穆尔、威廉·米歇尔 威廉·图布尔著，李斯译.风景.北京：光明日报出版社，2000年第1版 P20

空间移到地下层，在地面上仅仅用那个地区样式的抽象框架将住宅的形式标出来（原住宅早已消失，其具体模样也无从考证），并在适当的地面或其他物体上，刻上富兰克林自传中有关他的家的文字描述，让参观的人们置身于抽象的框架与较具体的文字中，去想像一个伟人早年的生活情景。反而使人们在情感上更深刻地体会到“遗址”、“纪念”的象征意义(图1—44)。伍重（Joern Utzon）设计的悉尼歌剧院，抽象的弧形线条不单使人们联想到帆船，而具有多种可能性；柯布西耶的雕塑式建筑“朗香教堂”则是具有更多的遐想空间(图1—45、图1—46)。

图1-44　富兰克林纪念馆，罗伯特·文丘里(Robert Venturi)，美国宾西法尼亚州 费城

• 理念上的含义与象征

环境艺术设计中的“环境”是由于人的介入而被改造、创建的。它必定含有人为的因素，具有理念上的含义。普通室内、外环境中所包含的这种含义，人们非常熟悉以至于感觉不到它的存在，比如住宅，它常常表达着“生命旅行的港湾——安定与温馨”的理念。另外，设计者要表达的理念上的深层含义与象征，在视觉形式上难以具体体现，往往需要使用者或观者在具有了一定背景知识的前提下，通过视觉感知、推理、联想而体验到的。在具体的环境中，人们在不同的场合、不同的心境、不同的认识阶段可体验到多元的、多层次的理念上的含义。艾柯说：“作品的阅读总是贯穿在一种永恒的摆动中，我们开始从作品里发现它原来设想的信码，从这里引起一种忠实地阅读这一作品的尝试，再回到我们现在的信码和专用词汇上，作品的每次解释总以新的含义补充原来的信息，产生另一新的信息含义，

图1-45　朗香教堂(Chapel of Notre Dame at Ronchamp)，勒·柯布西耶(Le Corbusier)法国朗香(Ronchamp)，1951～1953年

图1-46　修肯(H.Schocken)教授在英国建筑学院(Architecture Association)的讨论课中对朗香教堂产生无数的遐想

从而丰富了我们的意识系统，并为明天的读者安排了这作品的新的翻译条件。”

清代李渔在《一家言》中提到“土木之事，最忌奢靡。匪特庶民之家，当从简朴，即天公大人，亦当以此为尚。盖居室之制，贵精不贵丽，贵新奇大雅，不贵纤巧浪漫。”这反映了文人这种私家园林的建造处理正是生活中求朴、求雅的理念的自然表达。中国园林在植物的应用上，重视的首先是那些常被赋予人文色彩的植物，如松、竹、梅等。北宋理学家周敦颐说：“菊，花之隐逸者也；牡丹，花之富贵者也；莲，花之君子者也。”(《爱莲说》)以古代聚落环境设计为例，《周礼·乾卦》较为概括地阐述了我国古人的自然观，“夫大人者，与天地合其德，与日月合其明，与四时合其序，与鬼神合其吉凶。先天而天弗违，后天而奉天时。”这一理念不仅体现在环境场所的相对选址、布局向背、外观特征中，而且体现在细部的装饰上。大到建都设邑，小到立宅安坟，都注意顺应自然，巧于因借。

东方与西方，古代与现代都有很多的这种表达理念上含义与象征的例子。古罗马时期的理论家维特鲁威提到希腊人热衷于探讨人体的完美比例，这种完美的理念，借由人体美而进入建筑与雕塑、绘画之中，希腊人创造多立克柱式表达男性特征的美，爱奥尼柱式象征完美的女性美(最初出现在狄安娜女神神庙中)，科林斯柱式则表达了维纳斯式纤细雅致的美(图1—47)。[1]

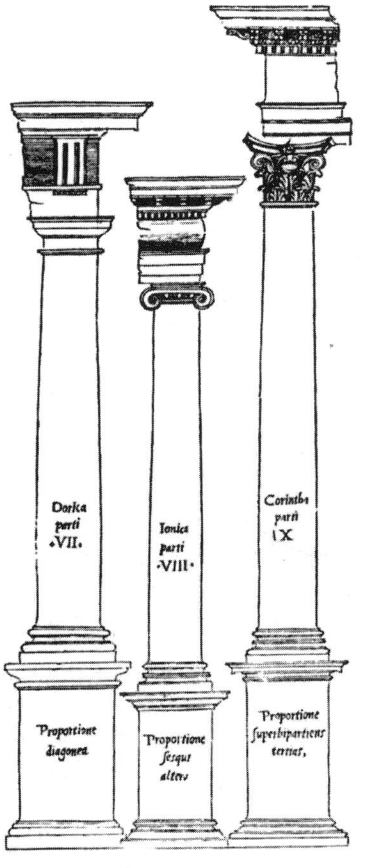

柏林爱乐音乐厅是汉斯·夏隆 (Hans Scharoun) 长期构思的结果。他从创造具有德国民族特色的理念出发，他说：“我们的作品是我们的热血的美梦，是千百万的人类伙伴的血压复合而成的。我们的血是我们时代的血，具有表现我们时代的可能性。”在柏林音乐厅(图1—48)中，夏隆坚持这样一个理念，就是为人创建一个场所，这个场所的性质和意义是有联系的，音乐厅是个“音乐的容器”，核心意义是“音乐在中心”。听众环绕着乐队，2218个座位成组的布置在一系列升高的台阶上。人们在心灵上最大程度上亲近了音乐，融入到音乐之中，这是设计者理念完美表达的最好证明。

• 哲学与宗教上的含义与象征

环境艺术设计中的精神功能常常表现在哲学与宗教的意义上。设计者在设计中贯穿他的哲学论点或宗教含义，引发使用者的深层思考或精神寄托。约翰·拉塞尔曾说，“一件艺术作品不只是一件娱乐品，它还是一座思想库；一件艺术作品不只是美好生活的一种象征，它还是一个力量的体系”。

中国古典园林的水景在庄学、玄学思想中本来就具有虚静而明的哲学与美学含义，中唐以后又与明心适性的园林情趣发生联系。而且，儒家的孔子语“知者乐水，仁者乐山。知者动，仁者静。知者乐，仁者寿。”同样赋予山水以深刻的哲学含义。“竹林七贤”热衷于在山水间静思默想，清谈玄学，赋予山林“无为隐逸”

图1-47　维特鲁威(Vitruvius)归纳的三种柱式

1 刘育东著.建筑的涵意.天津：天津大学出版社，1999年第1版P93—96

的哲学韵味。南通狼山寺有对联“山啸一声山鸣谷应，举头四望海阔天空”。句中表达了顿悟，山水即是禅理的象征。

“有些园林，尤其是在日本，可以描述为哲学家的作品，里面有理解世界的方法，它们永久地刻画在园林中。哲学家的园林看来一般是由少数简单的材料构成的，因此，最小的布置，当中的细节看上去都非常重要，如同京都附近的禅园，那里面就有放在耙过的沙地里的15块石头，后面有墙和树木。”[1]

教育家、思想家和神秘主义者鲁道夫·斯坦纳(Rudolf Steiner)受到1920年代表现主义的影响，他为自己创立的可地奴姆Ⅱ：人类学哲学学院是一个巨大的混凝土雕刻碑(图1—49)。从中似乎可以读出他的哲学理论含义：人的存在和意义是立足于实际环境(地球)而向上无限延伸。在这座“雕塑”中，从整体造型到门窗等细部，似乎都在贯彻他的哲学论点，建筑的下半部是垂直立足于地面的线条，上半部则具有无限变化的造型。[2]

图1-48　柏林爱乐音乐厅，德国，1963年
图1-49　人类学哲学学院(The Goetheanum：School of Spiritual Science)，鲁道夫·斯坦纳(Rudolf Steiner)，瑞士Dornach，1926~1928年

基辛(R·Keesing)在《当代文化学》第19章“宗教——仪式、神话和宇宙观”关于宗教的意义，他写到“它能回答现存的问题，即世界是怎样发生的，人类和自然物种及自然力如何发生关系，人类为什么会死为什么有成有败等等”；第二条是“宗教居于证明与支持的作用，宗教设定宇宙中的控制力，从而维持一个民族的道德与社会秩序”；第三条是“宗教强化了人们应付人生问题的能力，这些问题即死亡、疾病、饥荒、洪水、失败等等。”有些建筑、广场、园林等作为宗教活动的场所，在空间气氛上配合、强化了这种意义的发挥。

在中国，道教在园林设计与建造中起到了推波助澜的作用，无论是看得见的“圣山”形象，还是理念中的“仙山”境界，都是说明先秦、两汉时，山这种自然物尚覆盖着各式各样的神秘帷幕。佛教对现世的怀疑和否定又与老庄的避世全身哲学相通，嗜佛言空与消遣林泉，寄身丘园。道教接受了道家爱清静，“致虚极，

1 [美]查尔斯·穆尔、威廉·米歇尔、威廉·图布尔著，李斯译.风景.北京：光明日报出版社，2000年第1版P44

2 刘育东著.建筑的涵意.天津：天津大学出版社，1999年第1版P102

守静笃”等观点，并体现在道观园林中，如，北京的白云观、苏州的玄妙观等。

埃及古代最典型的建筑物恐怕是公元前二三千年诞生的金字塔群了，它向人们传递着原始宗教中“灵魂不死”的含义，以及法老在精神统治上要表达的震慑力。

在欧洲，从古希腊、古罗马的帕提农神庙、万神庙到基督教盛行的中世纪的拜占庭式圣索菲亚大教堂(彩图18)、哥特式夏特尔大教堂与斯特拉斯堡大教堂，到文艺复兴时期的圣彼得大教堂(图1—50a、b)、卡比多广场(图1—51a、b)、波波洛广场(图1—52a、b)等都为人们营造了一个“宗教生活”的空间环境，并且，一直到现代也没有间断。

图 1-50a　罗马的圣彼得大教堂(S.Peter)，意大利

图 1-50b　由圣彼得大教堂的穹顶尖上可以清楚地看到方尖碑位于椭圆形广场的中央，意大利

图 1-51a　罗马卡比多(Campidoglio)广场(即罗马市政广场)，意大利

图 1-51b　卡比多山景观；由大台阶底部向上看，意大利

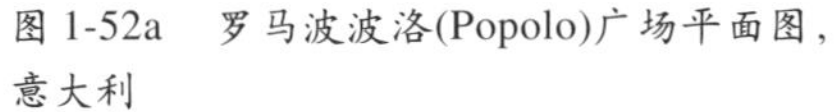

图1-52a 罗马波波洛(Popolo)广场平面图，意大利

图1-52b 罗马波波洛(Popolo)广场，意大利

• 历史、文脉上的含义与象征

传统构成现代化的基础，无论我们对传统采取保护还是贬斥的态度，传统无处不在。历史的概念，大家都不陌生，具有历史感也是人与动物的区别之一。19世纪后半期以来，三次产业革命带来的迅速发展，给社会经济结构、人们的价值观念、生活方式、文化习俗等带来了十分巨大的变化。美国自动化专家约翰·迪博尔德(John Diebold)指出："我们正经历的技术革命，就其影响的深刻性而言，远远超过了我们所经历的任何一次社会变革。"工业革命、科学技术给社会进步带来的贡献自然在此不用多说，这是有目共睹的。但是同时也给社会，给人类带来了一些灾难性的后果，这不得不要求人们重新审视人与自然、人与社会、人与人之间的关系，使得人与意识、艺术、价值领域发生联系的方式产生变化。

威廉·奥格本(William Agburn)在其著名的"文化停滞"理论中，论述了在同一社会的不同领域，变化速率的不平衡是产生社会紧张的原因，因此必须求得某种平衡，不仅各个社会领域的变化速率要平衡，而且在环境变化速度和人们有限的适应速度之间也要保持平衡。每当一种新技术被引进社会，人类必然会给每一种新技术配上一种起补偿作用的、加以平衡的反应，否则，人们就会感到一种由于高技术所造成的孤独感，而产生排斥心理。人们常常愿意逗留在一些古老的城市或一些城市的老区，来体会它所富有的历史、文化气息。米开朗琪罗为罗马设计的卡比多广场(Piazza Campidoglio)，空间秩序是在透视法则的指导下产生的，米

图 1-53　华盛顿特区国务院大厦内大厅，美国

开朗琪罗沿轴线设置的坡道、铜像、台阶和塔楼，轴线两边对称布置的栏杆上的雕像，以及立面相同的建筑，使之沿轴线产生完美的透视效果。虽然文艺复兴中期以后的罗马教廷权力衰微，中世纪教皇作为上帝的代言人掌管欧洲一切的时代已经过去，但当置身于广场上，人们仍能感觉到这里是象征性的“宇宙中心”，它曾是人们的精神中心。

历史的含义与象征功能手法体现在许多现代的作品中，如美国华盛顿特区的国务院大厦内部大厅（图1—53），矶崎新（Zsozaki）设计的日本筑波科学中心广场（彩图19）都巧妙应用了米开朗琪罗卡比多山的椭圆形广场图案，使人联想到它在历史上的应用及精神含义。前者还转化、运用了古希腊时期的科林斯柱式，让人情不自禁地产生对古希腊时期的历史与文化的追怀。而更富有意味的是在纽约市长岛车站入口大厅内，科林斯柱式的形象被加以倾倒、切割与错位而以壁饰的形象出现。SOM事务所设计的上海金茂大厦采用了抽象的中国古塔的形象，也是一种积极的尝试。

文脉（Context）一词，最早是语言学里的概念，有人将它译为“上下文”。它的意思是来表达我们所说、所写的语言的内在联系。一个词汇、一个句子独立存在时，它的意义是有限的，不明确的，需要根据其所在的整个段落、整篇文章的意义而确定。因此，同样是一个词汇、一个句子，在不同的段落、不同的文章中就有着不同的意义。这是“共时的”（Synchronous）文脉观念；还有“历时的”（Diachronous）文脉观念，如成语典故，按字面去解释一般是无法理解的，必须与它的历史背景相联系才有意义。[1]环境个体因素例如单体建筑、广场是群体的一部分，注重新老之间在视觉、心理、环境上的沿袭连续性。它们都作为历史、文化的反映而有机地进入环境之中，它们的功能及意义要通过空间与时间的文脉来体现，反过来又能支配文脉。也就是说个别环境因素与环境整体保持时间与空间的连续性，即和谐的对话关系。在人与自然关系上，提倡人文与自然的协调平衡；在人文环境中力求通过对传统的扬弃，不断推陈出新。而上升到哲学高度的文脉，我们称之为文脉主义（Contextualism），文脉主义环境饱含历史与文化含义，满足人们生活在高技术的社会中，对高情感的渴求。曾经有人说过“历史上的城市，不是由纯物质因素组成的，城市的历史是一个人类激情的历史。在激情与现实之间的精妙的平衡和辨证关系，使城市的历史具有活力。”文脉主义力求新建城市环境与原有经纬相吻合，强调一种历史情感的含义。如穆尔设计的新奥尔良的意大利广场。人们对具体环境所表现出来的传统房屋形式，传统生活方式的传统含义很感兴趣，仿佛可以看到古典希腊神殿的影子。古典希腊神庙是一种几何形的建筑艺术，下部

1 刘先觉主编.现代建筑理论.北京：中国建筑工业出版社，1999年第1版 P41

是优雅的刻槽柱式，其上是表现巨人混战的大檐部，再往上是漆成深红、深蓝的山花。设计者能看懂柱式所暗示的含义与象征意义，大众则对雕刻家的明白的寓意和信息作出反响。

中国古典园林与建筑不仅注重人与自然环境的有机和谐的文脉思想，而且它们的自然而不失变化的传承关系也是如此。在西方一些古老城镇中，哥特式、文艺复兴式和巴洛克式的园林、广场、建筑能同时和谐共存，体现出不同历史时期的文化含义与环境要素的象征意义，在许多大城市中，18 世纪巴洛克式、19 世纪折衷式和 20 世纪艺术装饰时期的景观与建筑可以毫无冲突地共存，如荷兰哈莱姆(Harlem)的一条街道(图 1—54)，从 14 世纪到 20 世纪的建筑并肩排在一起。在白色的统一下，檐口的细部、屋顶的轮廓、窗子的形状等很多环境的细部，都有很大的不同，这些不同的环境符号使观者不仅感受到视觉的节奏感，而且似乎还能体会出历史的韵律感。

查尔斯·穆尔(C·Moore)说："建筑应该在空间上、时间上以及事物的相互关系上强调地方感，要让人们知道他们究竟住在哪里(图 1—55)。"[1] 因此，环境艺术的语言不应该抽象地独立于外部世界，而必须依靠和植根于周围环境之中，而且

图 1-54　哈莱姆市一条街，14～20 世纪，荷兰

图 1-55　每幢房子的色彩组成彩色的城市，在冰凉、萧瑟的北海中留住生命，冰岛雷克雅未克

1 刘先觉主编.现代建筑理论.北京：中国建筑工业出版社，1999 年第 1 版 P42

能引起关于历史传统的联想，不排除适当运用古典装饰符号，与左邻右舍的原有环境产生共鸣。

1.4.1.3 审美功能

审美活动归根到底就是人的一种生命体验。人生活在世界上就要不断地领悟世界的意义和自身存在的意义，而作为生命体验的审美活动正是主体对生命意义的一种把握方式。"美看来应当是最明明白白的人类现象之一。它没有沾染任何秘密和神秘的气息，它的品格和本性根本不需要任何复杂而难以捉摸的形而上学理论来解释。"（恩斯特·卡西尔语）"对美的感知是一个综合的过程，通过一段时间的感受、理解和思考从而做出某种美学上的判断。"[1]如果说环境艺术的物质功能是满足人们的基本需求，精神功能满足人们较高层次的需求，那么审美功能则满足人们对环境的最高层次的需求。环境艺术萌芽之初，技艺起着决定性作用，而不是"美"起决定作用。以建筑为例，正如黑格尔所述，"住房和神庙须假定有住户，人和神像之类，原先建造起来，就是为他们居住的。所以建筑首先要适应一种需要，而且是一种与艺术无关的需要，美的艺术不是为满足这种需要的，所以单为满足这种需要，还不必产生艺术作品。"现在，环境艺术具有审美上的功能，主要是因为它不仅是一件实用的人造物，更是一件艺术品（图1—56）。这样的环境能引起人们

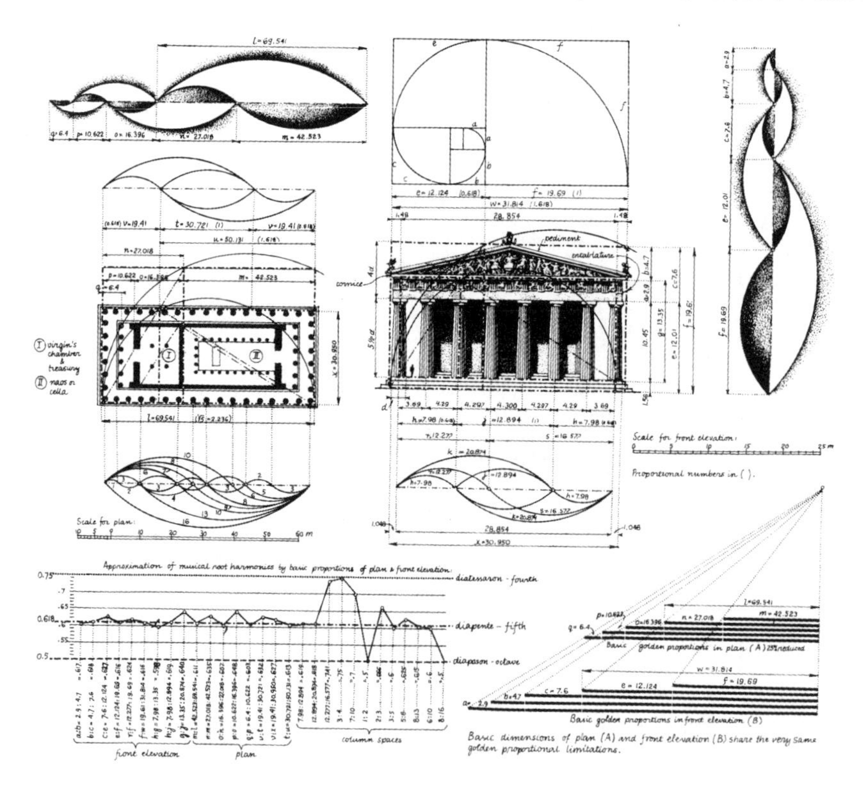

图 1-56　帕提农神庙(The Parthenon)的立面比例分析，希腊雅典卫城(Acropolis)，447B.C.-432B.C.

1 吴家骅著，叶南译.景观形态学.北京：中国建筑工业出版社，1999 年第 1 版 P13

心理上的愉悦，给人们带来美的享受。

当具体的环境在满足了人们物质需求和精神需求的同时，实际上已经以其完整的空间形象和人文内涵满足了人们的审美需求。设计师与公众在不断地美化周围环境，用各种手法创造了无数改善城市空间的环境。我们最熟悉的，如在地面铺上草皮，有鸽子和鸟儿在上面走动，草地上有精美的雕塑与山石，或立于草地上或位于水池中，还有泉水、瀑布供孩子们嬉戏。文学、音乐、历史典故寓于其间，耐人寻味。

近些年来，人们常常追求艺术美之外的，或美之上的意义，或"表现力"。这就超出了本来意义上的审美范畴，产生一些审美变异。诚如《走向科学的美学》一书的作者托马斯·门罗(Thomas Munro)所说，这些年来，"美"、"美的"等词已不受欢迎了。这些概念已不再在美学中占据中心和主要地位，它们很少出现，即使出现也常用在一种嘲笑的方式上……美以及传统的所谓"美学范畴"——崇高、秀雅、和谐、平衡、对称、圆满等已完全不适用了，当述及某一对象具有"表现力"时，并不一定说明它是美的，而很可能是不美的。虽然不美，但只要合乎现代人的某种需要或口味，它就具有审美价值。他的观点未免过于绝对，但说明了一定的道理。确实，"丑"有时也极具表现力。法国诗人波德莱尔是颓废派的先驱，他认为，丑的容貌就是不协调的、病态的、无生气的、失去光泽而内心丰富的表情。"正由于艺术向着非美和超美的方向发展，它才能以强有力的活动性，卓有成效地作用于人生，成为现今大众社会中格外活跃的'言语'。它作为'传播文化'得到发展，不外就是由于它最能直接动员大众的力量。"[1]记得1995年有位年轻的国画家蔡玉水在中国美术馆展出的"中华百年祭"作品，把人民饱受苦难、杀戮的肉体，凄惨的撕裂给人看，观者无不被深深打动。我们维持圆明园的残败景观就是使残垣断壁表现出一种丰富的表情。

滑稽作为一个审美范畴，具有喜剧性的内容，并含有幽默、讽刺等类型。在环境艺术创作中有时也得以应用。在炎热地区的园林、广场中，有时在草丛中设置隐匿型喷水管，常常给游人以善意性的捉弄。格雷夫斯(Michael Graves)设计的沃特迪斯尼公司大楼，借用雅典卫城上六名优雅少女支撑神庙的手法，改用白雪公主故事中俏皮的七个小矮人，来支撑屋顶山墙，让人看了，不禁哑然失笑(图1—57)。

• 环境艺术的形式美

对形式美的关注，在西方可以追溯到古希腊时代。古希腊的毕达哥拉斯学派是

1 竹内敏雄.《美学新思潮》总序，[日]今道友信等著，崔相录、王生平译.存在主义美学.沈阳：辽宁人民出版社，1987年第1版 P50—51

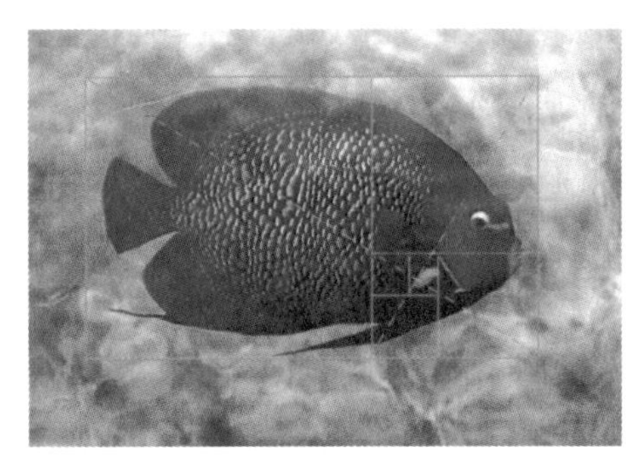

图1-58a 蓝天使鱼黄金分割比例分析:这种鱼的整个身体符合黄金分割矩形,其嘴部和鳃部的位置位于二次黄金分割矩形上,金伯利·伊拉姆

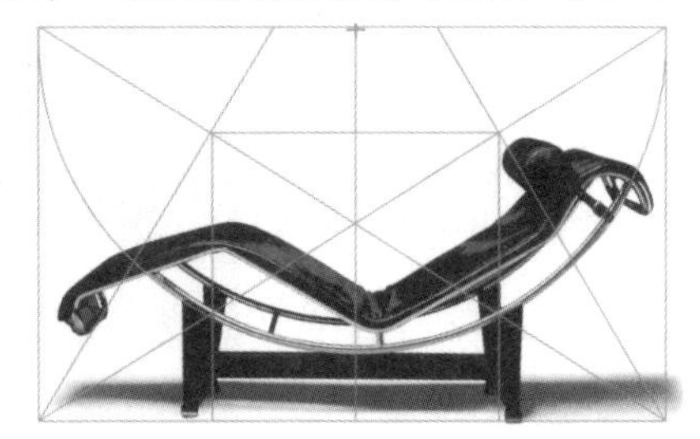

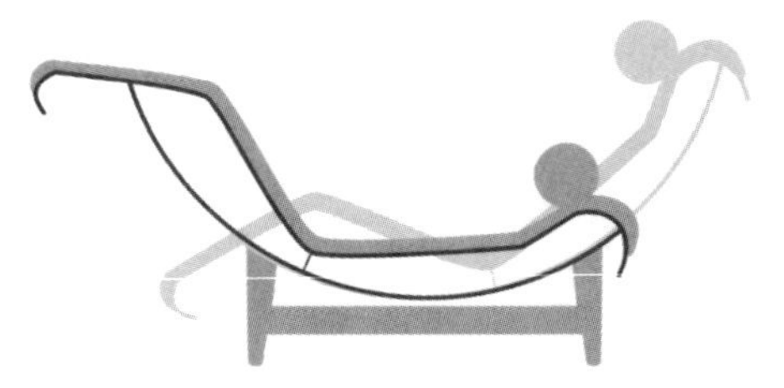

图1-58b 休闲椅,勒·柯布西耶(Le Corbusier),1929年;休闲椅黄金分割比例分析:这把休闲椅的各种比例与黄金分割矩形的和谐划分有关,这个矩形的宽度恰好是椅架那段弧形的直径,这个底座正好同细分过程中产生的那个正方形相吻合,这个长椅可以被分解为和谐的黄金分割矩形,金伯利·伊拉姆

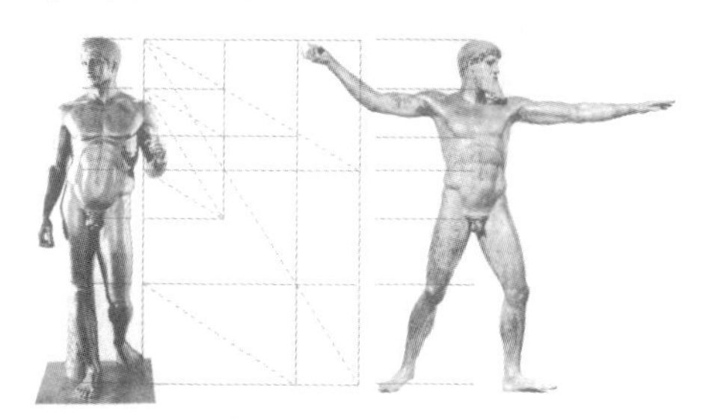

图1-58c 古希腊雕像黄金分割比例分析:多里弗罗斯(Doryphoros),持矛者(图左),来自月神庙海角(Cape Artemision)的宙斯雕像(图右);带有虚斜线的矩形描绘出了每一个黄金分割矩形,许多黄金分割矩形共用一条虚斜线,两个人物比例几乎一样,金伯利·伊拉姆

图1-57 沃特迪斯尼公司总部大楼,美国

形式主义美学的代表,他们提出“万物皆数”的概念和“数的和谐”的理论。[1]在中国,传说中的河书、洛图及后来的八卦九宫等也都有这类数理“宇宙图示”的含义。希腊人详细观察自然界中他们觉得美的物体,分析出它们的比例关系(图1-58a、b、c)。阿尔伯蒂援引欧几里德几何学,推崇基本几何体——方形、立方体、圆形、球体的绝对权威,进而由这些形体的成倍数的增减创造出理想的比例。他把美定义为所有部分的比例的理性结合,以此发表了具有历史意义的文艺复兴宣言之一:除非摧毁整体的和谐,否则没有你需要增加或拿走的东西。阿尔伯蒂所强调的正是环境艺术的形式美要素之一的比例。这个比例又是非常理性的产物。以此为理论,他设计的佛罗伦萨圣玛丽亚教堂,比例严谨,富有纪念性。经过历代艺术家和建筑师对于形式美的研究总结(彩图20),形成了完整的形式美的原则。

很多学者对传统的形式美提出质疑,试图冲破它的“束缚”(这有着积极的意义)。但布鲁诺·赛维提出“非几何形状和自由形式,非对称和反平行主义都是建筑学现代语言的不变法则。这些法则通过不协调性体现了建筑的解放”;“手法主

1 毕达哥拉斯在音乐中发现的调和弦与数理之间的关系很可能导致他的“万物皆数”的观念的产生,在这种观念下,要想认识和把握周围的世界,我们就必须找到事物中的数。“一旦数的结构被抓住,我们就能控制整个世界。” 毕达哥拉斯学派采用正五角形作为其学派的神秘符号之一,因为他的构造要涉及到无理数。在这里数字本身和数字之间的关系就成了宇宙的图示。[英]伯特兰·罗素著,崔权醴译.西方的智慧.文化艺术出版社,1997年第1版P31

义抛弃了比例结构和比例关系，从而抛弃了文艺复兴的古典观念”；“波伊多指出了古典主义的两点愚蠢之处。第一是用那么多的方盒子、轴线、正面透视、沉闷、反功能、奴性十足地遵守对称和比例的教条来设计建筑。第二是系统化地背叛古代著名建筑的真正原则，他们为了一种先验的思想体系和美术学院派的教条既埋葬了过去，也牺牲了现实”。[1]形式美的传统却一直延续至今。“看吧，形式如此千姿百态；法则如此首尾一贯……一个未来将展现在我们面前，我们必须从懈怠中振作起来，造物主还没有造出所有美的事物，……它们应该唤起植根于我们身上的自然的直觉——一种在我们的作品中竭力达到秩序、和谐、慈爱、合理的愿望，而造物主已经把它们播撒在大地上”。[2]

环境艺术造型可以产生形式美，一般人往往将形式美局限于静态的、和谐的、必然的美。但是设计者在进行创作时应当有所超越，成为一种动态的、有机的、自由的美的形式。环境艺术如同绘画、雕塑以及建筑，都是由诸多美感要素——比例、尺度、均衡、对称、节奏、韵律、统一、变化、对比、色彩、质感等等建立了一套和谐、有机的秩序，并在此秩序中产生一定的视觉中心及变化，才能引人入胜(彩图21)。环境艺术中的意匠美、施工工艺美，材质、色质美组成了环境景观美，继而有助于带来人们的行为美、生活美、环境美。

• 环境艺术的意境美

画家勃拉克写道“崇高来自内在感情。艺术的发展不在于把它推向前进，而在于了解艺术的境界。”

强调意境是中国美学思想的特点之一，可理解为一种较高的审美境界，即人对环境的审美关系达到高潮的精神状态。中国古代儒、道、禅三家的美学思想对中国历史上的环境艺术产生深远影响。儒家美学思想把人与社会的和谐统一作为审美思想，它经历了要求致用、目观、比德、畅神的不断发展和丰富的过程[3]。“致用”即强调功用，中国古代的甲骨文“美”字，描绘的是一个人举着羊角。许慎(约58～约147年)的《说文解字》说：“美，甘也。从羊，从大。羊在六畜主给膳也。美与善同义。”另外，由古代的一些书所用的“美”字来看，明显是指有用。《考工记 · 匠人》中提到匠人的职责主要在于建国、营国、为沟洫。目观主要是指形式美，例如《考工记》告诉我们周代的城市景观是“方九里，旁三门，国中九经九纬，经涂九轨。左祖右社，面朝后市，市朝一夫。”其中，涂是路，轨为八尺，夫为100步×100步。朝会广场与集市广场都有一夫那么大；“比德”与“畅神”

---

1 [意]布鲁诺 · 塞维著，席云平、王虹译.现代建筑语言.北京：中国建筑工业出版社，1986年第1版P23，P171，P121

2 [英]E · H · 贡布里希著.秩序感.美国康乃尔大学出版社，1979年版P55

3 邓焱著.建筑艺术论.合肥：安徽教育出版社，1991年第1版P169—180部分

可以归入审美的意境范畴之中。比德的例子很多，例如汉代刘向(约公元前77～前6年)在《说苑·杂言》中记载了孔子答子贡问时，谈到："夫水者，君子比德焉。"接着又谈到了人的各种美德，并将它们与水相比拟，使水具有一定的意境，获得了丰富的社会伦理意义。比德的心灵审美观念对环境艺术的审美功能起了促进作用。凡是作为比德象征的山石水树、花草、动物，均可以被赋予人文的意义，加深意境的表现，"畅神"的审美境界表现出明显的人性特征。

道家美学看重人的自然本性和人所处的环境，在审美方面，追求一种人与自然和谐统一的境界，即自然之境。形成了绮丽、清新、返璞归真的环境观。隐逸文化、佛教、道教、禅宗营造了一种出世之境，从保存至今的北魏莫高窟共257窟壮丽多彩的景观，公元523年建在河南登封的崇乐寺砖密檐塔的优美造型，可以看出宗教的精神作用与审美意义。禅宗哲学认为，心为万物之本，美是心所产生的幻象。悟到这一点，就不致执着于世间之有无得失，就能摆脱人世间的一切烦恼，达到一种在世间而出世间，出世间而不离世间的精神自由境界。三家美学思想相互糅合，使中国美学思想变得更加丰富和深厚。中国有些古人认为，意出自"心"、"胸"、"灵府"。至于境，则是从佛学引入的美学概念。唐僧皎然以境论诗，把境看作人与环境相结合的产物。王国维认为境界是艺术品抒情、写意、状物达到和谐统一的结果。他认为有真情者才叫做有境界。艺术创作以境为本。正因意境涉及人与环境两方面，它被引入环境艺术之中。郑板桥在描述建筑天井时说："十笏茅斋，一方天井，修竹数竿，石笋数尺，其他无多，其费亦无多也。而风雨中有声，日中月中有形，诗中酒中有情，闲中闷中有伴。"这段话有助于我们理解环境的意境。李渔谈到造园和布置居住环境一定要"自出手眼"利于意境。古代中国在各种艺术形式上都逐渐形成了气韵生动、纡余委曲、形神兼备、体宜因借、淳熟柔和的意境之美(彩图22；图1—59；图1—60)。

图1-59　怡园，中国江苏　苏州

图1-60　我们从这幅画中可以看到传统中国人的生活方式和理想空间，仇英，明代

中国园林、建筑艺术影响到日本(图1—61a、b)、朝鲜，随即影响到西方。詹克斯写到“……中国园林的空间，把清晰的最终结果悬在半空，以求一种曲径通幽的，永远也达不到某种确定目标的‘路线’。中国园林把成对的矛盾联结在一起，是一种介于两者之间的，在永恒的乐园与尘世之间的空间。……中国园林有实际的宗教上和哲学上的玄学背景。”从前川国男、丹下健三、菊竹清训等人的作品也可以看出这一点，简约的细部、柔和的自由伸张的曲线、斜置的支柱、不加粉饰的表面同精细加工的表面的对比、借景等形式语言传神地表现某种玄学的思想。

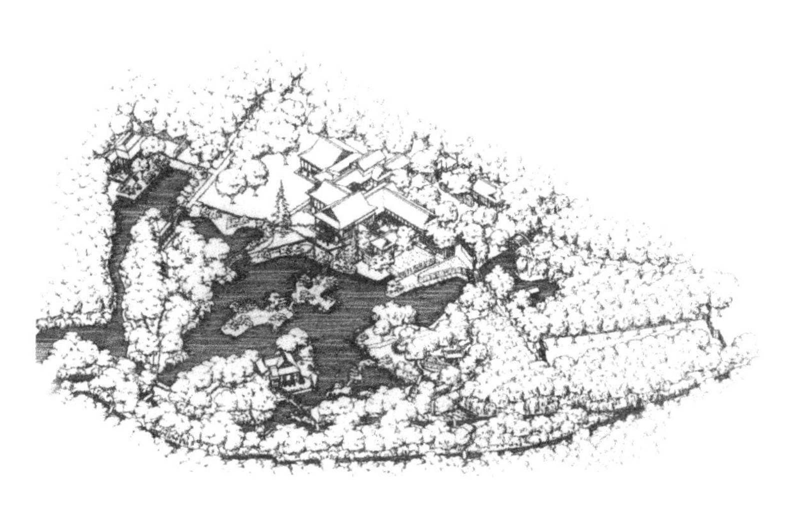

图1-61a 桂离宫（Katsura Imperial Villa）鸟瞰图，日本京都，17世纪

图1-61b 桂离宫(Katsura Imperial Villa)主体建筑，日本京都，17世纪

在西方古希腊，公元前5世纪形成了以毕达哥拉斯美学为代表的以神为中心的美学和以德谟克利特为代表的以人为中心的美学。柏拉图试图解决美与艺术同现实的关系和对社会的功用两个问题。他首先肯定神，他说：“主要还是让神成为我们万物的尺度。”但是，神是虚无的，不便于人们理解。于是，柏拉图和《老子》类似，把神的尺度规定为一种超现实、超经验的精神实体——“理念”。在神与人之间架起一座桥梁。后来，斐洛(约公元前30～后45年)又主张把神与人之间的“鸿沟”填平，他认为，只有神人合一，才是生活的最高境界，也是美的最高境界。普罗提诺写到：“一座建筑物，为什么它能够引起美的感受呢？因为心灵在发现了它的美的同时，把构成它的众多的砖石、木料排除了，只剩下它的理式，使它显现出一个异常和谐与完美的整体。”当时的建筑等艺术都体现了这种以神为中心的意境。后来，奥古斯丁(354～430年)基于神性的审美理想，首先把美分成无限美——上帝的美；有限美——现实的美两类。公元10～12世纪前后，由于禁欲主义的束缚，人们以教堂、广场作为可以寄托审美理想的地方。壁画、雕塑、精美的装饰、

建筑细部和着色玻璃促成了罗马式、拜占庭式、哥特式的浪漫风格(图 1—62；图 1—63)。文艺复兴之后，人文主义思想发展。理性主义美学家法国的布瓦洛(1636～1711 年)认为美存有永恒、绝对的标准，即理性。他认为希腊、罗马的东西符合美的标准，也就是理性标准，所以具有永恒、绝对的美。这时，广场与园林建筑也

图 1-62　巴黎圣母院彩色玻璃镶嵌画，法国
图 1-63　建筑走廊上的希腊神话，拉斐尔，意大利罗马

活跃起来，风格变得开朗，有民主气氛，如富有人情味的佛罗伦萨育婴院。伯尼尼设计的大教堂广场和罗马式敞廊。

这些东西方重在表意的方法，特别是东方在审美意境方面的思想应该为今所用，使人们的审美活动得以深化。赖特对大自然怀有特殊情感，他的有机建筑可以说是一种有意义的探索。他思想的来源之一就是老子的“道法自然”。他主张设计每一幢建筑都要根据该建筑的特定生活条件，形成一种“理念”，然后将它由内到外贯穿于建筑中，使建筑室内外的各部分互相关联，成为一个有机整体，表达一种自然之境(图 1—64)。

图1-64　流水别墅(Falling Water)即考夫曼住宅(Kaufmann House)，赖特(Frank Lloyd Wright)，美国宾夕法尼亚州 Bear Run，1936 年

1.4.2　意义

环境艺术的“意义”不是语义学上的含义，而是存在本体论上的意义，因此它似乎更应被称为“意味”。环境艺术的意味并不是人们从作品中识别出来的作品的某种性质，而是由作品“表现”出来的。它所表现的东西不是关于另外一些事物的概念，而是某种情感的概念。这种情感不可能通过设计师的文字注解而获得，它是建立在特定人群特定的生活方式、情感方式基础上，在人们的生活中生发和呈现的，因而无论对于设计师的创造还是对于公众的感知，这种情感都是通过具体

的环境本身来表现的。环境艺术的这种深层意义大致包括三个方面。

1.4.2.1　环境艺术反映时代精神

“环境与艺术既然这样从头至尾完全相符，可见伟大的艺术和它的环境同时出现，决非偶然的巧合，而的确是环境的酝酿，发展，成熟，腐化，瓦解，通过人事的扰攘动荡，通过个人的独创与无法逆料的表现，决定艺术的酝酿，发展，成熟，腐化，瓦解。”[1]“各种风格，不论建筑也好，音乐也好，绘画也好，都一定代表某一特定时代的思想和生活方式。”[2]恩格斯说过，他从巴尔扎克的《人间喜剧》中所学到的东西，“比从当时所有职业的历史学家、经济学家和统计学家那里学到的全部东西还要多。”[3]例如文艺复兴时期的绘画，从乔托开始，除了在技法上发展出符合人类视觉经验的透视法外，同时在时代精神上反映出脱离中世纪的束缚，而“复兴”古希腊、罗马的崇高艺术和人文风采。中国魏晋南北朝时期是书法、绘画、雕刻、园林等艺术形式及其理论发展的一个多元化的繁荣时期，当时造园之风极盛，私家园林、寺观园林如雨后春笋得到了长足的发展。如著名的官僚石崇所建的金谷园，《洛阳伽蓝记》中大司农张伦和侍中张钊的宅园，其中，所提到的六十多个寺庙中，几乎寺寺有园。后来，唐代诗人在描写佛教中心佛寺之多时说：“南朝四百八十寺，多少楼台烟雨中。”这些都反映出当时社会动荡，道教、佛教、儒学、玄学并存流行，思想十分活跃的时代现象。而此时，西方已进入中世纪（the Middle Ages）。无论是早期基督教与拜占庭时期，还是后来的仿罗马时期、哥特时期，纵深庄严以及后来垂直向上的教堂建筑空间与虔诚、庄严的广场空间，还有雕刻与壁饰艺术都是当时宗教精神的直接反映（彩图23）。

“每个时代都有它自己的艺术”，“如果生活已经不同，艺术也就不同。”[4]反过来，环境艺术让我们看到一定历史时期特定的社会生活。20世纪60年代，在日本出现的新陈代谢派建筑的尝试，正是那个日本经济高速发展的时代精神的一种反映。它的某些思想也曾受到西方“十次小组”强调的流动与变化以及阿基格拉姆学派（即建筑电讯团）科幻色彩的影响（也与日本传统哲学中随遇而安、不求永远的观念相联系）。正如他们在宣言中表明的“所谓新陈代谢，是为即将到来的社会提出具体方案的名称，我们考虑到人类社会从原子到大星云宇宙的生长发展过程，特使用了新陈代谢这一生物学名词。设计或技巧无非是人的生命力的延伸。从而我们不是自然地承受新陈代谢，而是积极地去促进它。”[5]如丹下健三设计的山梨文化会馆，

---

1 [法]丹纳著，傅雷译.艺术哲学.北京：人民文学出版社，1963年第1版 P144

2 [美]房龙著，衣成信译.人类的艺术.北京：中国和平出版社，1996年第1版 P298

3《马克思恩格斯选集》第四卷 P463.北京：人民出版社，1995年第2版 P463

4 [美]约翰·拉塞尔著，陈世怀 常宁生译.现代艺术的意义.南京：江苏美术出版社，1996年第2版 P351

5 刘先觉主编.现代建筑理论.北京：中国建筑工业出版社，1999年第1版 P348

图 1-65　东京中银舱体楼，黑川纪章，日本，1972 年

菊竹清训“海上城市”的设想，黑川纪章设计的东京中银舱体楼(图 1—65)。

1.4.2.2　环境艺术反映风土人文

这主要是指环境艺术考虑地域特征与文化背景，顺应气候、地形和居民的生活方式(观念、行为、习俗、价值观等)。例如我国南方适应多雨而潮湿天气的干阑式建筑，东南亚的一些地区，经常会为了避免地上的水汽，而将房屋自地面架高；北欧多雪的地区，为了减缓屋顶积雪过厚造成的压力，而采用坡度较陡的屋顶形式。

在我国很多地区，传统聚落住宅往往位于依山抱水的区域，利用特殊的地形调节小气候，庄子语“万物负阴以抱阳，充气以为和”(图 1—66)。濒临爱琴海的希腊岛屿，拥有蔚蓝的天空与海洋，以及起伏的山丘形态，为了顺应自然，也依山而建民宅，采用鲜明的白色外墙。现代建筑师赖特(Frank Lloyd Wright)设计的西塔

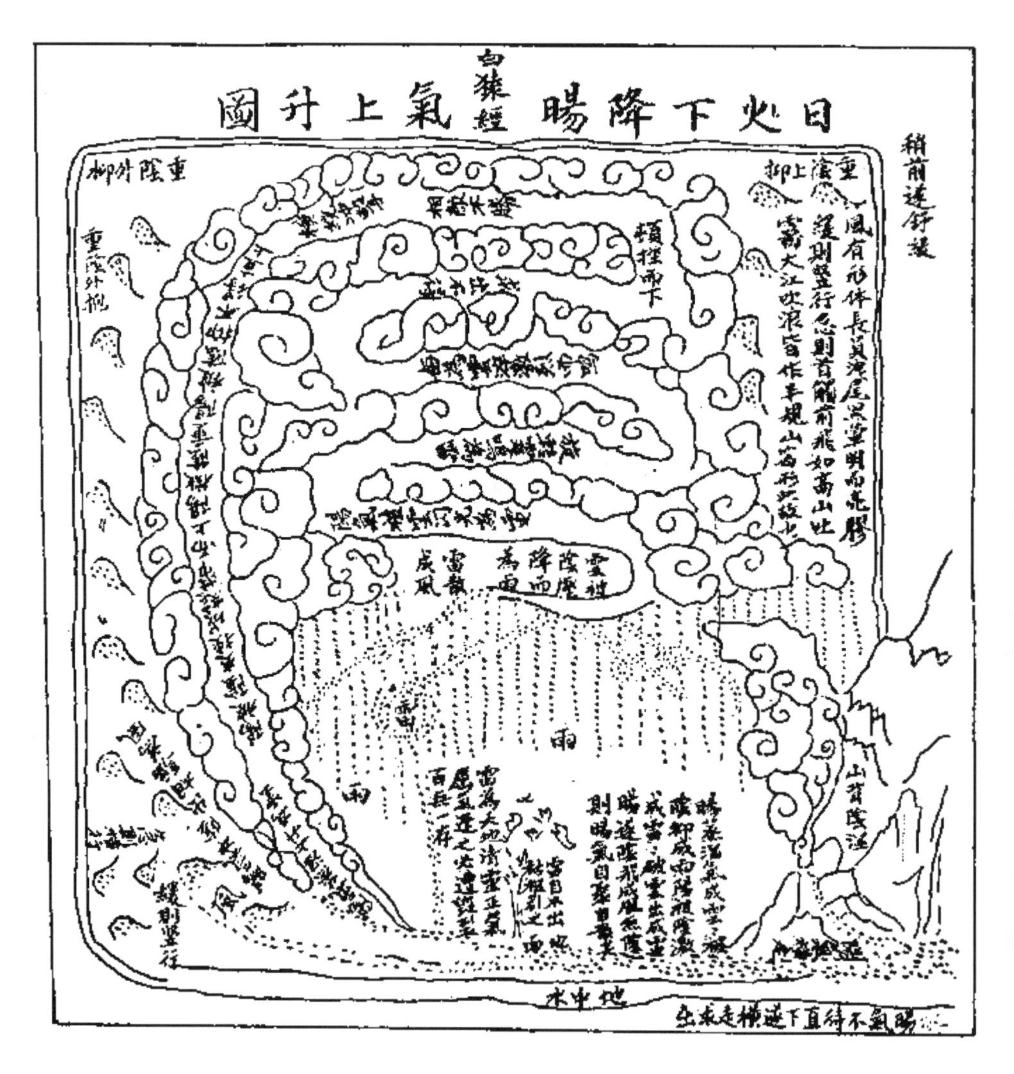

图 1-66　日火下降阳气上升图

里埃森工作室(Taliesen West)(图 1—67)，材料、色彩与沙漠的印象相合，水平铺开的房屋和挑出很深的屋檐的形式都是特殊气候与地区的反映。环境艺术对地域性的反映也明显地体现在材料的选用上。我国少雨的陕北地区，地形多高差，多黄土层，冬暖夏凉的窑洞是良好的居住形式；北方地区曾经普遍的夯土建筑，也体现出"就地取材"、顺应自然的观念。[1] 另外，如印第安民族依峡谷地势且以当地石材建造他们的聚落(彩图24)；浙江泰顺县居民结合地形地貌用本地盛产的木材建造廊桥，用石头摆建水石汀步。

特定的环境创造反映一定的文化背景，反映着人们的习俗和文化特征。C·恩伯—M·恩伯在《文化的变异》中谈到"文化包含了后天获得的，作为一个特定社会或民族所特有的一切行为、观念和态度"，"我们认为，为一个群体的成员所普遍享有的，通过学习得到的信息、价值观或行为都属于文化的范畴。"在我们国家，几千年来，形成的以家族为纽带的村落，有的外围用墙、沟壑包围，中央设置家族祠堂（家族活动的中心）。于是在基本单位——家庭内，用墙垣围合空间，每户都有庭院，家族的一切活动基本都在院内进行，庭院成为家庭礼仪中心。这全然是古人"内向"的思维方式的反映；我国西北部的蒙古高原上，轻便易携、易拆易装的蒙古包反映了游牧民族逐水草而居的不断迁徙的生活方式。如建筑学者拉普卜特(A·Rapoport)指出的，蒙古包是居民长时间面对自然环境，极具智慧的建

图 1-67　西塔里埃森工作室(Taliesen West)，赖特(Frank Lloyd Wright)，Scottsdale，1937～1938 年

1 刘育东著.建筑的涵意.天津：天津大学出版社，1999 年第 1 版 P29—30

筑解决之道(图1—68a、b)。在园林艺术中，东西方的两种路子都取得了辉煌的成就。在西方，以法国古典主义园林为代表的几何形园林是其“强调整一、秩序，强调整齐一律和平衡对称，推崇圆、正方形等几何图形……”的美学思想及审美观念的忠实反映。而在东方，以中国古典园林为代表的再现自然山水式园林，则是滋生在东方文化的肥田沃土之中，并深受绘画、雕刻、书法和文学等其他艺术的影响。在儒、道、佛以及玄学思想文化的影响下，无论是皇家贵族、士大夫阶层，还是僧侣道士、百姓信徒都或多或少地寄情于山水，特别是在士大夫的圈子里，常不以高官厚禄或荣华富贵为荣，一些文人雅士则避凡尘、脱世俗，遨游于名山大川，甚至有的藏身于山林过隐逸生活。这或许是造就中国园林独特风格的生活基础和思想基础。

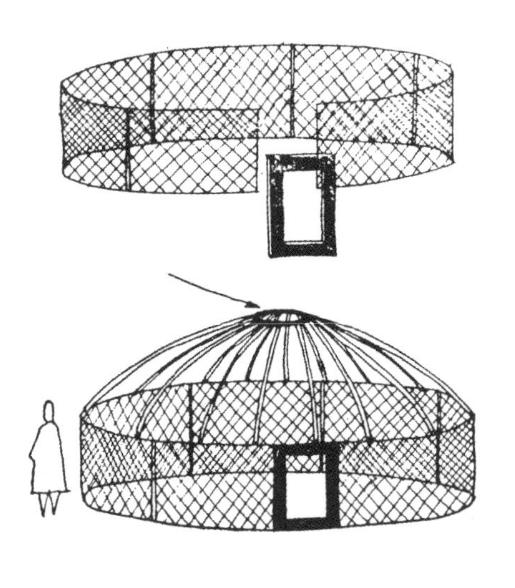

图1-68b　内蒙古地区蒙古包结构示意图

图1-68a　内蒙古地区蒙古包 蒙古包是居民长时间反映自然环境，极具智慧的建筑解决之道

当代，很多设计师也试图通过自己的作品反映一种文化观念。例如，日本建筑师黑川纪章提出了新陈代谢、缘、间、中间体、中间领域、道、利休灰、暧昧性、两义性等语言，实质上都是从不同的侧面表达了其共生思想。黑川纪章在论述共生思想与新陈代谢的关系时，把新陈代谢理论总结成由两个原理构成：其一是不同时间的共生；其二是空间的共时性。他还认为日本文化的基础来自佛教哲学，佛教在公元6世纪传入日本，它的传入不排斥或否定当地的神道教，这种宽容决定了日本文化的基本政策，如日本大量地从中国、从西方吸收各方面的知识，同时以保留自身文化为基础，努力产生出新的价值。黑川纪章也利用“共生思想”来指导设计创作。他设计的福冈海边某建筑（图1—69）将室外

空间设计成复合体，创造出一种引导人们进入室内的中间区域，使人们体验到具有日本建筑传统特征的室内和室外共生。井上武吉设计的雕塑，尝试了建筑与雕塑的共生（图1—70）。

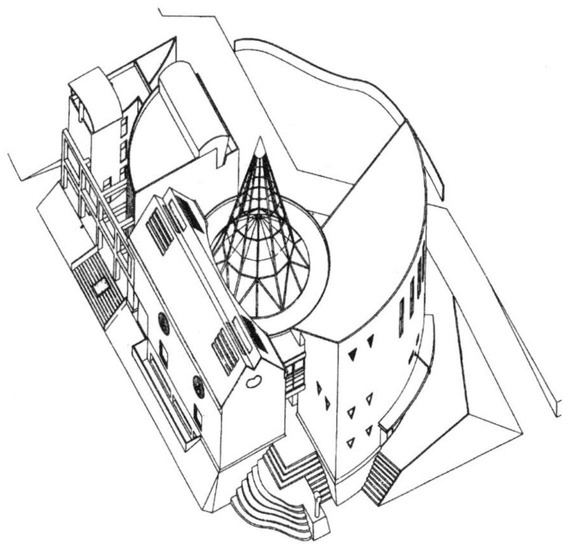

图1-69　福冈海边某建筑，黑川纪章，日本，1989年

图1-70　广岛市中心广场上的建筑雕塑“水柱”，井上武吉，日本，1988年

1.4.2.3　环境艺术反映人与社会组织、社会现象的互动关系

因此，环境艺术也可反映一定的社会现象。古代雅典、罗马以及后来的威尼斯与阿姆斯特丹等城市其典型的特征是强调公共性。街道、广场空间众多，这恰恰反映出其商业、贸易及在此刺激下的文化繁荣的社会现象。我国古代的许多城市较为缺少此类公共性空间（但并不否认其城市高度的技术与艺术成就），打着农业文明发达的印记。我国早在周代时，城市和宫殿的布局形式就有了与封建伦理道德相匹配的建筑体制，我们可由此联想到当时的社会状况。据《左传》和《礼记》记载，周朝宫室外有用于防御、礼仪和处理政务的五层门和三朝（大朝、外朝、内朝）。这一营造制度被历代统治者附言、沿用。北京古城皇帝处理政务和居住的前三殿、后三殿不仅处于整个宫城的中轴线上，而且也处在整个城市的中轴线上，反映了当时“天子中而处”、“王者之尊”的特定社会形态的特定现象。而在4世纪到15世纪活跃在中美洲的玛雅（Maya）文明有着严密的社会组织和宗教祭祀礼仪，因此，玛雅建筑群便是以祭坛为主体空间，以便长久维系其社会组织（图1—71）。

在20世纪70年代，著名建筑师雅马萨奇（Yamasaki）设计的获奖作品普鲁艾格（Pruitt Igoe）集合住宅中出现的许多黑暗无人的巷道、电梯间与死角等，缺少领域感与可防卫性，提供了抢劫、吸毒、强暴等犯罪的温床，最后在1971年被炸掉。出现这种情况，是没有充分考虑到当时当地的社会条件。现代社会充满了生存的

图 1-71　蒙特阿尔班，墨西哥最古老和最宏伟的圣地城市

压力与人际间的陌生感，有些设计师在设计中努力采用各种手段增加人情味来缓解现代人的紧张与孤独。例如查尔斯·穆尔很幽默地将自己可爱的头像，置于广场的柱子之上(彩图 25)。

总之，成功的环境艺术能满足人们的多种功能需求，具有深刻的意义。特别是城市环境，关系到人的生活、关系到城市形象，关系到环境质量及城市文明及经济发展等问题。但是，当前不仅自然环境正在减少，而且很多人为环境也不能很好地满足人们的日常行为与精神、审美需求。这就要求我们，深入调查分析，考虑问题细致入微，深入进行环境艺术设计。

提示(TIPS)：

1.环境艺术教育

环境艺术教育就是以环境艺术诸多要素为媒介对公众进行的艺术教育，以提高全民的文化素质为宗旨。

2.园林

园林，在中国古籍里根据不同的性质也称作园、囿、苑、亭、山庄等，其性质、规模虽不完全相同，但都有一个共同的特点，即在一定的地段范围内，利用并改造天然山水地貌或人为地开辟类似的空间，进行植物栽培和建筑的布置，从而构成一个供人观赏、游憩、居住的环境。一般称创造这样一个环境的全过程为"造园"。

3. 审美想像力；审美鉴赏力；审美创造力

审美想像力是在全部知觉经验的基础上由“在”(目中之景、耳中之音)向“不在”(象外之象，言外之意)的迸发。中国古代对审美想像理论有过许多精彩的描述：“精骛八极，心游万仞”（陆机 文赋）“思接千载，视通万里”（刘勰 文心雕龙·神思)。审美想像力有两大基本特征：①自由性；②情感性。

审美鉴赏力是指人以整个感性存在对审美对象的完整形式和深刻意味进行充分认识和体验、直觉和发现的能力。审美鉴赏力不仅是指对相关的事物的鉴别和欣赏的能力，而且是指对美的事物的发现和构造的心理能力。因此，审美鉴赏力包括以下内容：①对美丑事物的辨析力；②对美的形态(自然美、社会美、艺术美等)的审美特征、范畴和程度的识别力；③对美的事物的品味和体验力；④对美的事物发现的直觉力；⑤构造美的形式的能力。

审美创造力是指对新形式、新意蕴的发现和创造的能力。卡西尔在《人论》中把审美创造说成是“真正名副其实的发现”。歌德在《论德国建筑》中把它当做人的“一种构形的本性”。叶燮认为：“凡物之美者，盈天地间皆是也，然必待人之神明才慧才见”（叶燮 集唐诗序），把它当做人的“神明才慧”。完形心理学把审美创造看做是人的意向性结构成功地在感性世界中发现(创造)整体。审美创造不仅是发现能力，而且也是艺术家创造艺术形象(形式、意蕴)的能力。

思考题：

1. 古人对“秩秩斯干，幽幽南山”生活方式的向往，今人对“雨淋墙头月移壁”的都市生活境界的憧憬，令你产生哪些与环境有关的联想？

2. 恩格斯在《风景》一文中写道：当你站在宾郊区的德拉亨费尔斯或罗胡斯贝格的高峰上，越过葡萄藤飘香的莱茵河谷眺望同地平线融成一片的远远的青山，洒满金色阳光的郁郁葱葱的田野和葡萄园、河里倒映的蓝天，——你会觉得明朗无穷地向大地倾垂，并且在大地上反映出来，精神沉浸于物质之中，言语有了血肉并且生存于我们中间……。试比较这种自然环境（或次生环境）与人工环境、社会环境对人产生的美感意义的异同？

3. 2004年10月22～25日，在天津大学举行的中国环境行为学会第六次环境行为研究国际研讨会的主题“舒适宜人的空间环境（Spatial Environment Agreeable for Human Beings)”对环境艺术设计实践与理论有何指导作用？

4.“设计（Design)”的基本内涵是什么？如何提高设计思维能力？

5. 如何理解“环境艺术是一门整体的艺术”？

6. 环境艺术设计的原则是什么？评价标准有哪些？

7．为什么说“环境艺术设计是生活方式的设计，是艺术与科学的统一”？

8．如何理解马克思在《资本论》中的一段话——蜜蜂建造的蜂房使人类的建筑师都感到惭愧。但是，最蹩脚的建筑师比最灵巧的蜜蜂还是要高明，因为建筑师用蜡来造蜂房之前，就已经在头脑里把那蜂房建成了？

9．运用设计实例，试分析环境艺术设计与建筑学、城市规划学科的关系？

10．环境艺术要满足公众物质、精神、审美功能需求，这是否会造成设计过程中的矛盾？

第 2 章

环境艺术设计的基本要素

第2章　环境艺术设计的基本要素

环境艺术的基本形态要素是形、色、光、质感与肌理、嗅、声音。我们在进行环境审美时，“分析器”很快对一系列环境景观进行“扫描”。这时“分析器”最前端的“感受器”首先接受对象的刺激，产生感觉印象，感觉印象是以“感受器”的作用为主，把对象的个别属性如形体、色彩、光感、材质、质感、味道等作为大脑的直接反映，为审美知觉提供材料。这些基本元素按一定规律可综合构成千变万化的环境形态。从理论上说这种不同的排列组合所产生的结果的可能性是无穷多的，这就是环境构成形态丰富多样性的原因。这些元素共同构成环境的各种具体的实体与空间，它们的外形都是具体的、可感知的。特别是审美特性十分明显，具有丰富的表情，可以传达复杂的感情意味和审美信息。但不可忽视的是，环境艺术形态要素不能像绘画组成线条，音乐组成音符那样有很大的任意性（尽管绘画、音乐也在一定程度上受到某些法则的制约），它有着更多的限定因素，它首先表现为以人为本，以满足人的功能需要为目的，并以一定结构、材料、技术和建造方式为基础并以环境文脉等社会文化限定条件来制约环境空间。

对环境形态要素进行分析是要把握那些构成形态的相互作用的主要部分，“这不是一种被动的，或把其中混杂的特征一个一个地识辨出来，而是对其细节进行积极的、有选择的审视和组合。”在这里要采用分析与综合的方法：“首先把模糊的感觉到的复杂性形式分解为一个一个的部分，然后再把这些部分组织成一个有机的整体。”[1]这种交替的采用分析与综合的办法是十分重要的，从小范围来看，分析是手段，综合是目的。在心理学史上，以冯德为代表的构造心理学派则提倡做整体关系的研究，对于要素的分析是综合的基础，否则综合是空的、无血无肉的、没有基础的。然而，任何要素都不是单独地起作用的，而是一种相互渗透、补充、交叉的复合作用，因此要将深入细致的解剖与相关性的整体研究结合起来才是辩证的。我们分析环境艺术的要素的目的是为了更好地理解整体，经过“分析—综合”这一过程得到的认识与理解应当是比较全面和深刻的，不至于是“不知其所以然”或“人云亦云”的了。

我们在分析这些要素时，要学会用抽象的眼光去看。画油画和水彩画的人常喜欢作画时把小幅的画倾斜甚至反转过来看，因为这样可以排除具体物象的干扰而把握画面的基本色彩和基调以及疏密、明暗等抽象的构成效果。“形、色、光、质、嗅、声”六元素的划分是为了分析的简便而提出，这里“形”与“色”的基本概

1 [美]托马斯·门罗著.走向科学的美学.北京：中国文艺联合出版公司，1984年第1版

念较易理解，因为人们对任何事物的视觉印象主要基于形和色，因而我们常说这个世界是"形形色色"的(图 2–1)。二者相依而存，同时存在于一个对象上。"形"和"色"的概念是广义的，例如我们看到的雾气没有具体的形状，但它的随意性、可变性、雾的状态本身就是它特有的形；人们又往往认为雾气与水等是无色的。但"无色"本身就是一种色，是一种极值的色。它有独特的反光形式，同形在一起构成了雾的形态，能为人的眼睛所观察到。比如，还有黑、白色，它们虽无"彩"，但仍属于"色"的范畴。"光"是"色"存在的前提。这里的"光"是不同于物理意义上的光现象范畴的概念。这里的"光"指作为环境艺术造型的光，例如各种类型的自然与人工照明，以及造成立体感、反映在材料表面的光影效果。质是指物体的质感，也把"肌理"包括在这一部分了，比如材料表面的粗糙与细腻，纹理的繁与简。中国古典园林中"园林胜景，唯是山与水二物"其中透、漏、瘦的山石与绿水、清池在质感上显然有着强烈的对比效果。"嗅"，主要体现在环境中的草木芬华之中。"声"，主要指风声、雨声、松涛声、竹萧声、音乐喷泉、动态雕塑之声等。绝佳的环境可以调动起人的各种感官。怡人的芬芳、缤纷的色彩，如童雋先生所说："园林无花则无生气，盖四时之景不同，欣赏游观，怡情育物，多有赖于东篱庭砌三经盆栽，俾自春至冬常有不谢之花"。陶渊明的《归去来词》中的"泉涓涓而始流"透出作者对自然之声音美的独特感受与喜好。

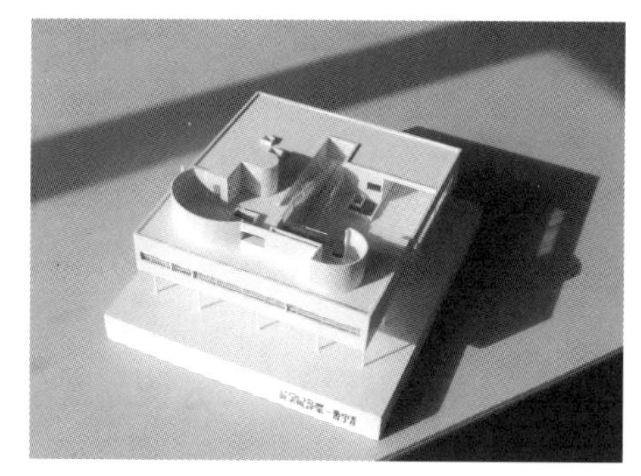

图 2-1　体 - 建筑模型

可以说在环境艺术形态中，这六个要素及其相互作用的结果几乎囊括了所有的感知现象。但是，在六要素之中，形无疑是最基本的。因为其他元素都是依附于形而存在的，起到加强形的表现力并烘托整体气氛等辅助作用。另外，在环境艺术设计实践中，有时也特意强调光、色、质、嗅、声的作用而不突出形的作用。

2.1　形

形通常指物体的形状或形体，任何一个物体(无论是实体还是空间)，只要它是可视的，都有其形。在环境中，我们直接建造的是有形的实体，并通过有形的实体限定出无形的空间，而人所需要的生活空间便是这无形的空间。空间形式也同样具有形状等属性。空间形有别于实体形，它也受实体形的限制和影响，它们之间是正与负、"图"与"底"的关系(图 2–2a、b、c)。实体与空间二者是相辅相成、互为条件、缺一不可的。正如中国古代"阴阳"学说包含着的基本哲学思想阐述出的辨证关系所展示的。老子曾说过的"有无相生，难易相成，长短相形，高下相倾，声音相和，前后相随"也表达了这种观念。实体的形是以点、线、面、体等基本形式出现的，它们在环境中有各自不同的表情及造型作用，其效果与材料的色彩、质感和环境中的光等因素有关。这些实体的要素限定空间，决定着空间

图 2-2a　图与底的关系

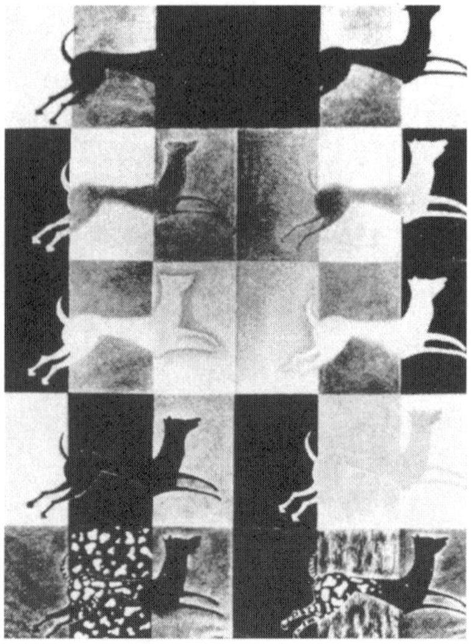

图 2-2b　32cm × 32cm 报纸剪贴而成的色彩图案，Lau Pui Chuen

图 2-2c　明暗反转构成，伊藤

的基本形式和性质，而不同形式的空间又有着不同的性格与情感表达，给人以不同的视觉及心理感受。比如，我们在设计中一定要有这种空间观念：一个广场并不等于一块大面积的地面上缀以各种建筑、设施、装饰和绿化，而是将它们根据功能、技术和艺术的要求有机和谐地组织在一起的完整空间(彩图 26)。

形是客观的，但形的视觉感受以及形的表现等方面又常带有一些主观性的成分。有人认为它是一种"从感觉上描述物体而形成的观念"。因此，对于形的概念有着不同的解释与看法。对环境的形而言，它的本质是物质的、客观的，它由形的要素有秩序地组合而产生，是环境形态的最基本的组成成分。同时，由于人的形态感觉敏锐度不同，具体环境的不同，形具有一定的表情和意义，能对人的心理产生不同的影响作用。例如：空间形态轻盈、柔和、细腻，尺寸合宜，光线淡雅，声音舒缓，空间界面流畅，质地调和，色彩宁静，结构稳定、易于理解会引起人的轻松之感(图 2—3)。反之不稳定的形象，分裂的组合，不合逻辑的复杂性，不调和、冷酷、火暴的色彩，闪烁的强光，尖锐刺耳的声音，都可使人产生心理上的紧张感等等(彩图 27a、b)。

某些形被称为"有意义的形"，具有一定的表情。原因在于形的一些基本要素与人的心理有某种程度的同构。关于同构，有人认为"一切生物(包括动、植物)都有这样的统一性，即全按照同样物质结构原则所构成"(即是同构的)。[1]所谓同构就是指内部结构相同，而构造又是事物内部要素之间的一种相互关系。实际上，只要仔细观察，不难发现，在这个星球上，不仅生物体有这种同构现象，非生物体的物质，甚至人的心理结构、社会结构等精神范畴的事物也常会有同构现象存在，

1 张颖清著.生物体结构的三定律.呼和浩特：内蒙古出版社，1982 年第 1 版

图2-3　伯明翰植物园的花岗岩花园(Granite Gardens)，杰休斯·鲍帝斯塔·莫乐利斯(Jesús Bautista Moroles)

这也许是由于世界的统一性所造成的吧。比如人的神经、血管系统同很多植物的根须、叶茎是同构的，我们从航空照片上也可看到由山脉、河流的走向所组成的网络与人的神经系统、植物的根茎形态出奇地相似。对于形的表情联想也可以说是由于视觉形象与心理的某种同构。另外，有些形具有一些约定俗成的含义，是由于多次的交流增进了人们心目中这一含义与此形的表象之间关系的确定性(固定性)，因而形成了在这些形与特定的情感或观念之间稳定的心理联系。例如，中国画中的石头，其寓意完全依赖于对石头形象的坚实、沉重及粗糙的视觉感受与那些"刚正"、"质朴"、"安愚"、"守拙"等抽象概念的稳定的联系才产生的，并非石头本身所具有的意义。又如欧洲的古典柱式(尽管可能是简化或变过形的)总给人带来"典雅"、"稳重"、"宁静"、"优美"等固定的联想(图2-4)，环境给人的整

图2-4　中国画中的石头常与"质朴"、"安愚"等概念联系在一起

体感受、气氛效果等来源于这些视觉形象的表情，而这些表情综合起来就构成了整个形态的稳定性格与含义。

环境中的静态形往往表现出动态之美。要产生动态的效果，常用的方法是重视视点流动的效果、倾向性张力的处理和动的因素的利用。考虑视点流动的方法可以叫做空间标记法。空间标记法要求设计者凭借想像进入自己设计的环境，或者是进入所看到的建筑图、建筑模型所表现的环境，构成一系列随视点流动所产生的图景。这些图景既有序列性，又有动态性。这种动态性包含着方向和速度相结合的动因。方向是造成动态性的一个重要因素。但丁记述过人们在波伦亚斜塔下向上望的情况。他这样说，如果一片云正好向塔倾斜的反方向飘过，人们此时会感到塔正慢慢地倒下来。类似的情况在视点流动中也屡见不鲜。例如，一条路正延伸到某高层建筑，如果观者背向对景而走时，后视对景，会感到高层建筑正向观者逼近。

中国古代建筑、园林艺术对视点流动的手法是经常利用的。比如在引道、入口、天井、庭院中总喜欢加一些作为近景的点缀；在室内处理花格，墙壁上开小孔，对远近的景物采取框、组、借、对等方法加以处理等等，都能在视点流动时产生相对位移的动感。西方而始的现代建筑也力图通过空间开放与时空连续来创造具有动感的流动空间。

速度可以强化动态感。例如，开着门时看马走过，感到马速不快。从门缝中看马走过，感到其速很快，所谓“白驹过隙”，说的正是这种动感。中国建筑与园林中常用小尺寸的花窗来框景，目的之一就是借相对速度感来追求景物的动态变化。李渔在《闲情偶记》中记述他游西湖时，把船两侧用屏遮挡起来，仅通过屏上的“便面”（即小窗）观景，发现景物时时变幻，不为一定之形。后来，他把这种感受用到自己的住宅设计中，设计了“梅窗”。

另外，环境艺术设计中还经常通过运用一定的形体来造成一种倾向性张力。产生倾向性张力的形体并不是实际意义上的动，而是使人产生似动非动感觉，叫做“虚动”。在总体中利用倾向性张力的典型的例子可举伍重设计的悉尼歌剧院（图2-5），可以看出，它表现出一种朝向大海的虚动。F·布鲁内莱列斯基在15世纪初通过对罗马废墟的研究，了解了古罗马建筑艺术的特点，在设计佛罗伦萨圣玛利亚教堂穹顶时用了向上升起的穹体轮廓线。人们在教堂中向上看，有一种收缩向上的动感。建筑师沙里宁在参加悉尼歌剧院方案评选后设计的“TWA”候机楼，就是以静示动的造型。他于1958年用类似手法设计了耶鲁大学冰球馆（图2-6）。其造型犹如短跑运动员的躬身含胸，即将弹出起跑线的一瞬。

图2-5　悉尼歌剧院(Sydney Opera House)，伍重(John Uzon)，澳大利亚，1957~1965年

环境空间形体一般都是静态的造型。环境中最普遍存在着的“动”是生活场面和环境昼夜四时的变化。例如，天空的云彩作为建筑画面的背景，日月星辰散布

图 2-6　耶鲁大学冰球馆，埃罗 · 沙里宁，1958 年

于天空，也是建筑物的动的陪衬。极富创意的设计师用各种处理手法把上述变化“引”到具体环境中来，例如屋顶洞、玻璃幕墙、开放平面；在室内外安排水面，产生动的光影变化。除此之外，在现代的环境艺术设计中真正的“动”的形体也得到越来越多的使用。动态雕塑、喷泉流水装点环境；灯光旗帜烘托气氛等。美国达拉斯凯脱旅馆在细高的建筑顶部设置了一个球形体，其中设有旋转餐厅、酒吧、瞭望台。球形体由网架构成，在网架接点处都装有灯光。白天，它缓缓旋转，摄入周围的画面；入夜，它灯光闪烁，装点着一望无际的星空。波特曼设计的旅馆在共享空间中安排了透明的外挂电梯。另外，动态剧场等也逐渐出现。

环境中的任何实体的形分解，可以抽象概括为点、线、面、体四种基本构成要素。它们不是绝对几何意义上的概念，它们是人视觉感受中的环境的点、线、面、体。它们在造型中具有普遍性的意义。

把它们看成点、线、面、体，不是由固定的、绝对的大小尺度来确定的。它们取决于人们的一定观景位置、视野，取决于它们本身的形态、比例以及与周围环境与其他物体的比例关系，还有它们在造型中所起的作用等许多要素，是相对而言的。如图 2–7 的雕塑，与广场灯相比，它的形可看作是体，但相对于后面的高层建筑，就只能被视为一个点了。

图2-7　斜倚的人像，亨利·摩尔(Henry Moore)，美国纽约林肯表演艺术中心，1962～1965 年

2.1.1　点

一般而言，点是形的原生要素，因其体量小而以位置为其主要特征(图 2–8a、b)；线是点的运动轨迹，以长度、方向为主要特征；面是线的展开，不仅具有长度还有相当的宽度与形状；而体则是面的连续展开，是以其体量为主要特征。它们各有各的独特的表情，从而形成在构成形态中各自不同的作用和视觉效果，下面逐一而述。

图 2-8a　点通常是在比较的环境中得以确认自己的位置和特征

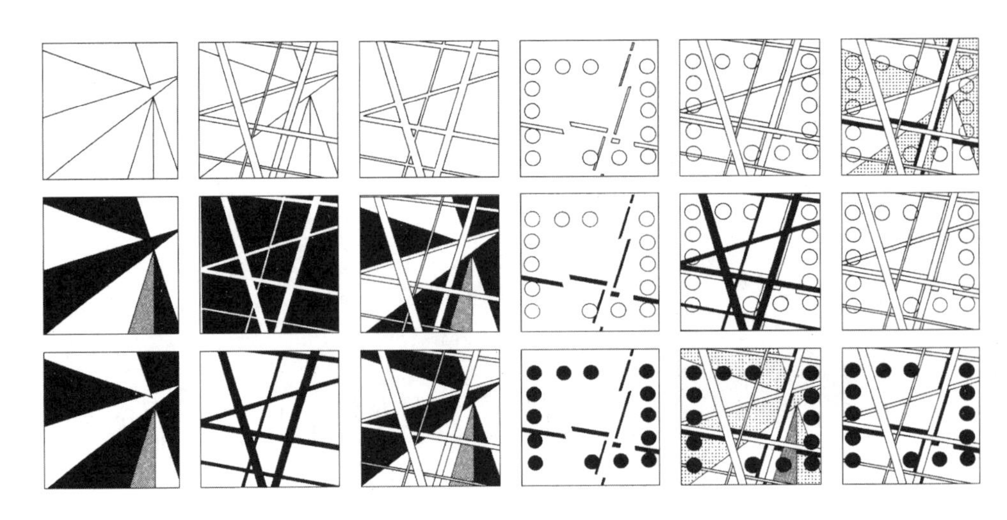

图 2-8b 点线面:企业与某建筑内庭，伯尔特·马克(Bert Macher)，德国哈勒(Halle)，1999 年

在环境中，相对于较大环境空间的雕塑，俯视的塔型建筑物，平视的墙壁上的窗，总之在空间中相对较小的形都可以称其为点，它在空间中可以标明位置或形成人的视线集中注视的焦点，如墙面上的钟表(彩图 28)。所以，某一具体的环境空间往往使用单个点构图来强调、标志中心。例如，1544 年米开朗琪罗(1475～1564)设计的罗马卡比多广场，入口处从台阶而上，广场呈梯形，左边为档案馆，右边是博物馆，中间是元老院。独具匠心的是广场中央布置了一个点状形——奥雷克里亚斯骑马像，突出地强调了中心。1985 年建的日本福岛县三春町立岩江小学的入口处理成一面光墙，用单点强调，形成主轴线；为了形成次主轴线，又在相邻的开间特意做了一个假的山尖(图 2-9)。

在室内环境中，点也是处处可见的：小的装饰物与陈设、墙面交叉处、扶手的终端都可视为点。前面已讲过，只要相对于它所处的空间来说足够小，而且又以位置为主要特征的，都可看作是点。例如，一幅小画在一块大墙面上或一个家具在一个大房间中可完全作为视觉上的点来看待。尽管点很小，但它在视觉环境中常可起到以小制大的作用，比如在一个大教堂中的圣坛与整个空间相比虽尺度很小，但它却是视觉与心理的中心，非常重要(彩图 29)。形态特别而且与背景反差强烈的点，特别是动的点更能引人注目。罗马万神庙天窗小孔及由此摄入的光点由于随阳光移动使得这诺大的静态空间不显得过于死气沉沉而有了活力(图2-

图 2-9 点通常是在比较的环境中得以确认自己的位置和特征

10)；美国国立美术馆东馆大厅里著名的考尔德（Alexander Calder）设计的动态雕塑，因其形态奇特，色彩响亮（红色），而且可随气流而缓缓移动，再加上位置的显要与作品本身极为成功等因素使它必然成为这一大厅中的视觉中心（彩图30）。

当单点不在面的中心时，它及其所处的范围就会活泼一些，富有动势。1983年西柏林吕佐广场建造的一批住宅，其侧立面山墙加了一个“单点”，使无窗户的墙面变得富有生气，同时又增加了构图意味（图 2—11）。

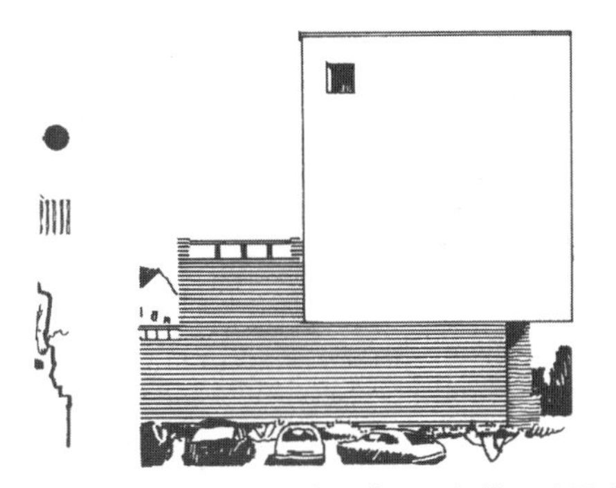
图 2-11 吕佐广场住宅，德国西柏林，1983 年

当点超过一个时，应建立什么样的秩序呢？环境造型既不排斥产生无序、复杂、变幻莫测的自由分布点，又可以建立一种排列对称、稳定、渐进、有节奏或韵律感的一种严整的秩序（图 2—12）。

两点构图在环境中可以产生某种方向作用，可建立三种不同的秩序：水平、倾斜和垂直布置（图2—13a）。两点构图可以限定出一条无形的构图主轴，也可两点连

图 2-10 罗马万神庙内部，G·P·潘尼尼(G.P.Pannini)绘制(约 1750 年)，意大利，约 118～128 年

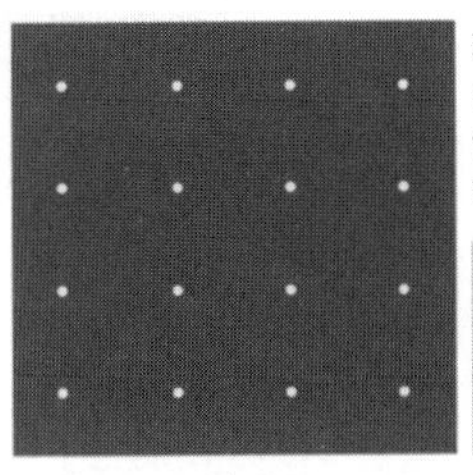
若有规律地排列点，人们会根据恒常性把它们连接形成虚的形态。
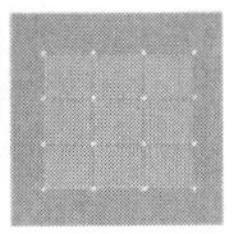

点密集到一定程度，会形成一个和背景脱离的虚面。

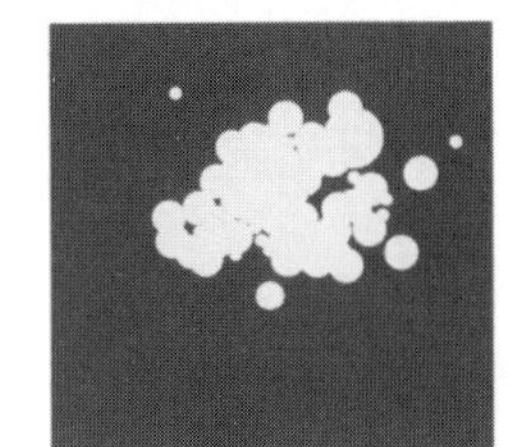
点的聚集和联合会产生一个由外轮廓构成的面。

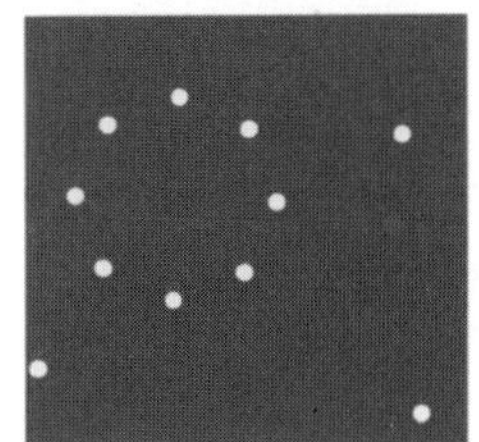
点的排列位置如果与人们熟悉的形态类似，人们会自动连接这些点，而一些无规律的点则保持独立性。

图 2-12 点的组合

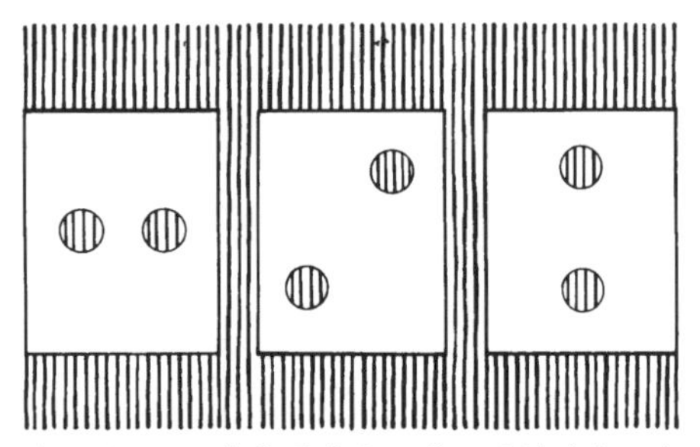
图 2-13a 两点构图建立三种不同的秩序：水平、倾斜和垂直布置

线形成空幕(图2-13b)。三点构图除了产生平列、直列、斜列之外，又增加了曲折与三角阵(图2-13c)。四点构图除了以上布置之外，最主要的是能形成方阵构图。点的构图展开之后，铺展到更大的面所产生的感觉叫做点的面化。如图2-13d由于点大且多，点的面化效果十分突出。点的面化，例如镂空花窗，便使点的感觉大大冲淡了。点的线状排列也冲淡了点的感受，如希腊罗马建筑檐下的小齿，中国古建筑的椽头、瓦当等处理。进而，足够密集的点可以转化为"面"或"体"的感觉。

点是环境形态最基本的要素，它相当于字母，有自己的表情。表情的作用主要应从给观者什么感受来考察。例如，排列有序的点给人以严整感；分组组合的点产生韵律感；对应布置的点产生对称与均衡感；小点环绕大点，产生重点感、引力感；大小渐变的点产生动感；无序的点产生神秘感等等。

图 2-13b 两点构图可限定出一条无形的构图主轴，也可连线形成空幕

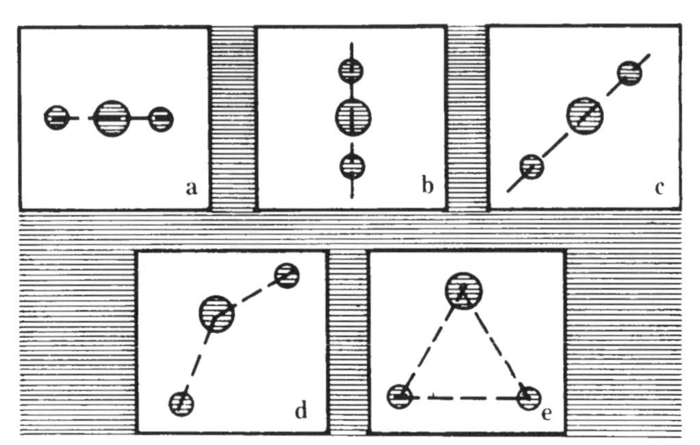

图 2-13c 三点构图除了产生平列、直列与斜列之外，又增加了曲折与三角阵

图 2-13d 点的面化

2.1.2 线

点的线化最终变成线(图2-14)。线在几何上的定义是"点移动的轨迹"，面的交界与交叉处也产生线。例如有些线如边缘线、分界线、天际线等，在实体建成之后能看得见，可称之为实际线或轮廓线。另外，在环境艺术设计时，我们要作的轴线、动线、造型线、解析线、构图线等。这些线在实体建成后并不存在，但可以被人感觉到，可称之为虚拟线。前者可以使人产生很明确而直接的视感，后者可被认为是一种抽象理解的结果。"线是关系的表述"，这就是视觉感受上线的心理根源。[1]面的凹凸"起伏"或不同方向在光照中呈现出不同的明暗变化，这

1 潘公凯.中西传统绘画的心理差异.新美术，1985年第3期P20

时，视觉所感受到的线实际上是物体面的“明暗交界线”以及物体与背景相互衬托出的“轮廓线”。在同一平面中由于色彩或质地的不同在交界边缘也会产生线的感觉。

环境实体造型如上述，以实求虚。用中国美学的语言来说，就是造境，即创造某种艺术境界或意境。创造境界离不开线。陈望道在谈到境与线的关系时写到：“所谓境界，却必不出种种的线。故研究形的，往往就在种种基本的线上做分析功夫。”[1]中国建筑与园林造型注重在线上下功夫。西方虽以体和面的表现为主，但这些是必须通过线来构成的。

环境中的只要能产生线的感觉的实体，我们都可以将其归于线的范畴，这种实体是依靠它本身与周围形状的对比才能产生线的感觉（图2–15）。例如，一栋住宅的平面，单独存在是一个面，但将其布置在一定的环境中，便产生线感。从比例上来说，线的长与宽之比应超过 10：1，太宽或太短就会引起面或点的感觉。

在我们生活的这个环境中，线的种类很多，但无外乎几何线形与自由线形。主要体现在人工环境中的几何线形在环境造型中的运用又分为直线和曲线（图2–16）。直线又可以归结为水平、垂直、倾斜三种。自由线形主要由环境中尤其是自然环

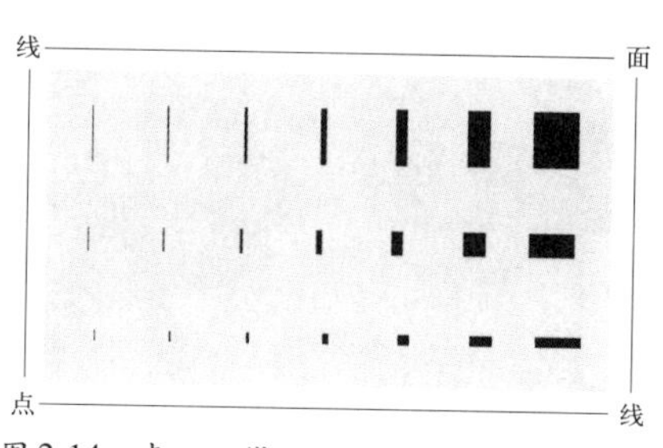

图 2-14　点——线——面

图 2-15　道路是最有方向性的线条，道路的延伸也给人无限的遐想

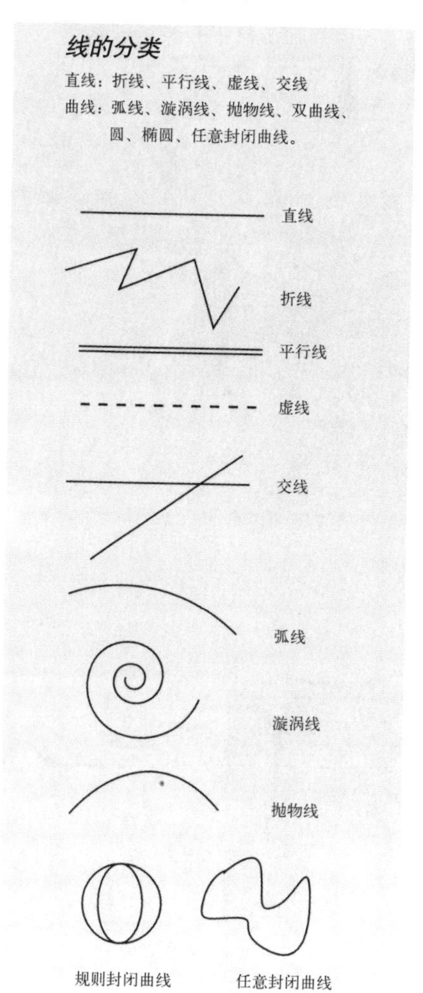

图 2-16　几何线形：直线与曲线

1 复旦大学语言研究室编.陈望道文集.第 2 卷.上海：上海人民出版社，1980 年第 1 版 P29

图 2-17 自由线形：树叶的叶脉

境中的地貌、树木等要素来体现（图2–17）。线与线相接又会产生更为复杂的线型，如折线是直线的接合，波浪线是弧线的接合等。在以方盒子为主的现代环境空间中，最常见的线无疑是水平线和垂直线。

水平线由楼地面所决定。环境艺术设计对水平线加以表现，能产生平稳、安定的横向感。垂直线由重力传递线所规定，它使人产生力的感觉。人的视角在垂直方向比水平方向小，当垂直线较高时，人只得仰视，便产生向上、挺拔、崇高的感觉。特别是平行的一组垂直线在透视上呈束状，能强化高耸、崇高的感觉，非常典型的例子是哥特式建筑。此外，不高的众多的垂直线横向排列，由于透视的关系，线条逐渐变矮变密，能产生严整、景深、节奏感。倾斜线给人的感觉则是不安定和动势感，而且多变化。它一般是由地段起伏不平、楼梯、屋面等原因造成，在设计中数量比水平、垂直线少，但更应精心考虑它的应用，更不能有意取消倾斜线。青岛在环境中重视采用坡屋顶和保留地表起伏线，景观效果良好。直线与曲线相比，其表情是比较单纯而明确的。在外环境构筑物上直线造型一般给人带来规整、简洁、现代感或“机器美感”，但往往由于过于简单、呆板又会使人感到缺少人情味，像是一个个雷同的工业产品。当然，同是直线造型，由于线本身的比例、总体安排、材料、色彩的不同仍会有很大的差异：粗短的线条比较强而有力，细长的线条则纤弱细腻（彩图 31）。

图 2-18 感觉成为设计的依据 - 对卷曲的表达

曲线常给人带来与直线不同的感觉与联想，如抛物线流畅悦目，有速度感；螺旋线具有升腾感和生长感；圆弧线则规整、稳定、有向心的力量感（图 2–18）。一般而言，环境中的曲线总是比直线更富变化，更丰富，更复杂，在当代人长久生活的充满直线的环境中尤其显得具有人情味和亲切感。

曲线在古代建筑中用的比较多，这一点很值得我们借鉴。环境艺术设计中所用曲线有几何曲线与复合曲线两种。简单几何曲线具有严整性、肯定性，易于被人掌握、利用；后者具有自由性、多变性、不易掌握，使人感到它与自由线型相似。在运用上述两种曲线时，按所取形态的不同，又分为开放曲线与闭合曲线两种。半圆拱券、尖券、抛物线拱、冷却塔的双曲线、中国建筑屋顶举架线、螺旋楼梯线、柱式中的涡饰线均可称为开放曲线。斗兽场的平面、意大利式和法国式的观众厅等属闭合曲线。在文艺复兴时期，古典主义建筑、广场直线较多，巴洛克式则以擅用曲线为特点。

图 2-19 波波尼奇多层住宅，波特盖希，意大利，1966 年

1966 年，意大利建筑师波特盖希设计的波波尼奇多层住宅以一种“文脉”上的理由，不论平面还是形体，都以仿巴洛克作为要点。设计采用曲线来强调门与窗户；用曲线形成起居室中的就餐、团聚、前室等空间（图 2–19）。平面以暖炉和凹形餐桌为中心，由金币式的地面、圆形楼梯、曲线墙面和各种欢快曲线演奏了一场浪漫的乐曲。用曲线处理环境，往往效果强烈。例如明尼阿波利斯联邦储备

银行，整个立面布置了一条抛物线，产生了很强的标志效果。以悉尼歌剧院为例，曲线在造型上起了决定性作用，极具生气感与人情味。曲线的引入会打破环境中直线条所带来的呆板僵硬的感受。即使在规矩的空间内，仅是曲线的墙面装饰、曲线的休息椅、曲线的家具造型、曲线的绿化植物等也都可不同程度地为环境带来改善。另一方面，曲线在设计中的运用要适度，要丰富而不要繁琐，要繁简得当，还要在对比中使用，否则，会使人感到杂乱无章，或给人造成华而不实、不安定之感。

还应注意，在环境中，作为线出现的视觉形象是很多的，有些线应该有意被强调而突出出来。例如，作为装饰的线脚、结构的线条等等（图2-20）；也有些线应是不明显的、淡化了的，如墙面交界线等；也有些是被有意隐蔽起来的，如被吊在天花中的构造、设备的线条；另外，也有些线常被人为隐蔽但仍能从各种关系上感觉到它的存在，例如，展览会上分隔并布置图片的隔板，根据上下露出的一点点柱子及它本身所呈现的水平感就能清楚地感觉到每根柱子的垂直线所在。

图 2-20　叶之门(Leaf Gate)，明 · 费埃(Ming Fay)，纽约 P.S.7 埃尔赫斯特

英国画家荷加斯认为，曲线比直线强，直线由于只是在长度上有变化，因而装饰性最少。他说，波纹线能引导眼睛去追逐其无限多样的变化，所以叫做"美的线条"。温克尔曼（Johann Joachim Winckelmann）说："一个美的身体的形式是由线条决定的，这些线条经常改变它们的中心，因此决不形成一个圆形的部分，在性质上总是椭圆形的，在这个椭圆性质上它们类似于希腊花瓶的轮廓。"他推崇椭圆形的美，当时盛行的巴洛克艺术爱用波形线、椭圆线，似乎也与他们的观点有一定的关系。

我们在这里讨论的线和面之间不存在绝对的界限。当许多线排列在一起，便产生一种面的感觉，这种线的面化处理在环境艺术设计中使用广泛。阿尔伯蒂曾谈到"一排柱子，其实不是别的，而是上面开洞，在若干地方不连续的墙。"线的面化可使立面变得丰富，例如，中国古代建筑的屋顶靠众多的瓦沟线来处理；砖石建筑靠砖石灰缝来处理；抹灰表面靠抹灰分格线来处理；幕墙靠钢或铝合金骨架；框架建筑立面利用框架线等等。

2.1.3　面

从几何的概念理解，面是线的展开，具有长度与宽度，但无高度（图 2-21）。它还可以被看作是体或空间的边界面。点或线的密集排列可以产生面的视觉效果，

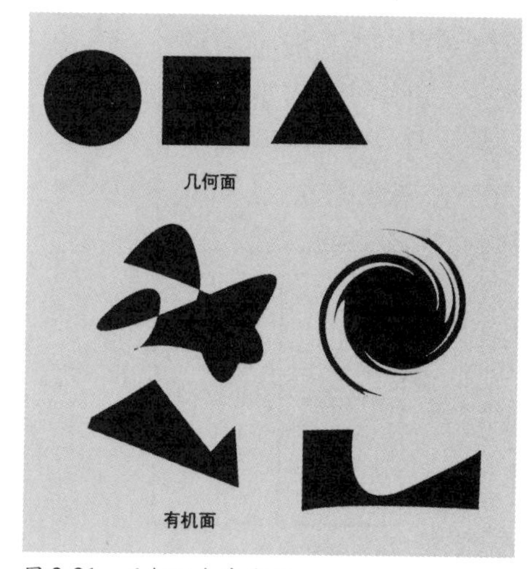

图 2-21　几何面与自由面

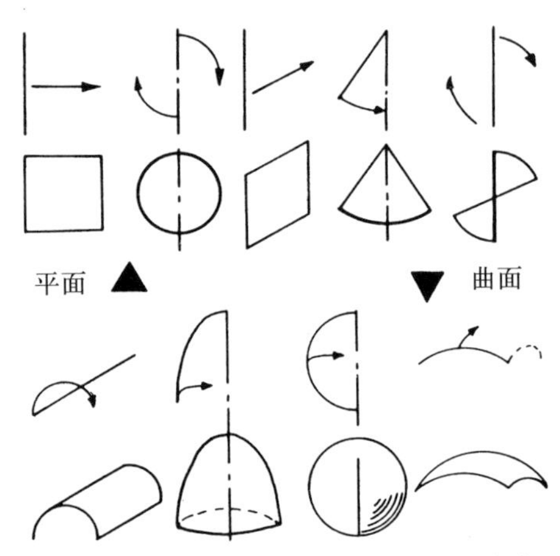

图 2-22　面可以理解为线平移或沿曲线移动、绕轴旋转而成

图 2-23　“瓦西里”椅子用钢管和皮革制作而成(最初用的是帆布)，马塞尔·布劳埃，德国德绍包豪斯学校，1925 年

在一个原有的面上用线可以再划分出新的面（如镜框、橱门玻璃、墙面划分等）。面的表情主要由这一面内所包含的线的表情以及其轮廓线的表情所决定。例如，理查德·迈耶设计的马德里美术馆，可看出他有意强调面的设置，柱子与墙面像是一块块片状的积木；窗子的位置也强调了面的感觉；甚至连阳台板也是挂上去的块面。

面可以理解为线平移或沿曲线移动、绕轴旋转而成（图 2—22）。环境艺术设计中的面有充实面与中空面两类。前者如楼地面、顶棚面、内外墙面、斜顶面、穹顶面、广场地面、园林水面等；后者如孔口、门窗、镂空花饰等。上述面又包括平面、斜面与曲面。

在环境空间中，平面最为常见，绝大部分的墙面、家具、小物品等的造型都是以平面为主的。虽然作为单独的平面其表情比较呆板、生硬、平淡无奇，但经过精心的组合与安排之后也会产生有趣味的、生动的综合效果（图 2—23）。方形与矩形，圆与半圆，三角形与多角形为设计中常用的基本形。方形四边及对角线分别相等，把它连续等分，交替产生 $\sqrt{4}$ 矩形与方形，在环境造型上使用，具有灵活性。它被认为是一种纯粹、静态、向心、稳定、中性、无偏向的面（图 2—24a）。最早用比例对矩形进行研究的是毕达哥拉斯，他在如图（图2—24b）所示的五角星中找出BC/AB=AB/AC=0.618的关系。按此比例做出的矩形优美对称，后被人们称为黄金比矩形。其做法如图（图 2—24c）。黄金比矩形去掉一个正方形AEFD，还是一个黄金比矩形。帕提农神庙、维纳斯雕像都用了黄金比。除这种矩形之外，古典建筑造型还采用 $\sqrt{2}$ 、$\sqrt{3}$ 、$\sqrt{4}$ 、$\sqrt{5}$ 的矩形系列（图2—24d）。$\sqrt{2}$ 矩形之所以常用，原因在于连续二等分永远产生 $\sqrt{2}$ 矩形。它特别适合于需要折叠的物的造型，例如建

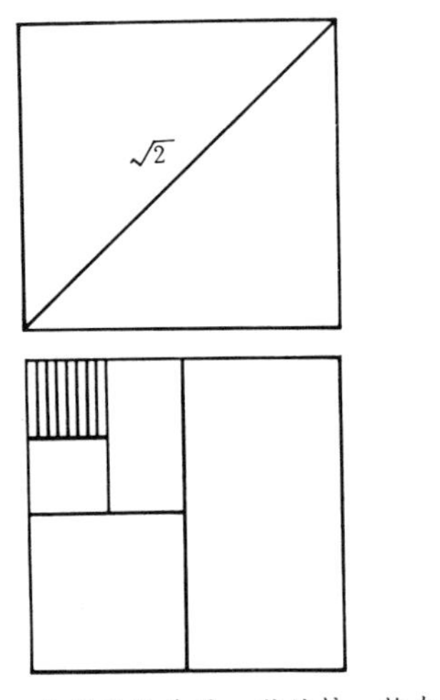

图 2-24a　方形被认为是一种纯粹、静态、向心、稳定、中性、无偏向的面

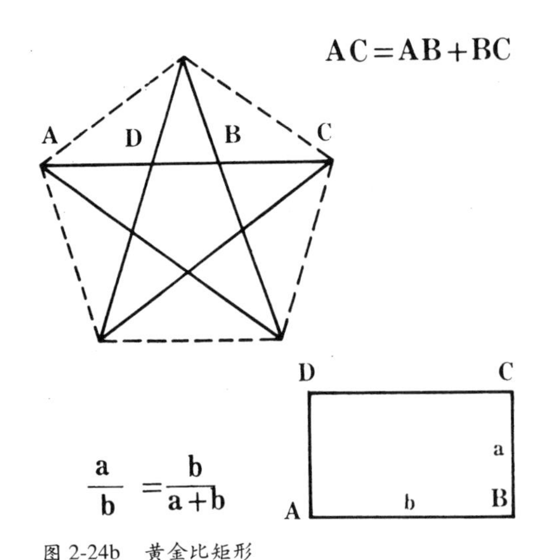

图 2-24b　黄金比矩形

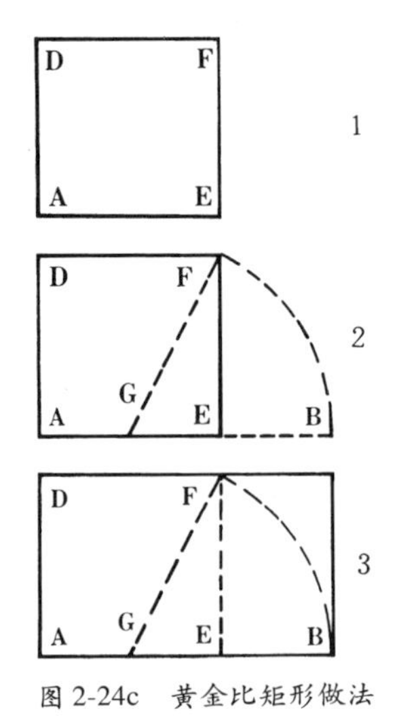

图 2-24c　黄金比矩形做法

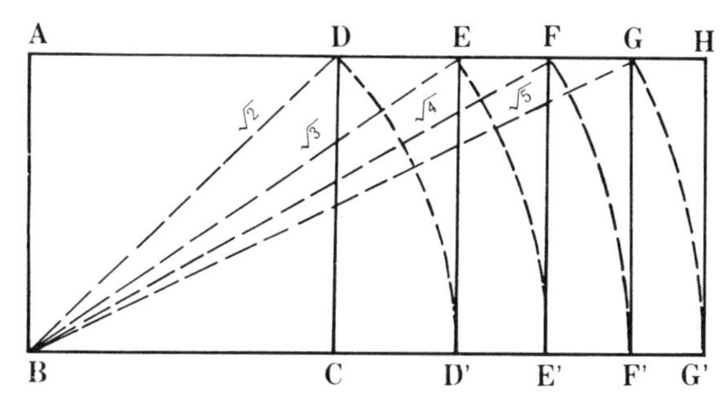

图2-24d　古典建筑造型还采用$\sqrt{2}$、$\sqrt{3}$、$\sqrt{4}$、$\sqrt{5}$的矩形系列

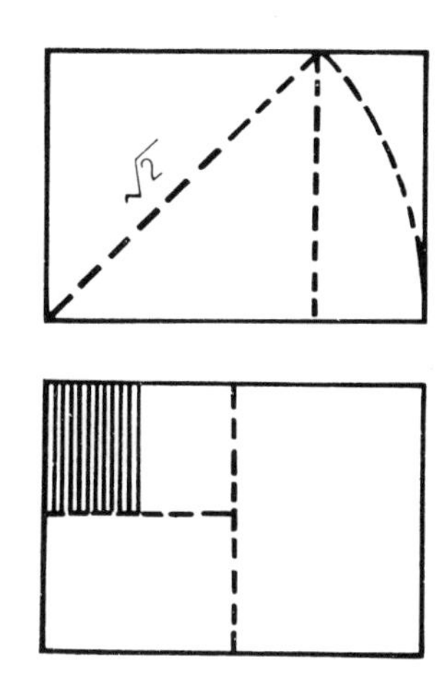

图2-24e　$\sqrt{2}$矩形之所以常用，原因在于连续二等分永远产生$\sqrt{2}$矩形；它特别适合于需要折叠的物的造型，例如建筑施工图纸、印刷品等

筑施工图纸、印刷品等(图2—24e)。$\sqrt{3}$ 的矩形的特点接近于黄金比。$\sqrt{4}$ 矩形边长比为1：2，连续等分交替出现正方形与 $\sqrt{4}$ 矩形，它之所以在建筑上被广泛采用，主要在于便于组合，例如普通砖、面砖、装饰件、铺地、工业生产的钢材、日本建筑平面单元——都采用 $\sqrt{4}$ 矩形(图2—24f)。$\sqrt{5}$ 矩形稍偏长，比值为1：2.22，宽银幕电影即采用这种矩形作画面。圆形与方形一样，有肯定的性质和简单的规律，易于被人掌握。早在原始社会就已出现了圆形窝棚、圆形坑居和叠涩屋。毕达哥拉斯对圆也有特殊的爱好。他说："一切立体图形中最美的是球形，一切平面图形中最美的是圆形。"希腊露天剧场合理的使用了半圆，罗马万神庙采用了圆形平面，顶为半球的造型。后来，奥古斯丁基于"寓多于一"的美学原则，认为圆在最高程度上拥有相等的量，而且富于变化，所以最美。三角形底边大，顶点最小，给人以稳定感。金字塔、希腊神庙、中世纪和文艺复兴时代的很多建筑都采用了三角形构图。贝聿铭设计的美国国立美术馆东馆地段为梯形，贝聿铭把它划分为两个三角形：等腰三角形布置美术馆，剩下一个直角三角形安排艺术研究所的房间。有分就有合，他还在三角形间插入了一个三角形作为中央大厅(图2—25)。

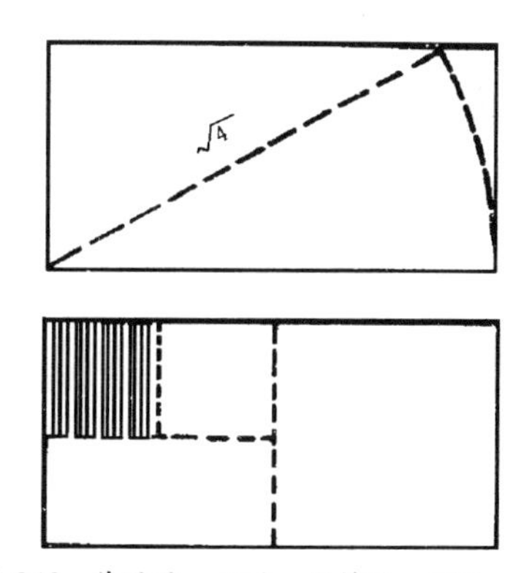

图2-24f　普通砖、面砖、装饰件、铺地、工业生产的钢材；日本建筑平面单元——都采用$\sqrt{4}$矩形

斜面可为规整空间带来变化，给予生气。在视平线以上的斜面使空间显得(比同样高度的方形空间)低矮近人些，所以可带来一些亲切感；而在方盒子基础上再加出倾斜角，较小的斜面组成的空间则会加强透视感，显得更为高远，并引人视线向上，如乡村小教堂的尖顶空间虽小却有很浓的宗教气氛。在视平面以下的斜面常常具有使用功能上较强的引导性，如斜的坡道、滑坡等(彩图32)等这些斜面常具有一定动势，使空间不那么呆滞而变得流动起来。

曲面可进一步分为几何曲面和自由曲面。它可以是水平方向的(如贯通整个空间的拱形顶)，也可以是垂直方向的(如悬挂着的帷幕、窗帘等)，它们常常与曲线联系在一起起作用，共同为空间带来变化。用曲面来限定和分割空间比直面限定性更强。曲面内侧的区域感比较明显，人可以有较强的安定感；而在曲面外侧的

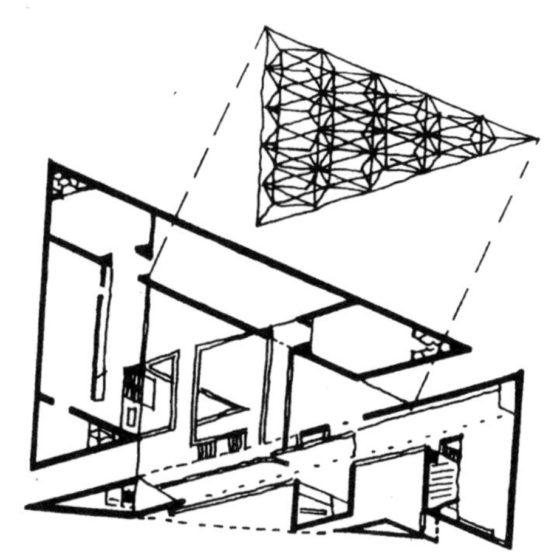

图2-25　国立美术馆东馆，贝聿铭，美国华盛顿特区，1968-1978年

图 2-26　形体与程序 18cm × 18cm × 18cm，Sze Chun Nga

人更多地感到它对空间和视线的导向性。通常，曲面的表情更多的是流畅与舒展，富有弹性和活力，为空间带来流动性和视线的导向性，引导人的视线与行为。[1]现代派建筑师史密斯设计了一所曲线形平面风格的住宅，他常常描述这种曲面所造成的视觉效果说："就像从摇镜头中所看到的电影画面。"大概这就是他们所追求的一种动态的视觉效果。

面作为环境实体与空间的边界面，也即是我们所说的实体表面，是环境艺术形式的一个关键因素。形状各异的实体表面含有丰富多彩的表情，它们是环境形式语言中的极重要的组成部分。面限定了环境实体与空间的三度体积。面的属性（尺寸、形状）以及它们之间的空间关系，决定了环境实体的主要视觉特征，以及它们所围合的空间的感官质量。环境中的面依照相对位置的不同可分为基面、墙面与顶面。任何环境场所都需要基面的支撑，因此基面是环境的重要构图要素。顶面是"帽子"，它或平整或弯曲，或简洁或丰富，对于环境形式均具重要影响（彩图33）。尽管环境中的面，尤其是建筑中的墙面形状要受到内容的制约，但在不违背内容要求的前提下，对面的轮廓线进行推敲，在面上"抠洞"、"削切"，可以使原先呆板、生硬的面，变得有趣、生动起来。有时有必要对大面积的地面、墙面、顶面进行面的划分，调整面的尺度和比例，产生多层次构图，形成更为丰富的表情（彩图 34）。

2.1.4　体

体是面的平移或线的旋转的轨迹，有长度、宽度和高度三个量度，它是三维的、有实感的形体。体一般具有重量感、稳定感与空间感（图 2-26）。

环境艺术设计中经常采用的体可分为几何形体与自由形体两大类。较为规则的几何形体有直线形体，以立方体为代表，具有朴实、大方、坚实、稳重的性格（图2-27a）；有曲线形体，以球体为代表，具有柔和、饱满、丰富、动态之感（图2-27b）；

图 2-27a　三个长方体：主导形、次要形、附属形在空间中三个向度的关系，罗伊娜·里德·科斯塔罗

图 2-27b　球体、圆锥体、圆柱体、长方体：通过轴线放在适当位置来建立视觉的连续性，罗伊娜·里德·科斯塔罗

1 王小慧著．建筑文化·艺术及其传播．天津：百花文艺出版社，2000 年第 1 版 P271

有中空形体，以中空圆柱、圆锥体为代表，锥体的表情挺拔、坚实、性格向上而稳重，具有安全感、权威性(图2-27c)。较为随意的自由形体则以自然、仿自然的风景要素的形体为代表，岩石坚硬骨感，树木柔和，皆具质朴之美(图2-27d)。此外，还有单一形体组合成的复合形体(图2-27e)。所有的形体可以理解为由以下几部分组成：点——几个界面相交处的顶点；线——界面间的相交界面；面——形体的表面，又称界面。

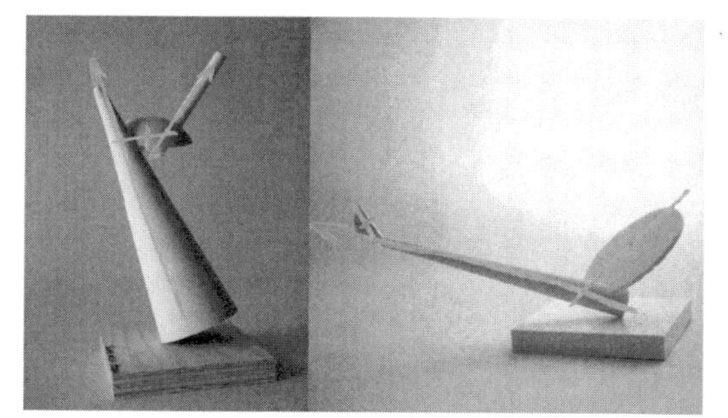

图2-27c　圆锥体、半球体、圆柱体:主导形、次要形、附属形在空间中三个向度的关系，罗伊娜·里德·科斯塔罗

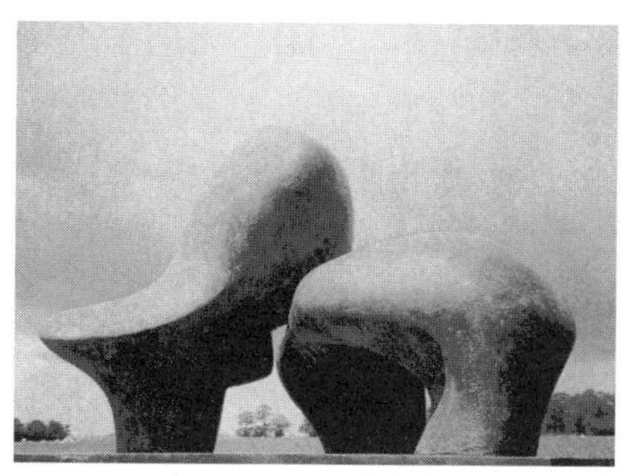

图2-27d　绵羊，亨利·摩尔(Henry Moore)，1971～1972年

图2-27e　剑桥生物医学研究所的叠接花园，玛莎·施瓦茨(Martha Schwartz)，美国 马萨诸塞州

体涉及点、线、面，并且还占有空间。所以，体不是靠一个角度的外轮廓线所表现的，而是由从不同角度看到的不同视觉印象叠加而得的综合感觉的总和。因此，对体的研究与观赏要考虑到视点移动的效果，即加进时间因素。

环境艺术的一个重要特征，就是其表现内容的抽象象征性，一般经常利用较为规则的几何形体以及简单形体的组合，它们是表现某具体环境特定含义、气氛的有效词汇。如室外环境中的建筑组群、园林构筑物、大型浮雕等艺术品、各种景观设施，室内环境中的构造节点、家具、雕塑、墙体凸出部分以及许多器物、陈设品等。“体”常与“量”、“块”等概念相联系。体的重量感与其造型、各部分之间的比例、尺度、材料(表面质感、肌理)甚至色彩有关。[1]具有重量感的体会使其周围(或由体所围合)的空间也具有稳定、凝重的气质。巨大的实体构件往往造就静态与沉重的空间。例如古罗马时期的建筑内部(从平面图上可看出实体比例与尺度之大)，厚重结实的结构墙的限制和不使用小窗使本来很大的空间呈现出独立、庄重、静止之感，充满力量性。

在关于形体的研究中，当然平面布局是极其重要的。布鲁诺·塞维(Bruno zevi)在《建筑空间论》中研究“空间的表现方法”时，首先就提到了平面图形。他说：“平面图仍然是我们要整体地评价一个建筑有机体唯一可利用的图样。”柯布西耶也认为“平面是根本”。他们的观点同样也适用于环境艺术设计之中。但是，为了

1 王小慧著.建筑文化·艺术及其传播.天津：百花文艺出版社，2000年第1版P276

表现三维空间，平面图、立面图、剖面图、模型与计算机虚拟空间结合起来才能在人们与设计者心目中产生具体环境空间的设计效果。

环境造型往往并不是单一的简单形体，而是有很多组合和排列方式。形体组合主有四种方法：

（1）分离组合。这种组合按点的构成来组成，较为常用的有辐射式排列、二元式多中心排列、散点布置、节律性排列、脉络状网状布置等。形成成组、对称、堆积等特征(图2—28a)。

（2）拼联组合。将不同的形体按不同的方式拼合在一起(图2—28b)。

（3）咬接构成。将两体量的交接部分有机重叠(图2—28c)。

（4）插入连接体。有的形体不便于咬接，此时，可在物体之间置入一个连接体(图2—28d)。体型组合会产生主从对比、近似同一、对比统一、对称协调的视觉心理感受，但是它们都有离不开整体性、肯定性、层次性、主从性的一般性要求。

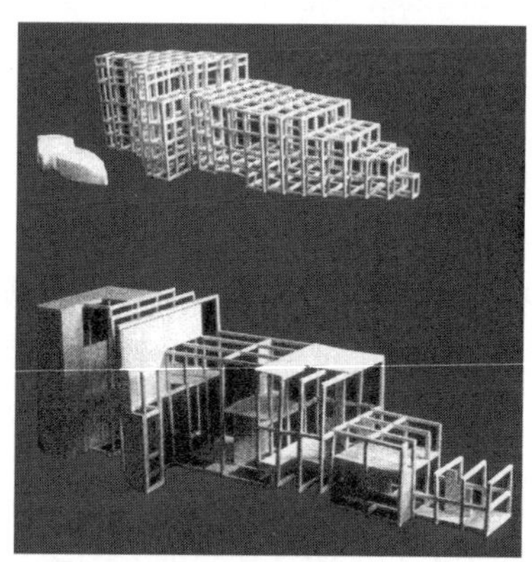

图2-28a　分离组合
图2-28b　拼联组合

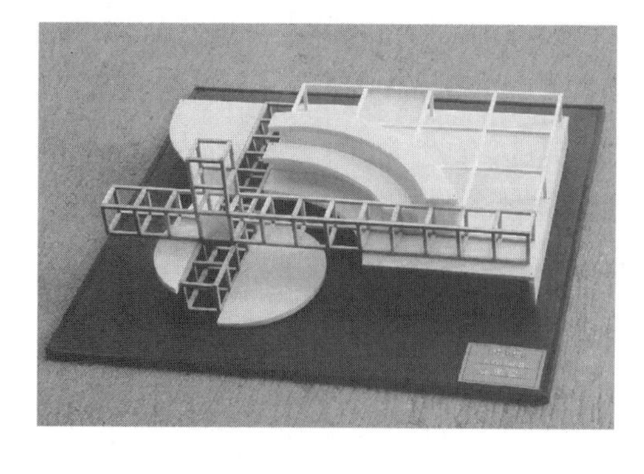

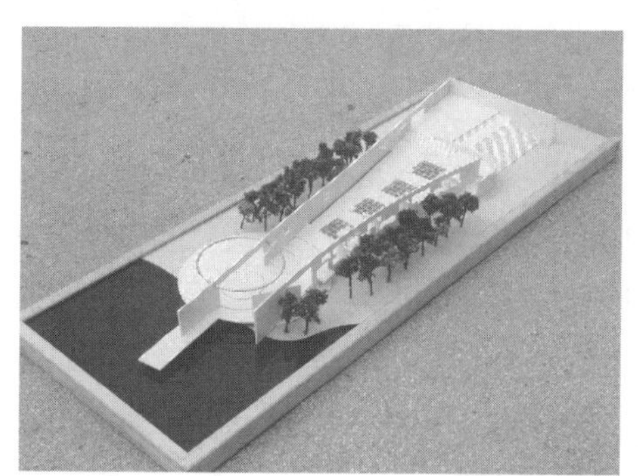

图2-28c　咬接构成
图2-28d　插入连接体

2.2　色

色彩是环境形态的要素之一，它在人的感官与心理上能产生一定的效果与反应。对于环境形态来说，它不能独立存在，而往往依附于形或光而出现，尤其与形的关系密切。与形相比，色彩在情感的表达方面占有优势。人们观察物体时，首先引起视觉反应的是色彩，随着观察行为的进展，人眼对形与色的注意力才逐渐趋于平均。色彩往往给人非常鲜明而直观的视觉印象，因而具有很强的可识别性。色彩是很容易被人接受的，哪怕是无知的小孩，他们对环境的色彩都有反应。所以，马克思说，色彩的感觉是一般美观中最大众化的形式。由于色彩的"注目性"，那些注目性强的色彩常常更能引起人们的视觉注意，即具有"先声夺人"的力量。所以有"远看颜色近看花，先看颜色后看花，七分颜色三分花"之说。色彩有时会使很平常的形体变得富有美感，在一定程度上改变人的视感或加强形的表现力，起到"画龙点睛"的作用。但色彩往往也会受到形的一定限制，只有与形一致，和谐配合，同时又与具体用途及环境恰当搭配时，才能得到理想的表达效果。

色彩学家阿恩海姆（Ruddf Arnheim）认为形和色都具有视觉的两个最独特的功能：它们传达表情，还使我们通过对其的辨认而获得信息。他又写到："说到表情作用，色彩却又胜过形状一筹，那落日的余晖以及地中海的碧蓝的色彩所传达的表情，恐怕是任何的形状也望尘莫及的。"

环境中的色彩问题可以说是色彩学在环境艺术设计中的应用分支，人对色彩的感觉取决于色彩三要素，即色相、明度（色值）、纯度（饱和度）（彩图 35a、b）。它含有物理、生理、心理三方面的具体内容。

2.2.1　色彩的生理和心理效果

色彩是人通过视觉进行感知的，色彩心理物理学的研究结果表明，经过长期的积累会形成色彩的心理效应，即对人的心理有很大的影响，左右人们的情绪和行为。形成初步规律的色彩心理感觉如："温度感觉"（暖色给人温暖感，冷色相反；红色、橙色会让人想起秋天，白色、青色则令人想到冬天）、"重量感觉"（明度高的色彩使人感到轻盈，彩度高的暖色也类似这种感觉，相反则会引起沉重的感觉）、"软硬感觉"（明度高的色彩、暖的色彩显得软些，彩度高的、冷的色彩显得硬些）、"距离感觉"（暖色调、明度高的色彩显得近些，反之则显得远些）、"悲喜感觉"（黑灰色、冷色常使人产生悲伤、压抑的感觉，暖色、彩度高的色彩则反之）。另外色彩还会产生"前进后退感觉"、"膨胀收缩感觉"等等（彩图 36a、b、c、d、e、f、g）。这里的通常情况、效果都是相对的，影响、制约因素都不是单一的，而是复杂多样的。例如冷暖感觉，不仅受色相影响，也受明度与纯度的影响，每一种色彩的冷暖表情只有在其他两个因素相对不变时才看得出来，[1] 而且，一种色彩的冷

1　胡维生编．颜色心理物理学．北京大学试用教材，1981 年

暖效果不仅要看它本身的色彩倾向，还取决于它与周围环境中其他色彩的相互关系，通过比较来识别。

色彩同样对人的心理有很明显的影响，如配色不当会引起人生理上的不适或疲劳，甚至生理紊乱而生病；由于明暗对比等关系，会引起精神上的沉重负担，使精力和视力得不到及时调节和休息。反之，我们也可以利用色彩的合理运用配合病人催眠、治病。生理实验证明，血液循环和肌肉机能在不同色光的照射下会发生变化，"蓝光最弱，随着色光变为绿、黄、橙和红而依次增强"。这与心理学上对色彩的心理效果的观察正好是一致的。例如，在中学校园设计中，教学区特别是教室与阅览室以浅蓝或浅绿色调为主，而娱乐活动区则运用红、黄为主的活泼色调。这正是设计者对人们经验的总结。

2.2.2 色彩的表情和知觉

色彩的表情主要是建立在对以往色彩记忆、色彩象征经验的基础上由联想而产生的，不同的人可以产生不同的或具象或抽象的联想。这是因为不同民族、不同地区、不同的社会群体对色彩的感受、理解存在着差别。日本学者曾做过一些调查研究：一般说，年龄小、阅历浅的人对色彩产生的联想多是具体的，而知识丰富、想像力强的人则容易产生抽象的联想(图2-29)。例如，中国古代人认为黄色是一种象征皇权的高贵色彩，而欧美人却决不会将它视作高雅的颜色看待，因为它是出卖基督的犹大的衣服颜色，而非洲埃塞俄比亚人厌恶黄色，因为这是一种代表死亡的色彩。即便是同一个人，在不同的时代、不同的社会环境、不同的心境、不同的场合下也会对色彩产生相异的联想与不同的选择。比如：童年时代的男孩有可能喜欢红、黄、蓝等鲜艳的纯色构成的房间色调，这种色调常常得不到青年时代的主人的欣赏了(彩图37)。再者，一个人认为室外的青山、绿树赏心悦目，但是并不一定喜欢室内的绿色的沙发、地毯或墙壁。

色彩的知觉是指色彩对人们的知觉有各种不同的作用，主要的作用有：色适应、色彩的诱目性、色彩的认知性等。色适应是指人的眼睛对色彩的变化有个逐渐适应的过程，即由明到暗时，或由暗到明时，会暂时性的看不清物体，过一段时间物体渐渐变得清晰。色彩的诱目性是指即便人们无意识地观看色彩时，也容易引起注视的性质称为诱目性。根据人眼的反应时间，五种色光诱目性的次序是：红>蓝>黄>绿>白。因此，在实际中，表示危险、紧急的信号用红色。诱目性还和环境的背景有关，如果在黑色的背景下，黄色的诱目性最强。因此，在交通危险地带，采用黄黑交叉线条。色彩的认知性，指色彩能够容易地被人的眼睛识别出来的性质称为认知性。同样认知性和背景的关系也很大，主要是和背景的明暗度相异有关，如在黑色的背景下，黄色最为醒目，在白色背景下，紫色最醒目。另

（一）色的具象联想

颜色＼年龄性别	小学生（男）	小学生（女）	青年（男）	青年（女）
白	雪，白纸	雾，白兔	雪，白云	雪，砂糖
灰	鼠，灰	鼠，阴暗的天空	灰，混凝土	阴暗的天空，冬天的天空
黑	炭，夜	头发，炭	夜，洋伞	墨，西服
红	苹果，太阳	郁金香，洋服	红旗，血	口红，红靴
橙	橘、柿	桔，胡罗卜	桔橙，果汁	桔，砖
茶	土，树干	土，巧克力	皮箱，土	栗、靴
黄	香蕉，向日葵	菜花，蒲公英	月亮，鸡雏	柠檬，月
黄绿	草，竹	草，叶	嫩草，春	嫩叶，和服衬里
绿	树叶，山	草，草坪	树叶，蚊帐	草，毛衣
青	天空，海	天空，水	海，秋天的天空	海，湖
紫	葡萄,菫	葡萄，桔梗	裙子，会客和服	茄子，紫藤

（二）色的抽象联想

颜色＼年龄性别	青年（男）	青年（女）	老年（男）	老年（女）
白	清洁，神圣	清楚，纯洁	清白，纯真	清白，神秘
灰	忧郁，绝望	忧郁，郁闷	荒废，平凡	沉默，死亡
黑	死亡，刚健	悲哀，坚实	生命，严肃	忧郁，冷淡
红	热情，革命	热情，危险	热烈，卑俗	热烈，幼稚
橙	焦燥，可爱	下流，温情	甜美，明朗	欢喜，华美
茶	幽雅，古朴	幽雅，沉静	幽雅，坚实	古朴，朴直
黄	明快，活泼	明快，希望	光明，明快	光明，明朗
黄绿	青春，和平	青春，新鲜	新鲜，跳动	新鲜，希望
绿	永恒，新鲜	和平，理想	深远，和平	希望，公平
青	无限，理想	永恒，理智	冷淡，薄情	平静，悠久
紫	高贵，古朴	优雅，高贵	古朴，优美	高贵，消极

图2-29 色彩表情因色彩联想而生

外，正因色彩的认知性，人们对色彩才会产生诸如“冷暖”、“进退”、“膨胀与收缩”等感觉。

色彩中的象征意义也能被人们认知。早在汉代的“阴阳五行说”中，人们就已经认识到色彩的象征意义。这对中国古代建筑色彩的应用影响很大（其中还包含有色彩的情感表现，甚至与音符及味觉的对应关系）。如“东”、“西”是方向，“喜”、“乐”是情感，“酸”、“苦”是味觉，“青龙”、“朱雀”等则是象征意义了。色彩的象征是指特定的色彩意味着特定的具体内容，它常在历史、地理、宗教、制度、风俗习惯等方面显示出来，象征的内容各民族、各时代不尽相同，有时相差很大，例如：黄色在中国象征高贵而在巴西表示绝望，白色在中国是丧事中常使用的色彩而在印度象征吉庆等。当然，世界上也有很多色彩有共同的象征意义，如红色象征暴力、革命，黑色象征死亡等等是许多国家与民族共同的。现代国际上又规定了一些通用的色彩象征意义，用于工业、交通、医学、旅游等领域，如红色表示高度危险、黄色表示注意、绿色表示安全、紫色表示放射能等等。在不同的环境、不同的要求下，应该利用色彩的不同的象征意义，使人们认知到它们传达的信息、表达的意义。

正因为色彩具有表情与知觉性，色彩在环境艺术设计中常常发挥预示功能（设计者可以利用色彩的象征和人们的习惯心理对不同环境实体施色，预示其性质、格调，表达某种情感与象征）、调和功能（按一定的构思来调配色彩，表现出一种主调，创造出一定的环境艺术风格，利用色彩加强空间的统一）、纯化功能（利用色彩的光色效应、空气透视和三维幻觉来强化空间感，烘托环境气氛）的作用。

2.2.3 环境色彩匹配

对于环境的色彩匹配，不是指单纯美的、抽象的色彩关系就可以直接应用，也不能生搬硬套心理物理学的实验结果。早在明代，散文家张岱在《陶庵梦忆》中有关“不二斋”的一段描述说：“不二斋，高梧三丈，樾千重，墙西稍空，腊梅补之，但有绿天，暑气不到，后窗墙高于槛，方竹数竿，潇潇洒洒……”这不到三百字的描写与中国的传统民居风格是一致的，意境是吻合的。这里体现了中国人的传统精神。同传统的中国画一样，传统民居注重时间、空间、色彩的变化。黑、白、灰成为江南民居的主色调，也同中国传统绘画有着极好的契合。这黑、白、灰的色彩组合，在特定的江南绿色的映衬下平淡得以至“奇绝”。环境色彩要求综合考虑各个因素，要求色彩构成关系既要服从整体色调的统一，又要积极发挥色彩之间的对比效应，做到统一而不单调，对比而不杂乱，达到生动、和谐的有机协调。我们居住的环境中单一的混凝土、沥青和玻璃色彩显得呆板、枯燥而缺少人情味。相反，如果建筑物、桥梁、户外广告、路灯、车辆等都是五颜六色的，则又造成色彩混乱，使人头晕目眩，异常烦躁。因此出现了“环境色彩学”的研究课题。世界上许多城市的市政管理机构对建筑物、道路等主要环境实体的色彩基调做出了限制性规定。例如，伦敦较为成功地对城市色彩进行了有效把握，建筑、街道基本上采用中灰、浅灰色调，而公共汽车、邮筒、电话亭、路牌则选用鲜红等色，使环境在色彩对比中显得温文尔雅、亲密生动。但是，如果不考虑面积效果，将实验室中的小色块的色彩大面积地使用，而且不顾及与周围其他色彩的关系，这样的结果往往与设计的初衷相背。

色彩的匹配就是两种以上的颜色在环境中以各自的位置、色调面积进行组合、安排，使它们之间保持协调(彩图38)。协调即配色让人感到舒服，是通过对比变化中求统一而得的。色彩配色的协调有类似协调与对比协调两种(图2—30a.b)。类似协调是在统一的前提下求变化，如采用红色为主调时，与相邻的紫色匹配则协调，同时两种色彩还有着一定的对比。类似协调中还包括同一协调，比如利用不同的黄色组成的协调。对比协调是在变化中求统一，即将变化放在首位，如采用不同的色相红与绿的对比，在使用这种对比时一定要保持一种色彩始终占据支配地位(这种支配地位与色相、明度、纯度、色彩面积有关)，这样才能使其他颜色衬托主体对象，不会引起“乱调”，从而获得变化中的协调效果。这种对比协调包括秩序对比(又称几何对比，指在色环上构成一定几何关系的几种色彩组成的对比)、互补对比(指在色系中，对应的处于补色关系的色彩构成的对比协调)与无彩对比(指运用黑、白、灰组成的无彩系对比)。

环境色彩设计较为复杂，自由度相对受到限制，设计者不仅要遵循一般的色彩对比与协调的原则，还要综合考虑具体位置、面积、环境要求、功能目的、地方

图2-30a　欧洲迪斯尼乐园，德里克·洛夫乔伊合作者事务所，法国 巴黎
图2-30b　地砖铺地，日本东京

特色、民族特点、传统风俗、服务对象的具体意愿等因素，并尽可能利用材料本身的色彩、质感和光影效果，丰富和加强色彩的表现力，更好地传达色彩信息与意义(彩图39)。

我们在进行环境色彩匹配的设计中还应注意：色彩要有共性、显明性、主从性，要考虑风俗习惯。

以上叙述的是人们在长期实践中，积累了一些环境艺术设计中色彩应用的原则和经验，我们要学习这些经验但不要过分拘泥于这些现成常规中。色彩具有时空性，具有较强的流行性，时代不同、地域不同，色彩运用有较大的差异，老北京城的金黄色与黑灰色的组合与新城是迥然不同的；瑞士绿丛中点缀的红蓝屋顶与纽约的各种灰色高层建筑也是相去甚远的。另外，我们知道，广告设计是一种创意设计，同样，环境色彩设计也应有创意，有时一些巧妙的，并不常用的色彩搭配会产生意想不到的效果(彩图40)。欧洲设计师常会请些专业的色彩专家做环境色彩设计的顾问，他们常喜欢按比例做成缩小的活动纸样，将不同的色彩搭配作比较，选取最令人满意的方案。

2.3　光

环境艺术设计中的形体、色彩、质感表现都离不开光的作用。光自身也富有美感，具有装饰作用。我们这里谈到的“光”的概念不是物理意义上的光现象，而是主要指美学意义上的光现象。

2.3.1　光作为照明

环境中的光大致可分为自然光和人工光两类，自然光主要指太阳光源直接照射或经过反射、折射、漫反射而得到的(图2–31)。太阳是取之不尽的源泉，它照亮了世界，照亮了环境的形体和空间。随着时间和季节的变化，日光又将变化的天空色彩，云层和气候传送到它所照亮的表面和形体上去，进一步形成生动明亮的物体形象。阳光通过我们在墙面设置的窗户或者屋顶的天窗进入室内，投落在房间的表面，使色彩增辉、质感明朗，使得我们可以清楚明确地识别物体的形状和色彩。由于太阳朝升夕落而产生的光影变化，又使房间内的空间活跃且富于变化(图2–32)。[1]阳光是最直接、最方便的光源，它随时间不同而变化很大，强烈而有生气，常常可以使空间构成明晰清楚，环境感觉也比较明朗而有气魄(彩图41)。自

图2-31　图像空间-铅笔素描

1 李砚祖主编，张石红、李瑞君等编著．环境艺术设计的新视界．北京：中国人民大学出版社，2002年第1版 P42

然的阳光是最适合人类活动的光线，人眼对日光的适应性也最好，有益于人们的身心健康，具有杀菌、取暖和干燥作用，但是过量的日照也带来如产生眩光、炙伤皮肤、气温过高等负面作用。

我们对太阳光的利用却是有限制的，在太阳落山或者遇到恶劣天气，我们就需要运用人工的方法来获得光明，在获得这个光明的过程中，先辈做出的努力，要远比直接摄取太阳光付出的代价大得多。从自然中采取火种（火光可以说是最原始的人工光了），到钻木取火、发明火石和火柴，直到获得电源，这段历程可谓漫长而曲折。最终，电灯给人类带来了持久稳定的光明，并使得今天的人类一刻也离不开电源。现在的人工光源的种类越来越多，也越来越先进了。人工光源可产生极为丰富的层次和变化，设计的手法相对较多，也有很多不同的效果。首先，人工采光要求适当照度。所谓适当照度，即根据不同时间、地点，不同的活动性质及环境视觉条件，确定照度标准，这些照度标准，是长期实践和实验得到的科学数据。在这一方面，要注意四个方面的问题：①光的分布；②光的方向性与扩散性；③避免眩光现象；④光色效果及心理反应。

对于环境艺术设计而言，光的最基本的作用就是照明（图2−33）。适度的光照是人们进行正常工作、学习和生活所必不可少的条件，因此在设计中对于自然采光和人工照明的问题应给予充分的考虑。环境场所必须根据具体情况维持适当的亮度。例如：合理的窗口、位置与面积，窗子采用透光系数多大的材料，以及内壁采用反光系数多大的材料，光源的数量和种类等。正是光的存在才使我们的眼睛看到对象的形状、大小、轮廓，材料的质感、肌理、色彩、相互关系以及位置

图 2-32　岩石教堂(Stone Church)，变幻无穷的光影，Timo Suomalainen，Tuomo Suomalainen，芬兰赫尔辛基

图 2-33　光影训练-彩色铅笔

等等。光的照明有助于我们观察与认识空间环境。光的千变万化效果取决于很多因素，如：物体表面的不同质感的材料（反光程度相异）、物体的色彩不同（对于光的吸收与反射程度也不尽相同）、物体离光源的远近关系等。另外，光源的性质、特点也不尽相同。

人的视觉往往对较亮的物体更敏感。设计中常常将视觉重点用较强的光来照射，使其更加突出、醒目。如入口处、标志物、重点装饰等，并利用反差将不想被人注意的部分放于暗处，从而使观者在视觉上忽略，达到去芜存菁、强调主题的作用。例如，火车站内的车况显示屏，本身的颜色要突出，背景应以暗色为主，且不给予强的灯光，使人在较为拥挤的环境中很容易注意到它；在公共环境中，亮部指示由于吸引人的视线，造成一种导向作用，这种引导是比较自然，而且有效的。

环境中照明的方式有泛光照明（指使用投光器映照环境的空间界面，使其亮度大于周围环境的亮度。这种方式能塑造空间，使空间富有立体感。）、灯具照明（一般使用白炽灯、镝灯，也可以使用色灯）、透射照明（指利用室内照明和一些发光体的特殊处理，光透过门、窗、洞口照亮室外空间）（彩图42）。

近来，有的设计者只注意光的数量，尽可能地争取日照、增加光源，简单化的无美感可言的光照强度甚至超过了人的生理需求，引起使用者的不适感与浪费。也有的设计者狂热追求光的“丰富”的变化效果，堆砌不同种类的光源，追求所谓“灯火通明”、“灯红酒绿”的摩登色彩，而不注意光的质量。对此，米歇尔·布朗曾经指出过：“本世纪的建筑，尤其是以国际式为代表的建筑，对这个问题并未给予很大注意。这个世纪所强调的，实际上是开设愈来愈大的玻璃窗，强调增加采光量，却很少讲究采光效果。”在光的设计中需考虑到各种因素：

（1）空间环境因素，包括空间的位置，空间各构成要素的形状、质感、色彩、位置关系等。

（2）物理因素，包括光的波长和颜色，受照空间的形状和大小，空间表面的反射系数、平均照度等。

（3）生理因素，包括视觉工作、视觉功效、视觉疲劳、眩光等。

（4）心理因素，包括照明的方向性、明与暗、静与动、视觉感受、照明构图与色彩效果等。

（5）经济和社会因素，照明费用与节能，区域的安全要求等。

2.3.2　光作为造型

光不仅用于照明，它可以作为一种辅助装饰形与色的造型手段来创造更美好的环境，光能修饰形与色，将本来简单的造型与色彩变得丰富，并在很大程度上影响和改变人对形与色的视觉感受；它还能赋予空间以生命力（如同灵魂附着于肉体），创造各种环境气氛等。光自身具有透射、折射、反射、散射等性质，同时又具有质感和方向性，在特定的空间内会产生多样的装饰作用与不同的表现力，如强弱、明暗、柔和、对比、层次、韵律等，也会赋予人们不同的心理感受，如凝重、苍凉、舒展等。

光色是重要的照明与造型手段。暖色光：在展示窗和商业照明中常采用暖光型与日光型结合的照明形式，餐饮空间多以暖光为主，因为暖色光能刺激人的食欲，并使食物的颜色显得好看，使室内气氛显得温暖；住宅多为暖光与日光型结合照明。冷色光：由于使用寿命较长，体积又小，光通量大，易控制配光，所以常作为大面积照明方式，但必须与暖色光结合使用才能达到理想效果。日光型：显色性好，露出的亮度较低，眩光小，适合于要求辨别颜色和一般照明使用，若要形成良好气氛，需与暖光配合。颜色光源：由惰性气体填充的灯管会发出不同颜色的光，即常用于商业和娱乐性场所的效果照明和装饰照明。

在建筑领域，许多优秀的建筑师，如阿尔托、莱特、柯布西耶、贝聿铭、霍莱茵、夏隆、丹下健三、安藤忠雄等（如丹下健三的日本代代木体育馆，夏隆的柏林音乐厅），他们的作品之所以能给人以完美的感受是与光的充分利用，挖掘其表现力分不开的。尽管他们在处理不同问题时的具体手法是不同的，但他们都注重光在设计中的地位，善于控制与把握它的各种效果。正如波特曼在其著作中讲到的"建筑师在设计时应理解各种光线的质和量对空间所引起的影响以及对人所产生的效果。"有时光本身甚至不是一种辅助手段，而是作为表现主题之一出现的。如柯布西耶的朗香教堂（图2—34a、b）、安藤忠雄的光的教会（图2—35）。

环境实体所产生的庄重感、典雅感、雕塑感，使人们注意到光影效果的重要。环境中实体部件的立体感、相互的空间关系是由其整体形状、造型特点、表面质感与肌理决定的，如果没有光的参与，这些都无从实现。建筑师冈纳·伯凯利兹说："对于我，没有光就不存在空间。"在室内环境中，有些节点细部、家具、陈设、饰物特别是装饰艺术品如雕塑、壁挂，在比较重要的视觉位置上，更需要用

图2-34a 朗香教堂 室内，勒·柯布西耶(Le Corbusier)，法国，1951年
图2-34b 朗香教堂 室内戏剧化光线(电脑模拟，William Mitchell提供)，勒·柯布西耶(Le Corbusier)，法国，1951年

适当的光的渲染来表现，加强它的个性与特色。你一定会有这样的印象，在美术馆的展厅里，常常在漫射的顶光（或天光）中再加上局部的、与作品相匹配的辅助光照，来辅助表现作品的美感特性。

材料的质感与肌理表现，更离不开光的配合作用。摄影家本·克莱门茨将用视觉渠道而感受到的触觉性称为“视觉质感”，并指出：“在视觉可辨范围内的任何明确变化都能产生出一种视觉质感：强光、层次、反射光和阴影——所有这一切都是和质感有关的因素。”“由于质地对视觉形象和情感状态的影响十分强烈，所以……从事视觉艺术的艺术家对它的效果不能漠然处之。”[1]优秀的雕塑家在创作雕塑作品时，都会考虑到在光的影响下的质感表现，而且常常还运用对光的反射程度迥异的不同材料组合来形成动人的强烈的质感对比（图2-36）。另外，在我们欣赏木雕、陶艺作品时，光的应用失败会大大减弱其美的特性，而在设计得很好的光的烘托下会显得令人惊奇的出色，很多细节，诸如木头、陶土烧制后的肌理效果更是妙不可言。浮雕作品中侧光的应用往往是成功的，正面光的效果则糟糕不堪。光还可在一定程度上改变某些材料的视觉质感，并使它产生在冷暖、轻重、软硬上的感觉微妙变化。

光进一步的造型表现是光雕、光的壁画等。它们是借助于光来造型的典型的例子，如埃罗·沙里宁设计的麻省理工学院小教堂的室内光雕，在这里光是虚的造型，是灵魂（图2-37）。

图2-35 光的教会，安藤忠雄，日本

图2-36 霍奇米尔科生态公园，马里奥·谢赫楠，墨西哥 墨西哥城

图2-37 麻省理工学院(MIT)克雷斯吉纪念教堂，埃罗·沙里宁，美国马萨诸塞州 坎布里奇，1952～1956年

1 [美] 本·克莱门茨、罗森菲尔德著，姜雯、林少忠、李孝贤译.摄影构图学.北京：长城出版社，1983年第1版

2.3.3 光作为装饰

光除了对形体、质感的辅助表现外，光自身还具有装饰作用(彩图43)。即光影本身的造型效果，它往往是与实体共同作用的。例如在日本建筑师安藤忠雄等人的作品中，本来平淡无奇的结构排列在一起，在阳光的照射下，结构本身的立体感明显了，也为墙面和地面洒下了条条阴影，这种明暗变化形成了视觉上的虚实对比，也强调了建筑的结构感和空间深度，往往给人明确、丰富的印象。这与中国古典园林中江南园林粉墙竹影有着异曲同工之妙，传达的则是完全现代的感受。假如是人工光，也可不强调光源或是干脆将其隐藏而突出光自身的特点。这时的光也作为一种形的表现，起到独特的装饰作用(图2—38a)。不同种类、照度、位置的光有不同的表情，光和影也可构成很优美的并且非常含蓄的构图，创造出不同情调的气氛。这种被光“装饰”了的空间，环境不再单调无味，而且充满梦幻的意境，令人回味无穷。在舞台美术中，打在舞台上的各种形状、颜色的灯光是很好的装饰造型元素。

与“见光不见灯”相反的是“见灯不见光”的灯的本身的装饰作用，将光源布置在合适的位置，即使不开灯，灯具的造型也是一种装饰，例如许多西洋古典建筑内中的大型吊灯，以及街道两边的路灯，广场上的广场灯，园林中的一些作为工艺品装饰的灯具等。当然，更多的例子是将光与灯二者结合起来，取得最好的效果(图2—38b)。

光对环境气氛的烘托是光的极为重要的一种作用与特性。光的这种作用犹如绘画与摄影中画面的调子，特别是在决定感情基调方面。例如在室内环境中，往往

图2-38a 光点式装饰商业环境

图2-38b 灯柱，澳大利亚墨尔本

在暗的大片底色背景中用局部响亮的强光照在精致的形上，所表达的这种感觉，类似油画创作中的“低长调”，美术馆、音乐厅、剧院、夜色中的广场、公园常用此手法。另一方面，光线也可以以“亮”的主调表达，配合缤纷的色彩，如大型超市、富丽堂皇的酒店、儿童乐园等。“光可以创造不同的环境气氛，可以是柔和朦胧、安静幽雅的；也可以是刺激醒目、活跃纷繁的；可以是温柔或抑郁的，也可以是冷峻或热烈的……”[1]

光的设置可使一个环境的整体感受受到巨大影响，波特曼认识到：“在一个空间周围的光线能改变整个环境的性格。”音乐酒吧不同的灯光设置，强的灯光打在乐队演奏的位置上强化了视觉中心的效果，次之的较强光打在吧台上，幽雅的灯光用在吧座与桌子的位置，使客人产生很强的安定感。这样一个整体的空间被划分为不同的区域，整体的环境中产生几个子环境。迪斯科舞厅中常用的反光球灯将各色投射灯的集中反光反射到空间各处，整个环境变得凌乱、细碎，人只能从瞬时照亮的部分看到片断的印象中得到一种眼花缭乱的效果，光可以使物体的轮廓及细部清晰，也具有淹没物体的能力，由于“边界被隐藏，轮廓变得模糊，有些部分连成一片，前后距离分不清楚，虽减弱了线条与立体感，整体感往往得到加强。”将琐碎的部分隐藏于暗部，并用局部较为明亮的光来求变化，常常可得到很好的视觉效果。

环境气氛的创造离不开光与色的综合作用(图2-39)。印象派绘画以来在绘画理论中常讨论环境色的问题，光源色实际上是一种重要的环境色。自然光的色彩倾向在一天中随日照总是在变的，清晨偏暖呈桔色倾向；傍晚偏冷呈微紫倾向；这期间则呈中性。但微小的变化每时每刻都在进行，还受到晴天、阴天、云彩等因素的影响。不同种类的灯光也有不同的色彩倾向，例如常见的白炽灯偏黄偏暖，荧光灯偏蓝偏冷，霓虹灯更是五光十色……一定的色光可在环境中形成一种主调，它可使室内各物体的色彩得到一定的调和而和谐。色彩倾向明显的光如舞台灯光甚至可以完全改变环境的色彩。在强调绿色的今天，在没有更好办法的情况下，利用色彩、色光渲染来进行心理的调节作用，也不失为一种方法。

图2-39　带有蓝色“星空”的酒吧，西班牙

光的照明、造型、装饰的作用，在城市灯光环境艺术设计中得到集中体现(彩图44)。构成灯光辉煌的环境除了建筑物的灯光外，就是街道和广场的室外人工光源。街道的照明首先是满足行人使用上的要求，同时也与店面、广告牌的照明协调好，赋予其视觉审美性。广场的光设计，应根据其大小、形状、内环境、周围环境确定其方式，在环境气氛上注意景观的主次，同时考虑周围建筑物的光效，避免眩光。公园的照明应根据各景点的功能确定光的设计，可以浓密的树木作为背

1　王小慧著.建筑文化·艺术及其传播.百花文艺出版社，2000年第1版 P237

景来表现小品、雕塑、纪念碑的轮廓、明暗和韵律。公园灯具的形式应配合绿化环境的设计。在进行绿地与水面的光设计时，应保证夜间绿地的外观翠绿、鲜艳、清新并注意与灯光的色彩相结合；绿地的照明灯宜用汞灯、荧光灯等。表现树木时，应采用低置灯光与远处的灯光相结合；水面包括水池、喷泉、瀑布等，常常在其周围设置合适角度的照明设施，灯光映在水面上，形成倒影，波光粼影，显示梦幻效果，造就一个整体的迷人环境。1999年以来，北京天安门广场、东西长安街和王府井、西单商业区，上海外滩和东方明珠塔的系统光环境塑造都给人们留下了深刻的印象(彩图45a.b)。

城市照明是环境艺术的重要组成部分，可称之为城市灯光环境，而不应简单理解为城市夜景照明。它是主要通过人工光源对城市环境再塑造，是灯光艺术与技术相结合的产物，是城市文化和精神的一种再现。

2.4 质感与肌理

图2-40 A2底板上构成的材料拼装，Chung Ho Wai

环境中的材质美感有时如同穿衣一样，对于衣料的质感，有人喜欢丝质的纤细，有人却偏好麻料的粗糙。通常所说的质感就是由材料肌理及材料色彩等材料性质与人们日常经验相吻合而产生的材质感受(图2-40)。肌理就是指材料表面因内部组织结构而形成的有序或无序的纹理，其中包含对材料本身经再加工形成的图案及纹理(图2-41)。另外，构成环境的各要素之间所形成的一种较大范围的富于韵律、协调统一的图案效果也可称作肌理。如果俯瞰欧洲的一些市镇，你会发现建筑与街道共同形成一种城市肌理效果(图2-42)。

每种材料都有它的特质，不同的肌理产生不同的质感，表达着不同的表情。生土建筑有着质朴、简约之感；粗糙的毛石墙面有着自然、原始的力量感；钢结构

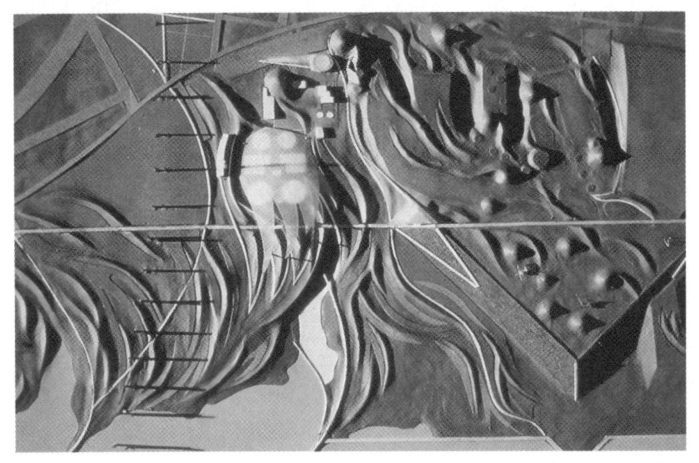
图2-41 国际公园设计创意比赛概念模型，哈格里夫斯联合事务所，葡萄牙 里斯本

图2-42 Palmanova市镇设计，意大利，17世纪

框架给人坚实、精确、刚正的现代感；光洁的玻璃幕墙与清水混凝土的表面一般令人感到冷冰冰、生硬而缺乏人情味，强调模板痕迹的混凝土表面则有人工赋予的粗野、雕塑感的新特性；皮毛或针织地毯具有温暖、雍容华贵的性格；木地板有温馨、舒适之感；磨光花岗岩地面则具有豪华、坚固、严肃的表情；英国工艺美术运动中的石材、铁花与植物纹饰的墙纸具有手工艺的丰富表情(图2—43)。所以，在设计中材料与造型一样是表达构思的有力手段，在居室设计中，不同的材料与色彩配置会使同样形式的空间产生不同的情调。

图2-43 怀特威克庄园住宅，爱德华·奥尔德，英国斯塔福德郡伍尔夫汉普顿区，1887～1893年

中国古典园林中的"一池三山"，将水与石(肌理与质感的两极化代表)应用得非常广泛，清代郑绩在其《梦幻居学画简明》中说："石为山之骨，泉为山之血。无骨则柔不能立，无血则枯不得生。"不仅如此，即使同样是石，肌理效果也颇为讲究，黄石质坚，垂直节理发育好，石面如刀削斧劈，棱角分明。因此，黄山假石具有浑厚坚挺，陡峭奇险的气势；而太湖石质软圆润，外形起伏多姿，湖石山也就具延绵奔走的气势，如苏州的环秀山庄(彩图46)。

丹麦设计师克林特(Kaave Klint)指出："用正确的方法去处理正确的材料，才能以率真和美的方式去解决人类的需要。"如今，设计者在设计构思的同时就要考虑到包括材料在内的整体效果：从材料拼接方法、节点构造、表面处理到视觉装饰效果。他应当擅于发现并利用不同材料的特征，完善其作品，如赖特用砖石，阿尔托用木材，柯布西耶用混凝土，密斯用钢和玻璃。赖特在其草原式住宅中喜欢用粗糙的材料，像天然石头、未经表面细化处理的木头、砖、皮毛、地毯等，材料肌理的对比，产生生动活泼、富有变化的质感。柯布西耶的印度昌迪加尔会议厅和法院，粗犷的雨篷，构件交接处的粗鲁"碰撞"，表面粗大的颗粒和清晰的模板留痕，使建筑体量沉重、富有雕塑感。斯特林在德国斯图加特设计的博物馆，石材的粗糙厚重和玻璃框的精巧细致，形成对比而产生丰富的美感。另外，在环境的细节中，例如德国班尼区为慕尼黑奥运竞赛场设计的帐篷结构，具有薄壳与铆钉结合的肌理美感(图2—44)。

图2-44 慕尼黑奥运竞赛场的帐篷结构，班尼区(Gunter Behnisch)，德国慕尼黑，1968～1972年

在环境中，各种装饰小品也在谋求材料的质感变化，以雕塑为例，欧洲园林中水池中常设置雕塑，其效果类似中国园林的"一池三山"，巴黎蓬皮杜艺术中心侧广场中的水池和喷泉(图2—45)，极富意味的日本枯山水也具异曲同工之妙(图2—46)。雕塑家注重外部空间的雕塑作品与背景的对比。英国女雕塑家赫普沃思的木雕作品，往往表现出桃花心木，花梨木的固有肌理，这让人联想到非洲木雕的肌理效果。

其他需要注意的是，因为环境中具体的位置与视距影响，根据表现的需要，我们来选择质感或粗或细的，肌理或明显或模糊的材料。而没有必要一味地追求精细与所谓"豪华"的高级材料，因为在大多数情况下，"高材精用，低材广用"的兼容组合，才能体现出好的效果。

图 2-45　巴黎蓬皮杜艺术中心侧广场中的水池与现代喷泉，法国

图 2-46　东海庵 枯山水庭院，日本

2.5　声音

声学设计的基本作用是提高音质质量、减少噪声的影响。众所周知，声音源自物体的振动。声波入射到环境构件（如墙、板等）时，声能的一部分被反射，一部分穿过构件，还有一部分转化为其他形式的能量（如热能）而被构件吸收。设计师必须了解声音的物理性质和各种建筑材料的隔声、吸声特性，才能有效地控制声环境质量。要创造音质优美的环境，取决于：一、适度、清晰的声音。二、吸声程度不同的材料与结构（控制声音反射量大小、方向、分布，清除回声与降低噪声）。三、空间的容积与形状。

声音不仅能满足人们生理上听觉的需求，而且悦耳的声音也是增强环境美感的一个组成元素。荷马史诗名句"像知了坐在森林中一棵树上，倾泻下百合花也似的声音"，表现了从听觉（声音）向视觉（画面）转移的体验。中国古代，音乐的刺激作用、生理功能往往被夸大、被神化。据说，它不但于人有益，而且对生物如马、鹤、鱼以至天文气象都会发生神奇的作用。传说中有所谓"瓠芭鼓瑟，渊鱼出听；师旷鼓琴，六马仰秣"；玄鹤闻"清角"之音"延颈而鸣，舒翼而舞"；晋平公听"清角"风雨大作。[1] 这些说法有些光怪陆离，但也形象地说明了音乐（声

---

1 王充.论衡.感虚篇；韩非子 · 十过

音）对人及其他生命的重要性。中国古典园林中的景致不仅色美、形美、香美，而且还具有声音美。所以很重视风声、雨声、松涛声、竹箫声等声音效果。卧石听松，与听泉并重。人们将泉声当作人间无上的音乐，张九成语"看云自忘归，听泉常永日"。

在现代园林、广场设计中，人们有着回归自然的愿望，引入鸟、虫鸣声。人们常常利用高差建成动水，做成许多水景，有喷泉、瀑布，并且装了许多机关水嬉，被意外淋湿的人的笑声与水声交织在一起，富有生活气息。音乐、喷泉将喷水与音乐结合起来，水柱的高度、形状构成的视觉节奏感与音乐的旋律结合起来，使观者身受感染。现代雕塑也常常动了起来（图2–47），如考尔德的风动雕塑，在复杂的作品里，物体不仅能转动、飘翔，还能变换节拍，甚至发出美的声音。在园林、广场内，有时还设置计时器（如机械钟），增添几分意趣（图2–48）。在儿童游乐园内，如迪斯尼乐园，欢快、有趣的音乐配合娱乐设施，将视听艺术、光幻艺术结合在一起，增强了其感染力。

在无障碍设计中，有屋盖的房子和无屋盖的围墙、实墙和镂空花格窗、高墙和矮墙都能造成不同的声响效果给视残者形成不同的空间感觉。在园林与广场中的喷泉声、风声、鸟鸣声、儿童嬉戏声，对于盲人来说更是宝贵的可共同享受的乐趣。此外，警钟、哨子、蜂鸣器和广播都能提示危险信号的存在或解除，通行或止步等。这些声音对视残者更为重要。

图 2-47　金属发声雕塑，美国芝加哥

图 2-48　天津站前广场 世纪钟，中国天津

2.6　嗅

人类的视觉、听觉、触觉、嗅觉与味觉是我们进行设计的参照。关于环境中的嗅觉主要是指草木芬芳，还有，比如我们在海边的时候，味觉能感受到海水的淡淡的咸味等等。

在中国古典园林中，植物的香景一直备受人们的青睐。园林之香名目繁多。所有这些作用于嗅觉的无形风景信息，加强了园景的动人美丽。清代陈淏子在《花镜》中说到："梅花、蜡瓣之标清，宜疏篱竹坞，曲栏暖阁，红白间植，古杆横施。水仙、瓯兰之品逸，宜磁斗绮石，置之卧室幽牕，可朝夕领其芳馥。桃花夭治，宜别墅山隈，小桥溪畔，横参翠柳，斜映明霞。杏花繁灼，宜屋角墙头，疏林广榭。"又道："梨之韵，李之洁，宜闲亭旷圃，朝晖夕蔼"；"榴之红，葵之灿，宜粉壁绿牕，夜月晓风，时闻异香……"（图2–49）。

由于园林地势起伏，又常被分割成许多小的院落，以至于人们在游览时所闻到的香味往往是淡雅含蓄的，比浓烈的，带有刺激性的香更令人陶醉。

在欧洲，我们从柏拉图的谈话中也找到了希腊民主制度下的公共花园，市民们

图 2-49 园林花

在树荫下，泉水与精致的小路旁，后来又有了大片绿地。人们嗅着草的气息，呼吸着新鲜的空气进行散步、锻炼、游憩、谈心等活动。现代的一些社区公园主要有树木、草地、流水及儿童游戏场，当然，哪怕再简单，也少不了鲜花(彩图47)。

所以，我们在进行公园与广场的环境艺术设计时，尽量远离污染源、清除污染源，并且最大程度地消解具体环境使用后产生死水、卫生死角的可能性，也要充分考虑到环境的维护措施。另外，在室内环境中，特别是大型公共空间如大型商场，设计中要充分解决好自然通风、散热等问题。尽量采用环保型材料，减少有害性气体的挥发。使人们更好地从事上班、上学、休憩、购物、候车、散步、锻炼、游戏、交谈、交往、娱乐等活动。

提示(TIPS)：

1.造型

造型是环境艺术的创造手段。具体的环境艺术形态是依附于特定文化背景的，而特定的文化背景又与当时的审美观念和科技水平相关联。环境艺术的造型体现出的不同文化底蕴，是当地、当时民族意识形态的灵魂。

2.色彩的表示体系

第一个表色系是美国色彩学家A.H.孟赛尔(Albert.H.Munsll 1858～1918年)创立的表色系统，称之为孟赛尔色系，这是目前最常用的表色系。随后又出现了伊登表色系、奥斯瓦尔德表色系、CIE国际照明协会表色系，日本色研表色系(PCCS)等表色系统。

孟赛尔色系主要由孟赛尔色环、孟赛尔色立体两个基本环节构成的，并以此给出了孟氏色标。孟赛尔色环，是将光谱分析得出的颜色按顺序环状排列而成的，在孟氏色环中，有5个主要色相(红R、黄Y、绿G、蓝B、紫P)，在这5个色相中又加入了5个混合色的色相(橙YR、黄绿GY、蓝绿BG、蓝紫PB、紫红RP)，构成10个色相为基本的色环范围，使用时把10种色再各分四分之一，即2.5、5、7.5、10四段，形成40个色相。

孟赛尔色立体是按色相、明度和彩度三属性，把颜色组合成一个不规则的立体形，这个立体形可以帮助我们了解颜色的系统和组织，色立体又被称作色树。

3.调节自然采光

(1)空间通过窗、洞的设置获取自然光。窗、洞一般设在一天中某些能接受直接光线的方向上，可以接受充足的光线，特别是中午时分，直射光可以在室外室内形成非常强烈的光影变化，但是直射光也容易引起眩光和局部过热，强烈的直射光还易使室内墙面及织物等褪色，或产生光变反应。因而窗、洞形式中须用遮光设施予以调控，或通过树木及其他相邻建筑进行调整。在设计中常见调整方式有：①利用遮阳格片的角度改变光线的方向、避免直射阳光；②利用雨罩、阳台或地面的反射光增加室内照度；③利用遮阳板或反射板增加室内照度；④利用对面及邻近建筑物的反射光；⑤利用遮阳格片或玻璃砖的折射以调整室内光线均匀度。

(2)窗、洞也可以避开直射光而开在屋顶，接受天穹漫射的不太强烈的光线，这种天光是一种非常稳定的日光源，甚至阴天仍然稳定。而且有助于缓和直射光，平衡光在空间中的照射水平。

(3)有时为了提高室内的光照强度，控制光线的质量，在采光口设置各种反射、折光调整装置，以控制和调整光线，使之更加充分更加完善地为我们所用。

4.人工采光

通过人工方法得到光源，即通过照明达到改善或增加照度，提高照明质量的目的，称为人工采光。人工采光可用在任何需要增强或改善照明的环境中，从而达到各种功能上和气氛上的要求。

思考题：

1.1997年国际建筑师协会利马会议文件《城市规划设计原理的总结》指出：近代建筑的主要问题已不再是纯体积的视觉表演，而是创造人们能够活动的空间。要强调的已不再是外壳而是内容，不再是孤立的建筑。" 对于这段话，你是怎样理解的？

2.计成《园冶》中"深奥曲折，通前达后"，"相间得宜，错综为妙"，"砖墙留夹，可通不断之房廊；板壁常空，隐出别壶之天地。"钱泳《履园丛话》中"数间小筑，必便门窗轩豁，曲折得宜"。运用本章"形"的有关内容进行解释。

3.通过具体环境艺术设计范例，阐述色彩环境与人的关系？

4.具体环境中，光的作用有哪些？

5.著名现代雕塑家布朗库西曾说：当你雕琢一块石头时你将发现你手中的这块石头的精神及其他属性，你将跟着对这块石头的思索，而展开你的艺术构思。对此，运用本章"质感与肌理"的有关内容进行理解。

第3章
环境艺术设计的程序与表现方式

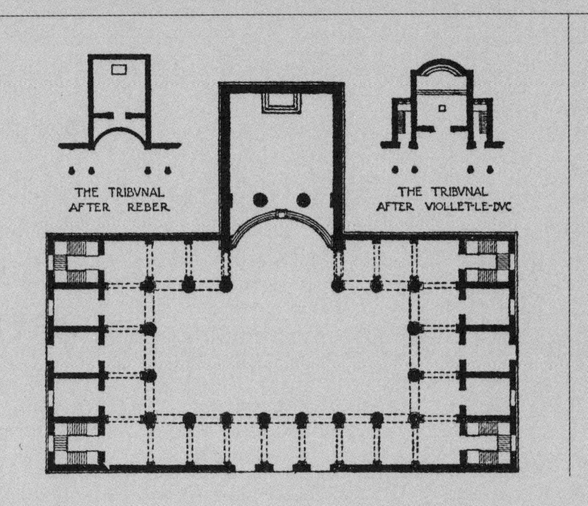

第3章 环境艺术设计的程序与表现方式

3.1 环境艺术设计的程序

环境艺术设计是一系列艰苦的脑力分析与创造思考的过程。它包括了分析思维与直觉思维两种思维形式，并且两种思维形式始终交织出现于设计的全部过程。它们有时互相补充，有时又相互矛盾。互相补充可以激发灵感，产生好的构想，而矛盾冲突却往往使设计出现问题，甚至导致失败。因而，设计应使这两种思维方式取长补短，避免或减弱相互间的干扰和矛盾。合理划分设计步骤有利于我们看清两种思维形式在某一步骤中所占的地位与作用。比如，我们可简单归纳为环境艺术设计包括理性观点（资料归类、数据分析、课题发展、施工常识）与感性观点（造型及形状组合感觉，色彩配置，美学思想表达等）。可见，设计程序是一种步骤的架构，用来协助设计者将工作系统化并尽力找出最理想的设计方案。

环境艺术设计是一项复杂和系统的工作。在设计中涉及业主、设计人员、施工单位等方方面面，涉及各种专业的协调配合，如建筑、结构、电气、给排水、空调、园艺等各种专业。同时，还要得到并通过有关政府职能部门的批准和审查。为了使环境艺术设计的工作顺利进行，必须要确立一个很好的程序。

不过，由于环境艺术设计的复杂性和系统性，所以目前对它的设计程序的分解还未取得完全一致的意见，也不可能达到绝对一致。环境艺术设计程序一般要经过设计和施工两个步骤，可以分为以下几个阶段：设计筹备、概要设计、设计发展、施工图与细部详图设计、施工建造与施工监理、用后评价及维护管理。

3.1.1 设计筹备

3.1.1.1 与业主接触

与业主接触时先作初步的沟通和了解，是设计过程中的第一步，也是设计程序中重要的一步。对业主的爱好要求加以合理地配合与引导，对业主的设计要求进行详实、确切地了解。其主要内容有：环境艺术设计的规模、使用对象、建设投资、建造规模、建造环境、近远期设想、设计风格、设计周期和其他特殊要求等。在调查过程中要做详细的笔录，以便通讯联系、商讨方案和讨论设计时查找。与业主接触的方式可以多种多样，可以采取与甲方共同召开联席会的形式，把对方的要求记录下来。类似的调查会有可能要进行多次，而且每次都必须把要更改的要求记录下来。这些成果可以同业主提出的设计要求和文件（任务书、合同书）一同作为设计的依据。

如有必要，估算设计费用并达成初步协议，以避免日后误解而引发诸多合作上的不愉快，甚至引发法律诉讼问题。

3.1.1.2 资料搜集

项目确立伊始，设计者首先必须了解和掌握各种有关的信息和要求，主要包括两部分：

（1）相关的政策法规、经济技术条件：如，城市规划对环境艺术设计的要求，包括用地范围、建筑物高度和密度的控制等；政府部门制定的有关防火和卫生等方面的标准，市政部门对环境场所形式风格方面的规定，有关方面所能提供的资金、材料、施工技术和设备情况等等。

（2）基地状况：搜集关于基地地形地势，以及基地外部环境设施，如，交通、供水、排水、供电、供燃气，通信等方面的资料，如果相关图文资料缺少，应用仪器测量并绘制基地各种地形地貌图，包括天然的山岳、河流、土壤、植被、地下水、房屋、道路、气象、噪声情况的地形图、平面图、剖面图等各种图表以供应用(图3—1)。

3.1.1.3 基地分析

每一块基地，不管是自然的或人为的都或多或少具有自己的独特性，这既给设计提供了成功的机会，也带来了诸多限定条件。从基地的特点出发进行设计，常常会创造出与基地协调统一、不失个性的设计作品。反之，对基地状况没有深入了解分析，设计中就会处处碰壁，设计很难取得成功。因此，基地调查与分析是环境艺术设计与施工前的重要工作之一，也是协助设计者解决基地问题的最有效的方法(图3—2 a、b、c、d)。它包括以下内容：

（1）自然条件：应考虑的因素有地形、地势、方位、风向、湿度、土壤、雨量、温度、风力、日照、基地面积等。

（2）环境条件：应考虑到的因素有基地日照、周围景观、建筑造型、给排水、通风效果、空间距离、路径动线、维护管理等内容。

（3）人文条件：应考虑的因素有都市、村庄、交通、治安、邮电、法规、经济、教育、娱乐、历史、风俗习惯等。此外，基地分析中还涉及所有者对基地的具体要求、经费状况、材料运用等诸多因素。

当完成基地与环境调查分析与基地实地测量，并绘制好相关的基本图表后，在分析归纳业主需求与设计者的理想构思之后，应整理出一些设计上应达成的目标与设计时应遵循的原则。

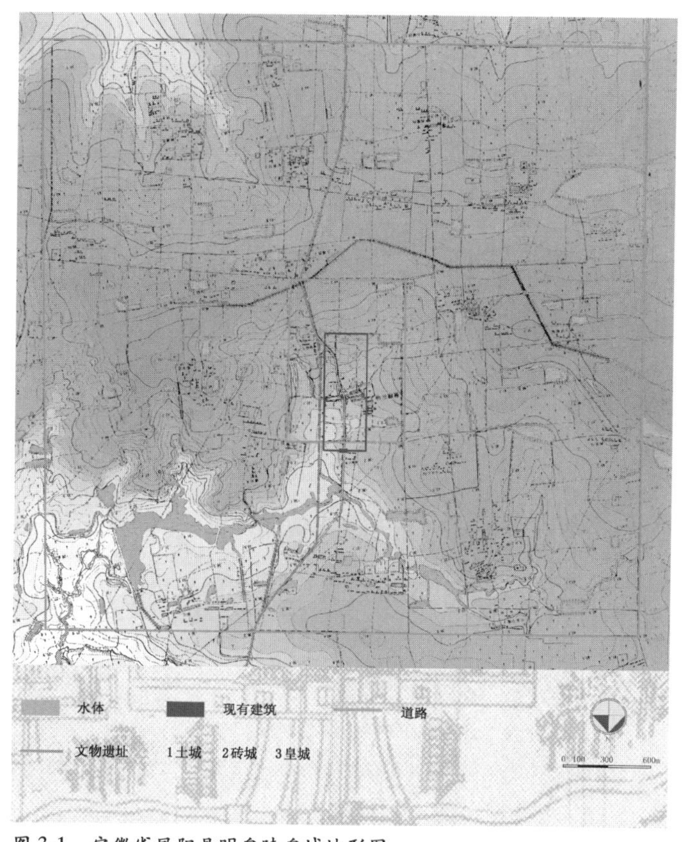

图3-1 安徽省凤阳县明皇陵皇城地形图

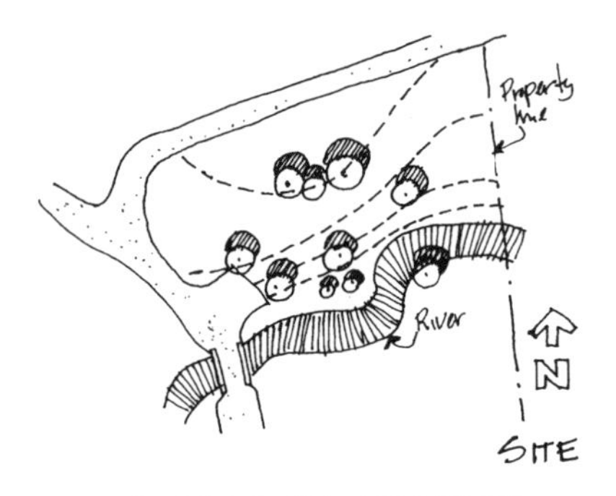

a 分析基地范围内的道路、树木、河流等等的现况。

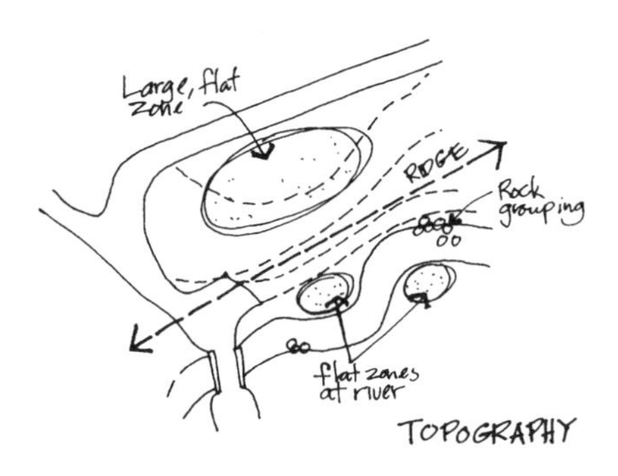

b 整理出坡度的区域范围，以便清楚知道基地可以作为不同用途的限制条件。

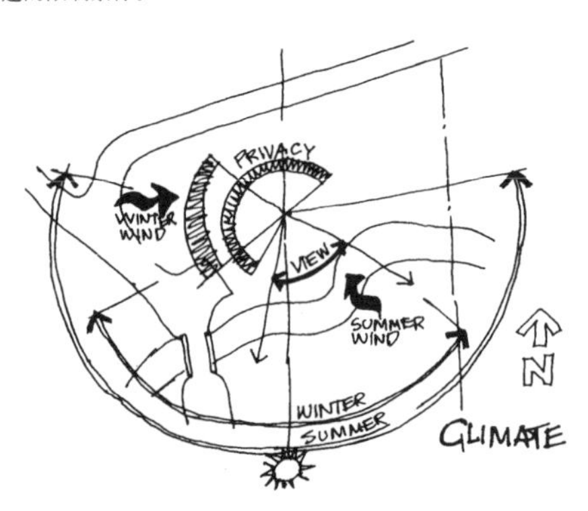

c 分析在环境中的日照和风向关系等气候条件。

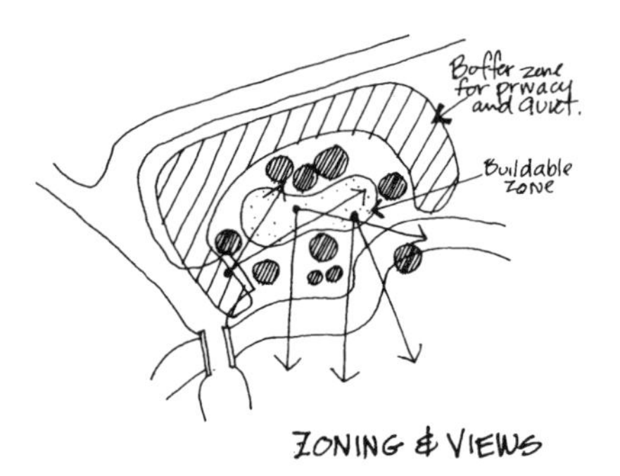

d 分析基地内景观的方向和品质，将基地区分为较私密性和较开放性的不同属性。

图 3-2a、b、c、d　分析基地现况

3.1.1.4　设计构想

基地分析完成之后，接下来就开始设计的构想了。设计构想应尽量图示化，设计构想中最重要的就是专心分析环境的机能关系，思考每一种活动之间的关系，空间与空间的区位关系，使各个空间的处理与安排尽量得合理、有效(图3—3)。设计构想可细分为几个步骤：理想机能图解→基地关系机能图解→动线系统规划图→造型组合图。[1] 构思阶段除了借用图示思维法以外，还可以运用集思广益法、形态结构组合研究法、图解法以及公众参与等思考法。

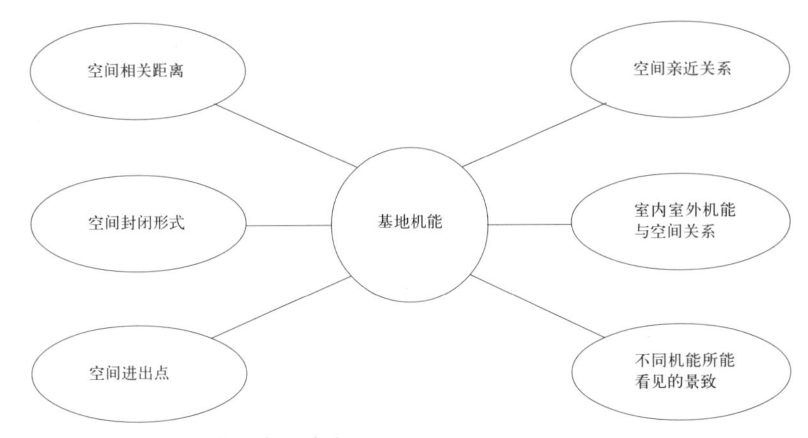

图 3-3　理想机能图解 基地机能与空间关系

3.1.2　概要设计

设计筹备阶段之后，设计者正式进入设计创作的过程，概要设计的任务是解决那些全局性的问题。设计者初步综合考虑拟建环境场所与城市发展规划、与周围环境现状的关系，并根据基地的自然、人工条件和使用者需求提出初步的布局设想。设计者应结合机能和美学要素(有时还包括历史、哲理等要素)，确定平面布局。例如，路易斯·康(Louis Kahn)在美国加州沙克研究所设计过程中所做的概要设计要全面表达设计中各要素的机能关系和美感要素(比例、尺度、韵律等)(彩图48；图3—4a、b、c)。

概要设计由初步设计方案，包括概括性的平面、立面、剖面、总平面图和透视图、简单模型，并附以必要的文字说明加以表现。

概要设计将前一个阶段中所分析的空间机能关系、动线系统规划、造型组合图发展成具体的关系明确的图样，例如沙克研究所的“概要平面图”，勾勒出两组主要的建筑体量。建筑物之间的关系，以及建筑物与户外空间的关系，已经有了基本的架构，下一层次的概要平面图则更为具体。

1 洪得娟著.景观建筑.上海：同济大学出版社，1999 年第 1 版 P164

概要设计成果经过设计者的反复改进，一般要征得业主的意见与相关部门的认可，然后转入下一个环节——设计发展。

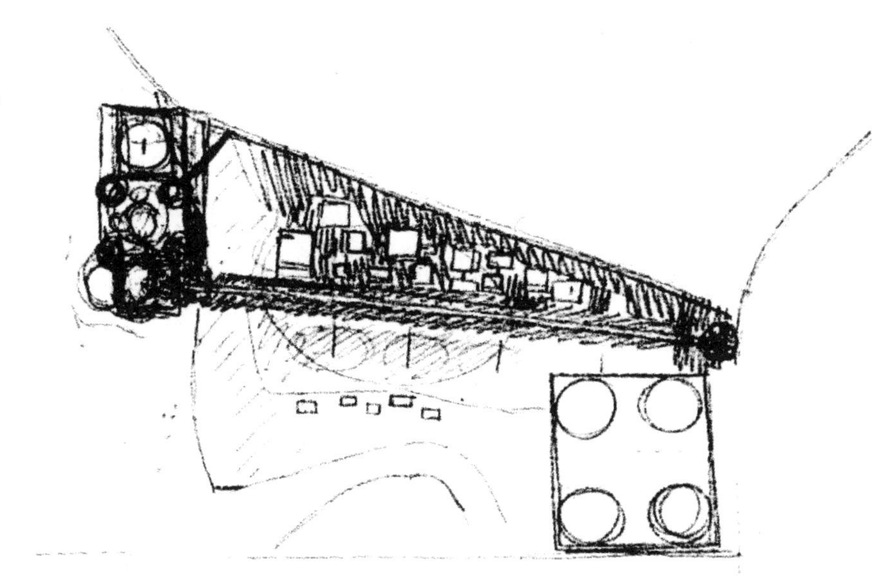

图 3-4a　沙克研究所(Salk Institute Laboratory Building)总平面图，路易斯 · 康(Louis Kahn)，美国加州 La Jolla，1959～1965 年

图3-4b　沙克研究所(Salk Institute Laboratory Building)概要平面图，路易斯 · 康(Louis Kahn)，美国加州 La Jolla，1959～1965 年

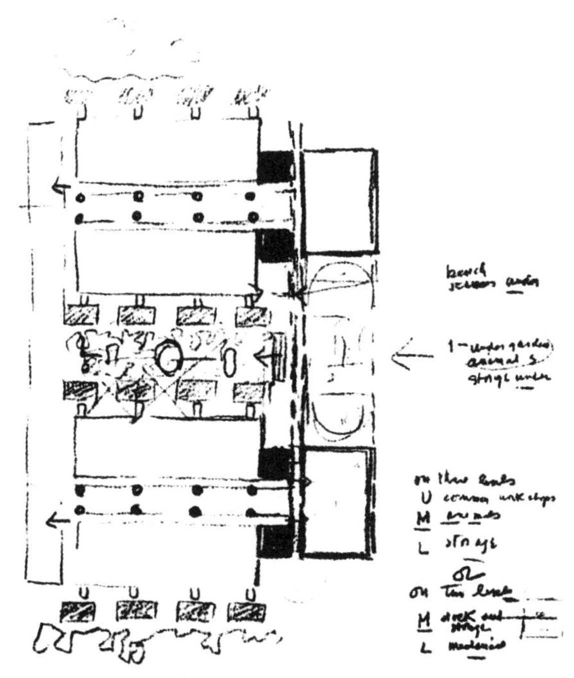

图3-4c　沙克研究所(Salk Institute Laboratory Building)进一步的概要平面图，路易斯 · 康(Louis Kahn)，美国加州 La Jolla，1959～1965 年

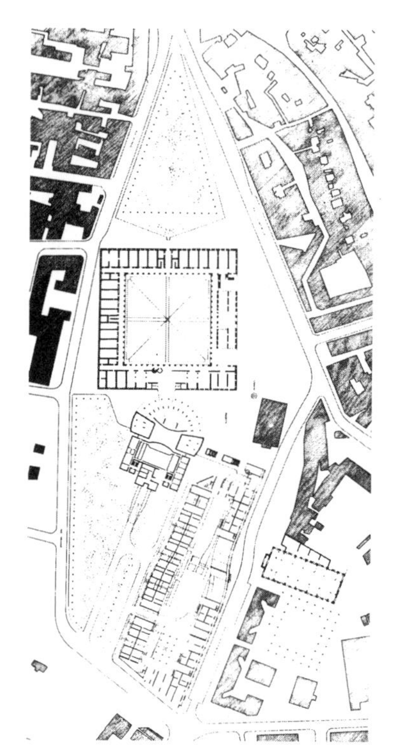

图3-5a 香柏瑞文化中心，马里奥·博塔(Mario Botta)，法国香柏瑞市，1982年

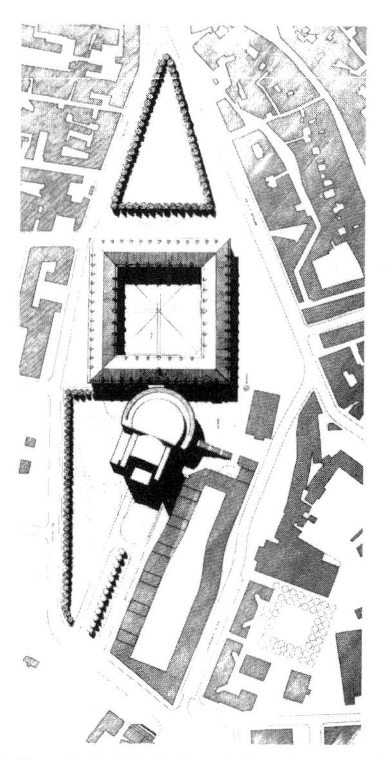

图3-5b 香柏瑞文化中心总平面图，马里奥·博塔(Mario Botta)，法国香柏瑞市，1982年

3.1.3 设计发展

经历概要设计阶段之后，设计方案已大致确定了各种设计观念以及功能、形式、含义上的表现。设计发展阶段主要是弥补、解决概要设计中遗漏的、没有考虑周全的问题，将各种表现方式(图纸和模型)细化，提出一套更为完善、详尽的，能合理解决功能布局、空间和交通联系、环境艺术形象等方面问题的设计方案。这是环境艺术设计过程中较为关键性的阶段，也是整个设计构思趋于成熟的阶段。在这一阶段，常常要征求电气、空调、消防等相关专业技术人员根据自己的技术要求而提出的修改意见，然后进行必要的设计调整。

瑞士马里澳·博塔(Mario Botta)为法国香柏瑞市设计的文化中心，除了将建筑物地面层平面关系放置在基地之上，来确定户内外和整体环境的关系之外，还利用强调屋顶形式和阴影的总平面图，来表现高度感以及植栽的设计效果。平面图上除了确定所有空间，动线、柱子、开窗位置等以外，甚至交待了空间内小体量家具的摆设，对设计方案空间的关系进一步阐释(图3—5a、b)。[1]

要表达三维的环境空间，除了平面上二度空间的各种图外，详尽的轴测图、效果图与模型能更好地表现环境中的体量、位置关系，更真实地反映材质和色彩。德国柏林普伦茨劳尔－贝尔格区的海尔姆霍尔茨广场，制作精密的模型能直观地反映材质和颜色，反映空间与造型关系(图3—6)。

3.1.4 施工图与细部详图设计

设计发展阶段完成后，要进行结构计算与施工图的绘制与必要的细部详图设计。施工图与细部详图设计是整个设计工作的深化和具体化，是主要解决构造方式和具体施工做法的设计。

施工图设计，也可称其为施工图绘制，是设计与施工之间的桥梁，是施工的直接依据。它的内容包括：整个场所和各个局部的具体做法及确切尺寸（包括构造和用料）；结构方案的计算；各种设备系统的计算、造型和安装；各技术工种之间的配合、协调问题；施工规范的编写及工程预算，施工进度表的编制等。

细部详图设计是在具体施工做法上解决设计细部与整体比例、尺度、风格上的关系。如：建筑物的细部、景观设施及植栽设计大样等。环境艺术设计，本身就是环境的深化、细化设计。作品往往因细部设计而精彩，也常因注重人情味的细部设计而具有亲和力(彩图49a、b)。

1 刘育东著.建筑的涵意.天津：天津大学出版社，1999年第1版P112

图 3-6　柏林普伦茨劳尔 - 贝尔格区 海尔姆霍尔茨广场，斯特凡 · 耶克尔(Stefan Jäckel)；托比亚斯 · 米克(Tobias Micke)，德国

施工图与细部详图设计的着眼点不仅应体现设计方案的整体意图，还要考虑方便施工、节省投资，使用最简单高效的施工方法、较短的施工时间、最少的投资来取得最好的建造效果。因此，设计者必须熟悉各种材料的性能与价格、施工方法以及各种成品的型号、规格、尺寸、安装要求。施工图与细部详图必须做到明晰、周密、无误。

在这一阶段，因技术问题而引起设计变动或错误，应及时补充变更图或纠正错误。

3.1.5　施工建造与施工监理

"施工建造"是承包工程的施工者使用各种技术手段将各种材料要素按照设计图面的指示实际地转化为实体空间的过程。在环境艺术中，由于植物以及动物具有生命力，使植栽、绿化的施工有别于其他施工，施工方法直接影响植物的成活率，同时也影响到设计目标能否被正确、充分地表现出来。

业主拿到施工图纸后，一般要进行施工招标，确定施工单位。之后，设计人员要向施工单位施工交底，解答施工技术人员的疑难问题。在施工过程中，设计师要同甲方一起订货选样，挑选材料，选定厂家，完善设计图纸中未交待的部分，处理好与各专业之间产生的矛盾。设计图纸中肯定会存在与实际施工情况或多或少不相符的地方，而且施工中还可能遇到我们在设计中没有预料到的问题，设计师必须要根据实际情况对原设计做必要的、局部的修改或补充。同时，设计师要定期到施工现场检查施工质量，以保证施工的质量和最后的整体效果，直至工程验收，交付甲方使用。

3.1.6 用后评价与维护管理

"用后评价"是指项目建造完成并投入使用后，所有使用者对于设计作品功能、美感等方面的评价及意见，以图文形式较明确地反映给设计师或设计团体，以便于他们向业主提出调整反馈或者改善性建议（如通过植栽或墙体壁画、壁饰等方法加以调整完善）。这也有利于设计师在日后从事类似的设计时，能进行改进。"用后评价"的进行必须得到使用单位的积极配合，通过调查和统计分析，得到具体的较为合理的信息资料。

建设项目经过精心设计，严格施工，得以建造，并交付使用。使用后的维护管理工作必须时刻进行，才能保持环境整洁，建筑物、构筑物及设施不被破坏，保持植物或动物的正常生长，确保使用者在环境中的安全、舒适、方便。这样才能保持以及完善设计的效果。比如：一处美丽的办公环境或庭园常常是经过一段时间的维护管理，办公空间整洁明亮、空气清新，盆栽郁郁葱葱；庭园树木繁荣，花草向荣，流水潺潺；水池石头上布满青苔，鱼儿游戏于其间，其强烈的生活气息及美感韵味方才显现。

一般的建筑场所、私家庭园，主要由业主自行维护管理，而一些社区公园、广场、公园、街道、公共室内空间等不仅要由管理单位来维护，更重要的是公众要讲公德，才能增强维护管理的成效。设计者在设计阶段应充分考虑、完善各项设施的设计与施工做法，尽力消除隐患，给以后的维护管理工作带来最大程度的方便，减少工作难度。

环境艺术设计是一项具体的、艰苦的工作。从整个设计程序来看，一个好的设计师不但要有良好的教育和修养，还应该是一位出色的外交家，能够协调好在设计中接触到的方方面面的关系，使自己的设计理念能够得到贯彻、实现。从环境艺术设计的筹备直到工程的结束，环境艺术设计不再只是一种简单的艺术创作和技术建造的专业活动，它已经发展成为一种社会活动，一种公众参与的社会活动。

3.2　环境艺术设计的表现方式

在史前时代原始建筑的创作形式，是直接将抽象的想法附诸行动，不需要任何中间表现媒介。这一个过程类似于儿童时代玩的积木游戏。现在，有些学校的设计教育中，有时会要求学生利用手头材料，来直接表现头脑中形成的设计造型意念，实际动手将一件家具、一间小房子或一处园林景观建造出来。在三维空间的实际环境中，训练他们对空间和对造型的敏锐度。当人们面对复杂工程的设计时，由于无法直接将脑中形成的意念建造出来，就必须通过各种表现方式（图与模型）作为设计表达以及沟通之用。

众所周知，环境艺术设计的形式受到社会、文化、历史、经济、技术、气候、基地、功能需求、美感形式，以及深层含义等因素的影响。设计的表现方式也在很大程度上影响着最后完工效果的准确性和深入性。

今天设计师赖以表现环境艺术设计理念的方式，主要是二度空间的各类图纸以及三度空间的实体模型（一般用实际材料制成的模型）和电脑模型。这些表现方式在设计史上是逐步演进、完善的。

3.2.1　传统的设计思考与表现方式

专业的"设计师"具体诞生于什么时候，很难说清。但由一个人或一群人来负责，主持建筑物或园林景观的设计，并指导工匠建造完成的先例，在历史上很早就出现了。早在古埃及时代，许多的大型设计方案，在建造前便通过平面图和立面图，将设计者所计划完成的建筑物或园林景观画出来。最早的平面图大概是现存于都灵博物馆中有关罗米西斯四世的陵庙设计方案平面图（图3–7）。设计师已经通过平面图，考虑建筑本身以及它和周围地形间的种种关系。另外，在埃及第十八王朝的一座神庙设计中，可以看到设计者利用侧立面图来考虑它的功能与形式。

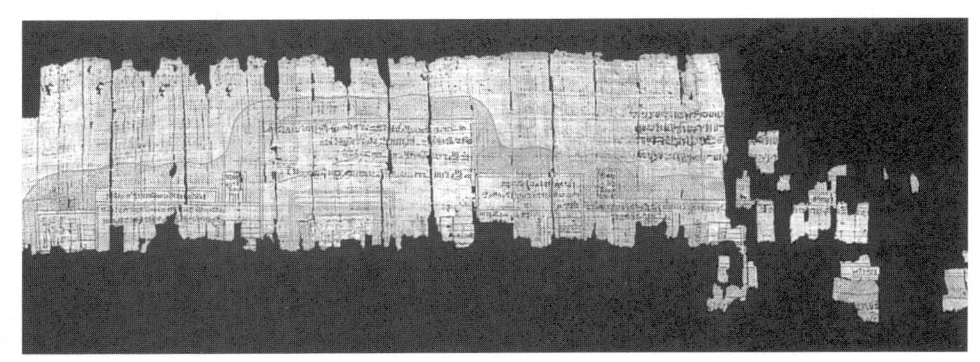

图 3-7　罗米西斯四世(Rameses Ⅳ)的陵庙设计方案平面图，现存于都灵(Turin)博物馆

让人惊奇的是，在立面图中，除了有一些细部装饰外，还打上了红色的方格，用来控制立面的比例关系。这些证明，那个时代的设计师已通过二度图面的表现方式与基准线的搭配来从事设计思考了。[1]

继承并发展了古希腊文明的古罗马时期建筑、广场等设计意念的表现形式已将平面图、立面图、剖面图的运用发挥得淋漓尽致、日益成熟。在维特鲁威(Vitruvius)所著《建筑十书》(Ten Books of Architecture)书中印证了这一点。在书中他利用不同的图集来表现建筑实体和结构，并利用基准线来表示一些比例关系(图3–8)。另外，史料中最早的一幅"区域平面图"表现的是公元两百年左右的罗马城一隅(图3–9)，表现建筑群体间所形成的空间关系。

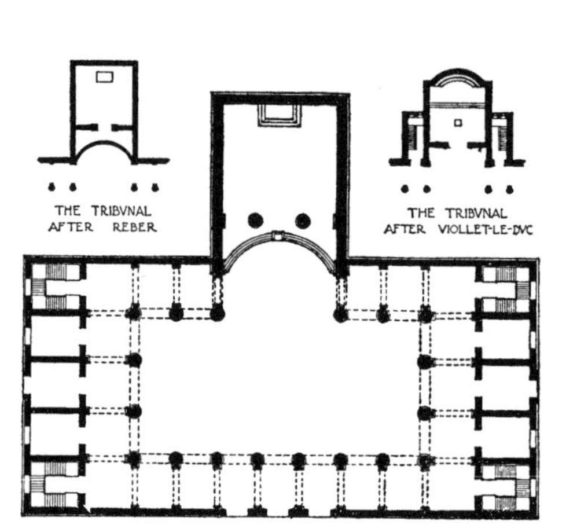

图3-8　会堂，维特鲁威(Vitruvius)，意大利Fano

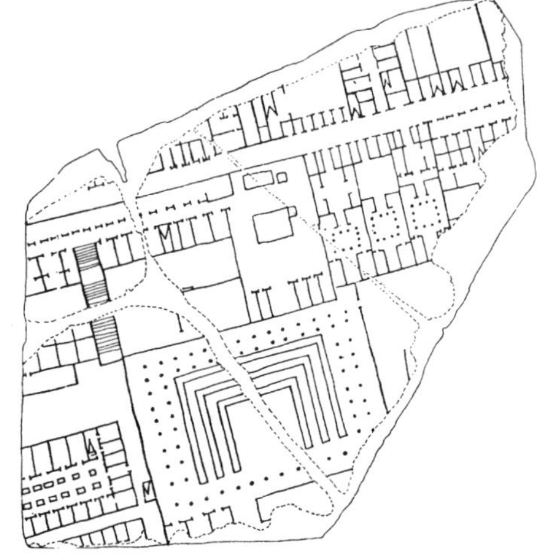

图3-9　比例约1/300的区域平面图表现罗马城一隅，约公元200年

文艺复兴时期，或许是在画家乔托对透视画法的研究推动下，透视图用到工程设计中来，较为直观地表现设计方案的视觉效果。更为重要的是，由于业主及设计师对设计意念、结构与构造的了解需求增加，模型开始用于设计过程之中(早至古希腊时代已出现模型，但仅用于祭祀)。

身为画家、雕塑家与建筑师的F·布鲁内莱列斯基的两个模型(图3–10a、b)，忽略了某些细部装饰，以便更清楚地分析建筑主要构件间的空间关系和结构关系。例如，圆顶表面构造与支撑圆顶的力的关系，圆顶下方筒状结构与教堂后方突出的神龛之间的空间形式、力学载重传递关系。另外，模型的使用也常常为建筑物的立面比例与细部装饰提供更明确的表现，来弥补二维图样的局限。三维模型更能充分、真实地表现各种设计意念。体积更大的模型，甚至能让人走入模型内部获取对空间的实际体验。

1 刘育东著.建筑的涵意.天津：天津大学出版社，1999年；P132

图 3-10a　佛罗伦萨大教堂圆顶木制模型 1，意大利

图 3-10b　佛罗伦萨大教堂圆顶木制模型 2，意大利

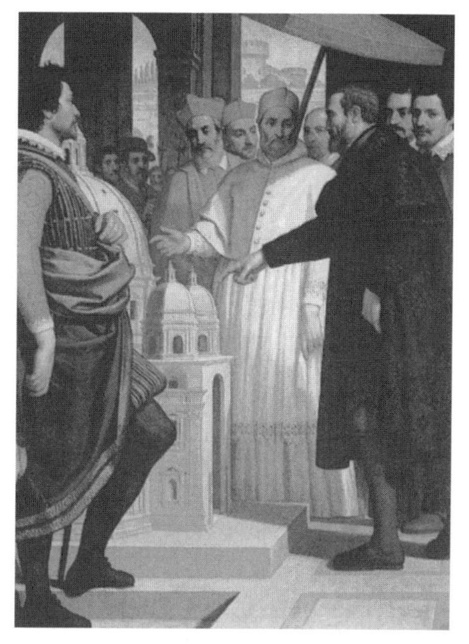

图 3-11a　米开朗琪罗向教皇保罗四世解说圆顶设计时用的模型，意大利

设计师常在设计过程的不同阶段制作多个模型。如米开朗琪罗为圣彼得大教堂(彩图 50)制作过四个主要模型(另据文献记载，还有三个较为次要的模型)：第一个是尺度较小的全区模型，用来表示建筑物外部形成和基地的关系；第二个模型是以圆顶和教堂的绝大部分为主体，这也是他向教皇保罗四世解说时用的模型(图3–11a)；第三个模型是针对圆顶而作的黏土模型；第四个则是目前保存在圣彼得大教堂中的木制圆顶(图 3–11b)与下方筒形结构体的模型，比例为1：15。在设计过程中，多个模型针对不同阶段不同的问题进行探讨，也通过不同的模型(大小、材质、部位或做法不同)来研究他的设计意念，并传达给业主了解，同时也让工匠有明确的建造依据可参照。[1]

模型在拉近图面想像和实际物象的距离时，除了上述功能外，还有有助于推敲光影关系、色彩配置关系、装饰与整体比例的关系，以及材料使用等等。

总之，图(平面、立面、剖面、细部以及透视图等)与各种模型在设计表现中扮演着不同的角色，设计者根据具体方案和自己的习惯经验，在不同的设计阶段中搭配不同的表现方式，将头脑中的抽象的设计意念具体地表现出来。用来绘图及制作模型的工具、材料随着技术的进步而呈现多样化，就绘图而言，水彩、水粉、透明水色、马克笔、彩色铅笔、蜡笔等都可应用(并且它们为设计表现带来了更多的艺术性)(彩图51；彩图52)，随着专业分工的细化，专门生产用于模型制作的材料与道具的厂家也已出现，从而为设计者提供越来越多的方便。

图 3-11b　圣彼德教堂圆顶的木制模型，米开朗琪罗，意大利

1 刘育东著.建筑的涵意.天津：天津大学出版社，1999 年第 1 版 P140

3.2.2 计算机在设计表现中的角色

图与模型缩短了图面想像与建成实景的距离，但这种传统的表现方式有时仍会引起一些表达上的遗憾，很多设计师常常感到建成作品明显达不到图面与模型的效果。比如：画透视图，是为了以较为实际的视觉效果来验证设计效果，但我们在透视图上往往不自觉地忽略或淡化材质和颜色的误差，故意美化设计作品及其周围环境。有时存在取悦于自己，特别是业主，来达到投标成功的目的，这在无形中使得设计师的感受和想像产生曲解，直到看到建成作品时才感到惊讶。虽然模型有了更好的实体与空间表现，但对材料与颜色的淡化，以及光线的失真，都使得表达效果不那么准确。由于模型大大小于实物，人们一般是站在模型上方或周围，视角高于它，而不是现实中的仰视、平视或环视。由于财力、物力、人力方面的限制，人们也不可能经常制作出近乎实物大少的模型。

当然，这些难题对于有着丰富经验与卓越能力的设计师影响较小，但对于大多数设计师，特别是刚刚从事设计工作的人及学生来说，影响很大。计算机应用于辅助设计，在弥补上述不足时，扮演了重要角色。

首先，计算机影像处理与合成系统可以将现况的照片输入计算机，直接在真实的透视图上进行快速设计，设计的理念和表现都直接用最真实的方式表达，尽可能避免前述淡化问题或人为美化的现象。周围环境也是真实的再现，如此"因地制宜"让业主也更加明白与信任。真实环境的照片输入计算机后也可以作为计算机生成模型的背景，通过图面处理，显得更为真实，与周围环境也更为协调。

计算机生成模型弥补了传统模型的一些不足，它可以改变多个视角，以此获得许许多多不同的透视效果。也可以分解模型，用来呈现各部分的组织关系，计算机建模可以对材料、质感、光线等进行精密分析及传神模拟，例如：计算机可以很快地模拟出各种天气光线下的效果及夜间灯光效果（图 3-12a、b）。

图 3-12a　2008 奥林匹克运动会 - 奥林匹克公园鸟瞰图（北向鸟瞰），SASAKI 公司

图 3-12b　2008 奥林匹克运动会 - 奥林匹克公园鸟瞰图（沿中轴线向南看紫禁城），SASAKI 公司

在计算机模型中，可以模拟人的视点转换设置路径，将路径上每个设定视点的透视效果图一张张存起来，制作成动画，连续播放出来，就是人们游览整个环境（公园、广场、街道、从室外到室内等）的视觉感受过程。这种设定相对于人自由灵活的视点变换来说仍显得过于简单、不够真实。因此，20世纪90年代后中期开始发展"虚拟现实"（Virtual reality）系统，把人的资料输入计算机模型中，让人们自由地在空间中感受自己想要看的效果。来进一步缩短想像与实景的差距。[1]

当然计算机辅助设计除了这些独到功能以外，它可以被用来做设计筹备阶段的资料分析，数据整理，制定文字表格等工作。可以在设计制图中替代人力来绘制总平面图、平面图、立面图、剖面图、细部大样图、结构图及透视图等（图3–12c、d）。这些绘图系统早已得到普遍应用，有方便储存、可复制、易修改、速度快等优点。计算机还可在施工阶段精确、快速地进行复杂的结构分析与计算，大大节省了人力。更为重要的是，越来越多的人使用计算机来进行空间分析，开发其在设计构思阶段的应用潜力，使计算机成为设计中真正人脑的延伸。

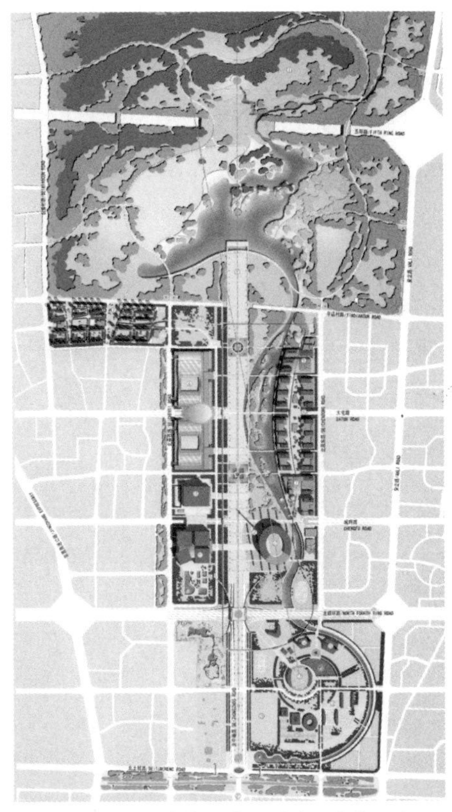

图3-12c 2008奥林匹克运动会-奥林匹克公园总平面图，SASAKI公司

计算机几乎可以提供所有传统图纸与模型所能涵盖的信息。这是不是说明计算机可以替代传统的表现方式了。传统的手工表现方式，有着很强的艺术性，有时它的随意性更能给设计师带来创作灵感。环境艺术设计是艺术与科学的统一，也就是说感性与理性同样重要。因此手工表现方式也有其自身的长处。计算机辅助设计目前还不能代替设计师进行设计构思，过于夸大它的作用会导致进入误区，计算机有时带来设计中的程式化，导致雷同。而且，其表现效果有时因过于理性化而显得呆板。总之，在环境艺术设计过程中，应参照个人习惯与具体设计的不同，在设计的不同阶段中，将二种表达方式相结合，灵活应用。

提示（TIPS）：

1.平面图

空间的规划是空间得以建立的基础，而这个规划的首要工作是区分空间，对于设计师而言，常以图形的方式将空间在平面上的合理布局绘制成平面图。平面图几乎是一种完全脱离实物的抽象划分，然而平面图却是我们要整体地了解环境艺术这一有机体的第一手资料。不管平面区划的设计合理与不合理，它都是确定环境艺术设计艺术性和美学价值的最重要的原始凭证。平面图的所谓平面，是环境艺术设计师为其设计对象的立体空间结构所作的一个图示，是一个基本的整体布局。它是设计准则的反映，即整体的布局与规划先于其他一切。这是一个纯粹抽

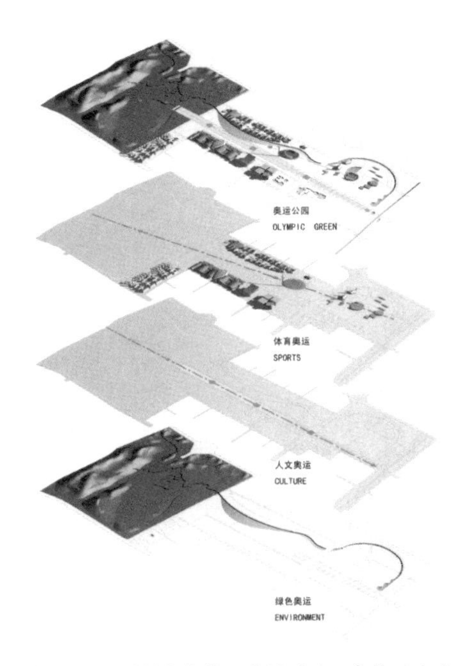

图3-12d 2008奥林匹克运动会-奥林匹克公园规划分层示意图，SASAKI公司

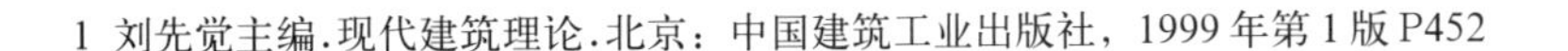

1 刘先觉主编.现代建筑理论.北京：中国建筑工业出版社，1999年第1版P452

象的设计创作过程，是理性与浪漫的结合。在这个基础之上，环境艺术设计才能有的放矢，才能按部就班，有原则、有章法地得以实现。

2.计算机辅助设计

电子计算机是20世纪的一项划时代的创造发明，它的诞生和发展极大地推动了整个人类社会和科学技术的发展。在工程设计领域里，计算机辅助设计技术，即CAD(Computer Aided Design)技术是计算机的一项重要的应用技术。它帮助设计人员进行工程设计的计算、分析、综合、设计和优化，并能绘制各种工程图和编制各种技术文件。CAD技术大大地提高了设计质量，缩短了设计周期，降低了工程成本，CAD是一项计算机技术与其他工程设计专业相结合的高新技术，它具有巨大的经济效益和社会效益。西方工程界普遍流行的一句话是"CAD就是生产力"。CAD在建筑设计工作(包括环境艺术设计)中的应用技术称为计算机辅助建筑设计技术，即CAAD(Computer Aided Architectural Design)。

思考题：

1.环境艺术设计的基本程序是什么？

2.勒·柯布西耶在他的教学中曾指出："平面是根本"，他的这种观点源于他对建筑及其环境艺术设计的具体实践，同时也与他长期致力于该领域优秀项目的研究分析分不开。你赞赏他的这一观点吗？为什么？

3.环境艺术设计中，借助于计算机的表现方式较之传统的表现方式有哪些不同？

第4章
环境艺术设计的定位

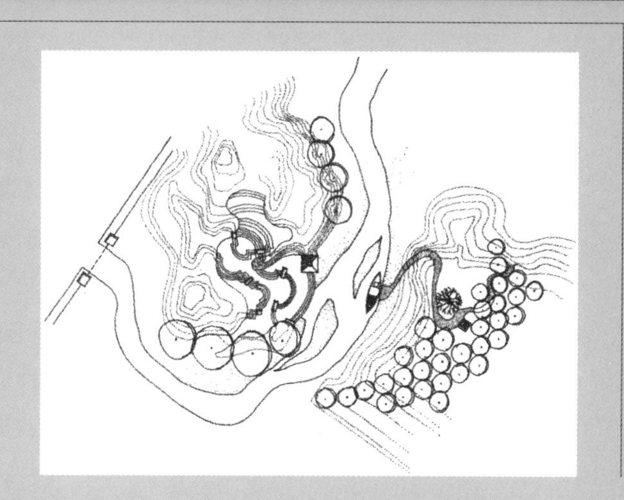

第4章　环境艺术设计的定位

目前，有些人对环境艺术设计专业存在误解：认为它偏重于室内设计、室外庭园及环境艺术品的设计。这种情况与目前专业的培养模式相关。环境艺术设计专业的教学大纲必须进一步明确、完善，借鉴国外相近学科的经验，尽可能与国际接轨。提出对设计主体——环境艺术设计师的全面要求；努力进行学科相关理论的广泛、深入研究；明确环境艺术设计的对象与范围。以便最终制定一系列的从业规范，最终实行与建筑、城市规划一样的执业注册制度。

4.1　当前环境艺术设计专业教育

4.1.1　艺术类院校培养模式

• 以某艺术学院为例

该艺术学院艺术设计系环境艺术设计专业与其他专业一起开设有学院大平台课程（此处指艺术专业公共课程）：艺术美学、艺术概论、中国美术史（或音乐史）、外国美术史（或音乐史）等。环境艺术设计专业与装饰艺术设计、壁画、摄影三个专业还开设有艺术设计系小平台课：设计素描、设计色彩、平面构成、色彩构成、立体构成、装饰基础、装饰绘画、超级写实、陶艺、摄影、材料与工艺（一）、设计概论、艺术设计史等。表4–1为本科课程安排（据2001年试用大纲）：

环艺专业本科课程设置　　　　**表4-1**

学 期	学时 课程
第一学期	88 设计素描（一）静物与石膏浮雕[主要用铅笔] 88 设计色彩（一）静物写生[水粉] 88 装饰基础（一）黑白画 88 平面构成
第二学期	88 设计素描（二）石膏头像[主要用铅笔] 88 设计色彩（二）静物写生[水粉] 88 装饰基础（二）装饰色彩 88 色彩构成 44 摄影
第三学期	88 设计素描（三）人物头像与半身像[铅笔、木炭条或多种材料] 88 设计色彩（三）风景写生[水彩] 88 立体构成 33 透视制图（一）透视学 33 透视制图（二）制图 36 设计概论

续表

学 期	学时 课程
第四学期	88 设计素描（四）男女全身着衣像与裸体像[炭笔、木炭条或多种材料] 88 设计色彩（四）人物写生 111 装饰绘画（一） 132 材料与工艺（一）
第五学期	88 装饰绘画（二） 88 壁画设计与制作（一） 111 装饰雕塑（一）环境雕塑 132 超级写实
第六学期	88 室内设计（一）室内设计初步：人体工学、环境心理学、室内空间设计与室内光环境设计（居住空间等） 88 环境设计（一）园林设计 44 计算机辅助设计 外出考察
第七学期	154 壁画设计与制作（二） 88 装饰雕塑（二）陶艺 88 材料与工艺（二）
第八学期	66 室内设计（二）室内专题设计 A[商业空间] 66 室内设计（二）室内专题设计 B[旅馆、星级酒店] 132 环境设计（二）环境规划设计 44 毕业设计（论文）
专业选修课	88 CI 企业形象设计 88 公关广告设计 88 平面设计 88 陶艺设计 88 公共艺术 88 广告摄影

注：表中不包括艺术史及艺术理论课程

从该艺术学院环境艺术设计专业的教学课程安排可以看出：它重视了学生的艺术修养及艺术创作手段的培养，设计基础教育全面。但是，从环境艺术设计发展的角度来看，其专业深度远远不够，专业知识传授远不够全面。国外发达国家的相近专业景观设计学（LA）教育综合起来包括三部分：①专业设计方面，如景观设计、专业实践等；②技术方面，如景观构造等；③科学方面，如植物学、生态学等。而国内的艺术院校则大多仅强调形态造型设计方面的内容。值得庆幸的是，有些学校已经意识到这个问题并开始解决。

4.1.2 建筑类院校培养模式

• 以某大学建筑学院为例

针对环境艺术设计观念模糊，名称涵盖面过于庞大，环境艺术设计专业较为混乱的状况。该大学建筑学院艺术设计系环境艺术设计专业经过重新修正，调整了培养方案与课程结构，对专业方向进行了重新定位。设置了三个专业方向：①景观环境艺术设计专业；②室内环境艺术设计专业；③公共艺术设计专业。三个专业方向与建筑学、城市规划专业共同开设有学院平台课（此处不包括学校公共课程）：计算机应用、中国古代建筑史、外国建筑史、建筑设计基础、建筑设计、画法几何及阴影透视、建筑概论、美术（素描、色彩）、造型设计基础、中外园林史。表 4-2a、b、c 为环境艺术设计三个专业方向的本科课程安排（据 2003 年试用大纲）：

⑴景观环境艺术设计专业

⑵室内环境艺术设计专业

⑶公共艺术设计专业

景观环境艺术设计课程设置 **表 4-2a**

	学时　课程名称		学时　课程名称
学科基础课	48 画法几何及阴影透视 16 建筑概论 240 建筑设计基础 256 美术（素描、色彩） 48 造型设计基础 240 建筑设计 64 计算机应用 48 园林树木学 48 中国古代建筑史 64 外国建筑史 48 中国园林史 32 环境与景观设计原理 360 景观艺术设计 48 园林花卉学	选修课	48 建筑构造（一） 32 土壤学 32 气象学 48 城市规划原理（一） 32 城市园林生态学 32 城市设计概论 32 专业英语 16 建筑环境心理学 48 风景区规划 32 风景建筑构造与结构 16 建筑光环境 32 中外美术欣赏（一） 16 中外美术欣赏（二） 16 城市识别设计 16 环境艺术设计概论 48 盆景与插花
专业课	96 专业表现技法 48 园林工程		
	合计 1704		

注：此目录不包括学校公共课程及人文与社会科学选修课

室内环境艺术设计专业课程设置　　表 4-2b

	学时　课程名称		学时　课程名称
学科基础课	48 画法几何及阴影透视 16 建筑概论 240 建筑设计基础 256 美术（素描、色彩） 48 造型设计基础 240 建筑设计 64 计算机应用 64 建筑装饰构造 48 中国古代建筑史 64 外国建筑史 32 室内设计原理	选修课	48 建筑构造（一） 32 公共建筑设计原理 32 建筑构造（二） 48 城市规划原理（一） 96 建筑设备 32 城市设计概论 32 专业英语 16 建筑环境心理学 48 风景区规划 16 智能化建筑 16 建筑光环境 32 中外美术欣赏（一） 16 中外美术欣赏（二） 16 环境艺术设计概论 32 古典园林设计 32 盆景与插花
专业课	96 专业表现技法 360 室内艺术设计		
	合计 1704		

注：此目录不包括学校公共课程及人文与社会科学选修课

公共艺术设计专业课程设置　　表 4-2c

	学时　课程名称		学时　课程名称
学科基础课	48 画法几何及阴影透视 16 建筑概论 240 建筑设计基础 256 美术（素描、色彩） 48 造型设计基础 240 建筑设计 64 计算机应用 64 建筑装饰构造 48 中国古代建筑史 64 外国建筑史 32 室内设计原理 360 公共艺术设计 64 专业表现技法	选修课	32 公共建筑设计原理 32 人体工程学 48 城市规划原理（一） 32 环境景观设计 32 城市设计概论 32 专业英语 16 建筑环境心理学 48 风景区规划 16 建筑光环境 32 中外美术欣赏（一） 16 中外美术欣赏（二） 16 城市识别设计 16 环境艺术设计概论 32 视觉形态的艺术分析
专业课	96 环境设施 96 壁画 96 雕塑		
	合计 1704		

注：此目录不包括学校公共课程及人文与社会科学选修课

环境艺术设计与建筑学既密切联系又各有侧重，它们同属于造型设计的范畴，具有相似的造型基础理论和规律。建筑院校的环境艺术设计专业与建筑学、城市规划等专业有了一个共同的平台。这种整合、优化、有效集中的“大设计”教学格局能够使之与这些关系密切的专业互为所补，共同完善。在这样的环境下，专业设计与技术方面有了改善，但科学知识教育方面与设计教育发达的国家相比，仍有不少欠缺（建筑学、城市规划也大多存在类似问题）。该大学建筑学院新近修订的教学大纲作了进一步的完善。把环境艺术设计专业划分为三个专业方向的做法实现了一种新的较为科学的尝试。

4.1.3　其他院校培养模式

目前，除了在艺术类院校与建筑类院校设有环境艺术设计专业以外，一些综合大学（指没有设置建筑学院或艺术学院的学校）或其他专业性较强的院校（比如理工类、地质矿业类、农林类、纺织类、师范类院校）也相继开设该专业。这些院校不具备建筑类或艺术类院校的优势，目前没有一个有利于设计学科健康成长的教学平台及学术环境。环境艺术设计专业在这样的院校中，只是根据不同院校的性质取得一些片面性的特长。譬如：在理工类院校内，可以借鉴工业设计或机械设计的理性设计方法；在地质矿业类院校中，环境科学、生态学、土壤学、地质学等科学知识或测量技术教育可能受到重视；在农林类院校，农学、林学、植物学、园艺学的教学内容受到重视。虽然这些教学内容是环境艺术设计专业所必须的，但应借鉴建筑类或艺术类院校的“设计”与“艺术”教学平台做法，经过整合、优化，才能更好地发挥作用。

4.2　国外相近学科专业教育引介

4.2.1　景观设计学（LA）

景观设计学专业（LA）首创于美国哈佛大学。“景观”概念在不同领域有着很大差异，甚至有所谓的“政治景观”。[1]根据《牛津园艺指南》(The Oxford Companion to Garden)，“景观建筑”(Landscape Architecture)一词最早的使用者似乎是吉尔伯

---

1 根据汤姆·透纳[Tom Turner]的说法，“景观”一词是随同盎格鲁人、撒克逊人和朱特人一起来到英格兰的。最初，“景观是指留下了人类文明足迹的地区。”而在古英语中废弃了这个词。到了17世纪，“景观”作为绘画术语从荷兰语中再次被引入英语，意为“描绘内陆自然风光的绘画，区别于肖像、海景等。”到了18世纪，“景观”同“园艺”联系起来，因为“景观”和设计行业有了密切的关系。19世纪的地质学家和地理学家则用景观一词代表“一大片土地”。随着环境问题的突出，景观的涵义在当今世界变得更加复杂。参见吴家骅著，叶南译.景观形态学.中国建筑工业出版社，1999年第1版 P3

特·密森(Gilbert Meason)。他是沃尔特·斯各特爵士(Sir Walter Scott)的朋友和旅伴。在他的《论意大利伟大绘画中的景观建筑》(On the Landscape Architecture of the Great Paintings of Italy)(1828) 一书中首先使用该词，随后被弗雷德里克·奥姆斯泰德(Frederick Olmsted)(素有"美国景观设计学之父"之称)和沃克斯(Vaux)在 1858 年纽约中央公园的规划中借用。[1] 19 世纪后半期奥姆斯泰德等便在城市公园、广场、校园、居住区及自然保护区的规划与设计中奠定了LA学科的基础。1899 年成立了美国景观设计学协会。在奥姆斯泰德的影响下，该协会朝着更广泛的园林体系和景观规划迈进。1900 年，弗雷德里克·奥姆斯泰德之子F.L.Olmsted.Jr.与A.A.Sharcliff 首次在哈佛开设了全国第一门景观设计学专业课程，并在全国首创了 4 年制景观设计学专业（LA）学士学位。1908～1909 学年开始，哈佛已有了系统的研究生教育体系，并在应用科学研究生院中设有硕士学位，即 MLA(Master in Landscape Architecture)。后来又设有设计学博士学位 DrDes，它是目前设计学领域的最高学位。第一位使用景观设计师这一称号的英国设计师是帕特里克·盖兹(Patrick Geddes 1854～1932)，他原是一位生物学家，后来成为重要的城市规划理论家。

1909年，James Sturgis Pray教授开始在景观设计学课程体系中加入规划课程，逐渐从景观设计学派生出城市规划专业方向，并于1923年在全国首创城市规划方向的景观设计学硕士学位(Master of Landscape Architecture in City Planning)。1929 年城市规划与LA 学院独立成立城市与区域规划学院。景观设计学与 1893 年成立的建筑学、1923 年开设的城市规划专业一起形成建筑学——景观设计学——城市规划三足鼎立的格局。1936 年，哈佛大学成立设计研究生院（简称 GSD）。[2]

目前，美国有 50 多所大学设有景观设计学专业教育，其中约 2/3 设有硕士学位教育，1/5 设有博士学位教育。据统计，在 20 世纪 80 年代美国景观设计学专业被列为全美10大飞速发展的专业之一。无论是专业人员组成，还是专业人员的知识结构，无论是学科理论研究分支，还是行业工程实践范围，它自创立之初就是一个极为综合的规划设计领域，是一个集艺术、科学、工程技术于一体的应用性专业。[3]

1929年成立了英国景观学院，它是景观学科三个分支服务的实体：景观设计、科学和管理。1932 年。英国的第一门景观设计课程出现于莱丁大学(Reading University)。英国的一些大学于 20 世纪 50 年代到 70 年代早期设立了几个景观设计学的研究生项目。随后，与之相关的一些景观设计课程和教育体系在不同的大学、技校和专科学校中发展起来。

---

1 吴家骅著，叶南译.景观形态学.北京：中国建筑工业出版社，1999 年第 1 版 P4
2 俞孔坚、刘东云.美国的景观设计专业.国外城市规划.1999 年第 2 期
3 刘滨谊.21 世纪中国需要景观建筑学.建筑师.1998 年第 2 期

景观设计学被作为一个非常广的专业领域来对待，从花园和其他小尺度的工程到大地的生态规划。景观设计师兼有设计的创造力和相关工程技术，同时具备环境生态的丰富知识。

4.2.1.1 **以美国为例**

• 哈佛大学景观设计学专业学位体系

在哈佛大学设计研究生院，有志于LA事业的学生有机会在不同方向和多个层次上接受教育并获得相应的专业学位，包括：

(1) MLA Ⅰ，即景观设计学职业硕士学位(Master in Landscape Architecture, Professional Degree)，这是为本科没有经过LA职业教育或来自其他职业领域的本科毕业生而设置的学位，目的是通过教育使他们有资格成为景观规划设计师。学制一般是3年，但对已有建筑学学士或硕士的学生，部分课程免修，学制为2年。

(2) MLA Ⅱ，即景观设计学职业后硕士学位(Master in Landscape Architecture, Postprofessional Degree)，这是对已有职业LA学士学位的学生想进一步提高教育而设置的，教育以设计课为主，学制为2年。

(3) MLAUD，即城市设计方向的景观设计学硕士(Master of Landscape Architecture in Urban Design)，这也是一个职业后硕士学位，这是为已有LA专业学位的学生进一步以城市景观作为研究对象，想在城市设计方向深入进修而设置的，学制一般为2年。

(4) MDesS，即设计学硕士(Master in Design Studies)，这是个职业后学位，是对那些已有设计师资格规定的职业学位，一般都是有建筑学、LA及城市规划方面的硕士学位，想进一步在某个具体方向深入研究，或作为进一步申请某个方向的博士学位而设置的。这一学位目前有6个专门化方向，包括：计算机辅助设计、历史与理论、景观规划和生态学、地产开发、技术、发展中国家的城市化。另外还设置独立研究方向(由学生和导师自己出题商定)，学制一般为1年。

(5) DrDes，即设计学博士，它是目前设计学领域的最高学位，目的是为在建筑、LA和城市规划专业领域内已掌握充分的职业技能，而想进一步在这些领域内创造独到贡献的学员而设。它与其他Ph.D学位不同之处在于，DrDes是把设计学作为实践性的学科来对待，而不是学究式的研究。DrDes更多的是强调建筑、LA和城市规划的跨学科研究和实践。学位一般在3年左右完成。

(6) Ph.D.(Doctor of Philosophy)，由于GSD是一所职业性研究生院，不授予非职业性的学术性Ph.D学位。所以，LA方向的Ph.D由哈佛大学文理学院授予，而导师可以由GSD教授组成。它主要培养LA和城市规划方向的教师及研究人员，允许文理学科的硕士深造而获此学位。要求在建筑、LA及城市规划方面的某一问题上有深入细致的研究。学位一般在3～6年内完成。

• 哈佛大学景观设计学的设计课程

哈佛大学景观设计学的设计课程分三类：设计课（studio）、讲课和研讨会（lectures and seminars）、独立研究（individual study）。

（1）设计课（Studio）是教育的核心部分，授课和研究强调关键问题的分析，重视对视觉、理论、历史、专业实践活动和科学等方面的全面研究。课程着重设计技能的培养，广泛涉及学科相关领域的技术与知识。

（2）讲课和研讨会（Lectures and Seminars）主要是讲授与探讨景观设计学的理论、历史及方法论。

（3）独立研究（Individual Study）是学生在掌握了基本理论和方法论的基础上，开展某一方向的专门性研究，由导师指导，基本上独立完成研究和论文写作。

从课程的选修方式上，又分为必选课（Required）、限选课（Distributional Electives）和任选课（Free Electives），课程内容上分为技能课、视觉研究课、历史理论课、社会经济课、科学技术课等。每一学位的学习都对各类课程的选修比例有严格规定。下面是两个不同 LA 硕士学位课程选修要求。

MLA Ⅰ的课程体系

学生需有 120 个学分后有资格获得 MLA Ⅰ学位（表 4—3a）。

表 4-3a

	学　分
要 求	48 设计课，以培养设计技能 42 专业必修课 12 三个方面的限选课：历史、社会经济、自然系统 18 任选课提供专门研究的机会
第一学期	8（初级）景观设计（设计课） 4（初级）景观绘画（视觉研究） 4（初级）现代园林和公共景观史：1800 年至今 2（初级）景观技术基础 2（中级）植物配置基础
第二学期	8（初级）景观设计（设计课） 4（初级）景观设计理论 2（初级）景观技术 2（中级）植物配置基础 4（限选）自然系统课程（见附表）或（初级）场地生态学
第三学期	8（中级）景观规划与设计（设计课） 4（初级）计算机辅助设计 4（中级）景观规划理论与方法 4 限选课

续表

	学　分
第四学期	8（中级）景观规划与设计（设计课） 2（中级）景观技术 2（中级）景观技术 2（中级）植物配置 2（中级）植物配置 4 任选课
第五学期	8（高级）自选设计课 4（中级）设计行业管理（专业管理选修课之一） 2（限选）科学技术课 6 任选课
第六学期	8（高级）自选设计课 4（中级）设计法规（专业管理选修课之二） 8 任选课 12（高级）独立MLA论文研究 4（中级）设计法规（专业管理选修课之二） 4 任选课

注：自选设计课(Studio Option)学生在完成基本的设计课学习之后有资格自选不同主题的设计课，内容往往与建筑学和城市规划专业相交叉。除了一些本院教师开设的主题相对固定的设计课外，每学期都请多名校外职业设计师开设主题多样的设计课，教师首先向全院学生介绍设计课的内容，学生可根据自己的兴趣选择，然后抽签决定组合。

MLA I 的学生如果原有建筑学学士(BArch)，建筑学硕士(MArch)或同等学历，则只需完成以下80个学分即可有资格获取LA的硕士学位(表4−3b)。

表4-3b

	学　分
要求	32 设计课，以培养设计技能 30 专业必修课 12 三个方面的限选课：历史、社会经济、自然系统 6 任选课提供深入研究的机会
第一学期	8（中级）景观规划与设计（设计课） 4（中级）景观规划理论与方法 4（中级）现代园林和公共景观史：1800年至今 2（初级）景观技术基础 2（中级）植物配置基础
第二学期	8（中级）景观规划与设计（设计课） 2（中级）景观技术基础 2（中级）植物配置基础 2（中级）植物配置 4（限选）自然系统或（初级）场地生态学

续表

	学　分
第三学期	8（高级）自选设计课 4（初级）计算机辅助设计 2（限选）科学技术课 6 任选课
第四学期	8（高级）自选设计课 2（中级）景观技术 2（中级）景观技术 8 任选课 12 MLA 学位论文独立研究 2（中级）景观技术 2（中级）景观技术 4 任选课

MLA II 的课程体系

入校生一般都已有LA的专业学士学位(BLA与BSLA)或同等学位。要求完成下列80个学分后有资格获LA的硕士学位(表4—3c)。

LA城市设计硕士学位(MLAUD)的课程设置则在上述LA的基本课程体系上,强化城市景观的设计课程。设计学硕士(MDesS)学位需完成32个学分,其中必须有24个学分是GSD开设的设计类专业课;最多不超过8个学分的设计课程和最多不超过8个学分的独立研究。设计学博士(DrDes)要求32学分的GSD设计类专业课和

表 4-3c

	学　分
要 求	8（高级）LA 设计课 4（高级）LA 理论课 24（高级）自选设计课，以培养设计技能 44 任选课
第一学期	8（高级）LA 设计课 4（高级）LA 理论课 8 任选课
第二学期	8（高级）自选设计课 12 任选课
第三学期	8（高级）自选设计课 12 任选课
第四学期	8 自选设计课 12 任选课

另外24个学分的论文工作（共56个学分）。Ph.D的学生则更多地选用文理学院的课程，并至少掌握一门外语。

作为讨论，哈佛大学在LA专业教育上，有一些明显的特点值得借鉴：

（1）在LA专业人才培养上的多层次性和多方面的特点。在牢牢把握核心设计课程的专业技能训练基础上，通过自选设计课和多种限选及任选课使学生在某一方向形成自己的偏好和特色。这在竞争激烈的国际设计市场上是很有意义的。

（2）利用GSD设计学科方面的综合优势，无论在选课或组织设计课时，LA学生都有机会与建筑学、城市规划学生和教授们广泛接触，在知识上交叉融合。

（3）GSD在学生中，其中有近30%为国际学生，这又是每一位GSD学生的最宝贵资源。在同一个设计课程中，常常是国际性的。各种文化和思维模式，在不断的头脑风暴过程中为每位参与者带来灵感和智慧。

（4）把设计院设在一个综合性大学中，与文理学院和政府管理学院并驾齐驱，在课程和教员上相互补充，则是哈佛大学的景观设计学专业，也是其他设计学专业得以在充足的知识营养中延续和创新的主要优势之一。

（5）兼容并蓄，广泛邀请世界著名学者参与LA教育，使哈佛的LA学生思路开阔，得巨人肩膀之优势。[1]

4.2.1.2 以英国为例

• 英国爱丁堡大学的景观设计学

英国爱丁堡大学的景观设计学设置在其艺术学院中，为适应当今景观设计师所承担的广泛的环境艺术设计工作，教学重点是辅导学生在工作室及基地进行富有创造性的思考，进而拿出有效的解决方案。学习期间，学生将进行不同复杂程度及各种尺度规模的课程设计。并且每年的实习课将安排学生参观国内外古代及现代优秀的景观设计范例。

该系本科课程4学年，在后两学年之间要穿插1年的事务所实习，因此完成全部学业共需5年时间。前3年的课程安排见表4—4a。

表4-4a

第一年	景观设计1.1-1.6
	景观构造1.1-1.2
	植物和环境科学1.1-1.3
	景观历史和景观理论1
第二年	景观设计2.1-2.6
	景观构造2.1-2.2
	植物和环境科学2.1-2.3
	景观历史和景观理论2
第三年	景观设计3.1-3.6
	景观工程学
	专业实践
	乡村土地使用1和2
	生态学
	选修课1和2

3年的基础课之后是一年的课外实习，一般到专业事务所工作。到第4学年，除了课程设计及选修课之外，还安排有4篇论文。该学年的教学课题包括以下内容：

设计——各种尺度的景观设计与景观规划技巧，以及景观管理技巧。景观设计依赖于这样一种创造过程，即富有灵感和想像力的推测，被一系列严格的分析批判所检验，同时基地的文脉，从地球生态学到大地的文化形制，将在寻求理解、感悟和创造力的过程中影响设计。设计部分的教育还包括口头及图面交流技巧，这是设计者为了向他人传达设计意图而必备的重要专业技巧。

1 俞孔坚.哈佛大学景观规划设计专业教学体系.建筑学报.1998年第2期，略有删节改动

结构和工程学——景观设计师需要了解材料的性能和使用方法、实际的构造方法、简单结构的工程原理、场地工程学、计划书及场地管理技巧。景观工程学包括从场地平整与基地设置技术，到不断发展的生物工程技术。

植物和环境科学——对生物学、地理学和生态学等自然科学的充分理解，是景观设计及规划的重要背景，这就要求高年级学生对乡村土地使用进行深入的研究。景观设计师还需具有广泛的植物知识和良好的种植实践经验。

历史和理论研究——景观设计师必须被训练成为一个全面的观察者，无论在具有特殊意义的社会活动中，还是在普通市民的日常生活中，他需将个体和社会对环境的功能需求综合考虑。历史和设计理论的学习，在对文化延续性的认知过程中担当着重要角色，而景观的发展变化就产生于这种延续之中。

实践——职业景观设计师应该是一个有威望的管理者，同时应成为专业综合团队中的一分子。作为景观设计师必须具有高水平的组织能力，这表现在对其口头和文字表达能力、图面表现的技巧性与明确性的较高要求上。此外，对工作范围的合理性及合同框架的了解也是必须的。

除了本科课程，该系还开设有研究生课程。景观设计学硕士课程一般为2年，主要内容如下(表4—4b)。

表4-4b

第一年	单元1	景观设计（设计元素、历史/理论、设计）
	单元2	景观构造（地球生态学、土壤科学）
	单元3	景观技术（调查、构造、结构、土方工程）
第二年	单元4	论文
	单元5	景观设计（专业研究、理论、法律/法规、乡村研究）
	单元6	景观设计（高级课程设计）

另外，该系的教师还可为专业景观研究人员提供辅导，研究课题范围广阔。[1]

• 英国其他一些学校的景观设计学专业

下面，我们看看英国其他一些学校，作为一个景观教育相对成熟的体系，教育大纲、哲学、目的和课程结构等都清清楚楚地写在这些学院的教案上。[2]

教育与哲学

景观设计学被泰晤士理工学院(Thames Poly)定义为"设计的科学和艺术以及

1 黄妍.景观建筑学＝风景园林？.建筑学报.1999年第7期

2 吴家骅著，叶南译.景观形态学.北京：中国建筑工业出版社，1999年第1版P378—383

自然与人为元素如地、水、植物和已有建筑构成的整体。景观设计师的责任是为多种用途和居住活动提供适当的环境”，并且“景观这一行业在创造绿色环境中起着重要的作用”。

而曼彻斯特理工学院(Manchester Poly)的观点是：“控制和规范外部空间在城乡环境中的改变的活动……这种实践活动旨在寻求社会利益和整个自然秩序中的最佳平衡状态”。

在格拉斯哥艺术和设计学院(Gloucester College of Art and Design)则是“从也许最独特的艺术和科学的合成角度看来，景观设计学的主题是人与自然的相互作用”。

谢菲尔德大学的基本哲学是这样的：“对景观设计学的学术研究已发展到能够满足该专业所需的三个阶段了。它是一项跨学科的研究，要求研究者对社会和文化有着对科学和技术一样深入的理解。从本质上讲景观设计学是一门实用科学，而用于指导设计决定和作为设计基础的理论来自于对某一特定时空中人与土地关系的研究。作为一种应用科学它鼓励对思想和理论不断地检验。”

通常，设计师的责任是创造多种用途的居住和生活空间，某些学院认为景观建筑的“中心考虑”应从艺术和科学的角度出发，研究人与自然的相互作用(格拉斯哥艺术和设计学院)。而在谢菲尔德，首先强调的是对人文和社会科学的了解如科学技术一样好。这样就有分歧了：前者更加强调跨学科的艺术和科学知识的基础，后者则着重于科学技术和社会基础。

课程的目的

在泰晤士理工学院的教学大纲中，教学目标是：“为那些愿意成为景观设计师的学生提供以设计为基础的学术教育。毕业生应具备以下能力：为景观变化制定策略，以敏锐的眼光和想像力去设计并对景观科学管理有透彻的理解”。

在格拉斯哥艺术和设计学院景观设计学系，大学教育结合学术研究和职业培训的总目标是一种荣誉的体现，这个总目标由其四个重要特征体现出来：

(1) 学生思想的自由和发展是至高无上的；

(2) 在景观设计学的教育中明确地强调它是对这种近期出现的职业和它角色的转化做出的肯定的回答；

(3) 实践被认为是课程中最重要的部分；

(4) 课程中，对信息合成能力和运用独立的判断能力给予最高的关注。

在曼彻斯特理工学院，课程的目的是要“通过鼓励和引导个人兴趣和思维方式来发展学生研究性的思维结构和个体才能”。

虽然这些学院都普遍承认设计技巧和跨学科的知识基础，它们之间似乎没有明显的差别，然而在谢菲尔德大学，社会和文化因素与教育目的紧密相连，“景观设计学的目的是满足人类对社会和文化空间的需要，但同时应当以对自然和生理环境造成最少危害的方式进行。因此，在谢菲尔德大学，景观设计学从根本上被理解为创造一个新环境或适应现有的环境"。

很显然在格拉斯哥艺术和设计学院、曼彻斯特理工学院和泰晤士理工学院等重视实际设计表现的学院，其教学目的都是偏向方法性的，而在谢菲尔德大学，社会背景和环境科学之间的联系是首要的。

课程结构

在遵循景观设计学的基本思想并允许不同教学取向的前提下，不同学院的课程结构也是各具个性的。

谢菲尔德大学景观设计学系把本科课程叫做景观设计（和园艺学一起）并颁发理学学士学位。根据教学大纲："它为有意以景观设计为职业的理科学生提供了一项景观设计的职业训练，同时保证他们在相关的科学技巧上得到足够的训练"。

这种大学课程结构是强调纯科学教学的。第一年是入门阶段，有大约570小时用在环境生物学、环境地质学、地质物理学等科目上。也就是说，有84%的教学是具体知识的学习，只有16%的实践时间。第二、三学年教学进入景观设计。第二年中，在园艺学这个课题下所进行的纯科学教育仍有30%的时间，包括：生态系统进化论、环境微生物学、植物进化原理、环境生理学以及生态系统的保护及管理。在第三年中，园艺学又涉及地质生理学、生态污染，农作物生产及保护等占32%学时的课程。显而易见，在谢菲尔德大学48%的课时被用于为学生打下一个科学基础。

相反，在格拉斯哥艺术和设计学院景观设计学的课程（文学学士）却是以设计为基础的，课程计划包含三年的全日制学习。完成之后，学生可以为进一步获得景观设计学学士学位而进行第四年的学习，这样便有得到景观设计学会会员身份的可能。课程被分为两部分：工程实践和课程学习。以上所以科目都是以适应实际工程的方式组织的。据课程的时间表，格拉斯哥艺术和设计学院的景观设计学有200课时，也就是约14%的课程学习时间，相当总教学时间的8%（谢菲尔德大学有48%），而实践项目却占了526课时。

显然，在大学生课程编排上，格拉斯哥艺术和设计学院是典型的设计倾向，而谢菲尔德大学则是以科学基础为重的。

研究生课程

与本科课程不同，研究生课程安排的目标就是要面对真正的景观设计和管理。不管是什么教育背景的学生都应对未来的工作有清楚的认识。

景观设计学学位的课程总的来说涉及面很广，它面向环境评估、规划和作为设计基础的理论以及景观的规划管理等等。

大纲要求的课程有景观设计、景观管理、景观规划和行政程序。

（1）景观设计包括景观入门、景观学史、景观理论及实践、设计社会学、环境科学、应用植物学、材料及构造，学习的方法主要是通过工程实践项目。

（2）景观管理则包括园艺技术、自然维护技术、景观生态学、森林学，教学过程中实践和实地考察是学习的重要手段。

（3）景观规划集中研究场地规划、景观规划、乡村规划、娱乐规划、环境法。其理论由具体的规划工程体现出来。

（4）行政程序课程包括微机应用、报告写作、调查技巧、合同法和对职业实践的掌握。

由于地点和教学传统、尤其是各学院的课程所体现的学术趣味不尽相同，各学院的课程设计也很不一样。例如，除景观设计学的主要科目：景观设计、规划和管理以外，在谢菲尔德大学的科学课程如居住环境规划和微机应用的教学正在增加；而在泰晤士理工学院则是城市环境受重视；而在曼彻斯特理工学院则以景观管理为重。

教学方法

教学方法是大致相同的，不外乎是教室和厂房中的辅导，课堂研讨、参观和实地考察。学生们应是独立学习的。因此，对学生来说自学得来的技巧和利用图书馆及其他设施的能力是极其重要的。

英国景观教育作为其教育体系中相对成熟的一支在景观职业教育中覆盖面很广，面向设计师、管理人员、科学家甚至政府官员。其中一些学院在这方面享有国际盛誉，有着国际影响。

4.2.2 室内设计（ID）

美国室内设计（Interior Design）的形成至今有近50年的历史。20个世纪40年代，几所教授室内装饰的建筑专科、艺术专科和家政学专科联合起来，把室内设计和装饰专科转变成为正统的大学学科。1962年，美国室内设计教育协会IDEC（Interior Design Educators Council）在芝加哥成立，成为与其他美国建筑和室内设计协会并列的组织。1970年，ASID（美国室内设计协会）、IDC（加拿大室内设计协会）、IDEC等联合成立了室内设计教育研究基金会FIDER（Foundation For Interior Design Education Research）。[1] FIDER是审核鉴定美国高等学校室内设计教育的主要机构。它制定的审核鉴定标准为美国大多数室内设计专业科系所遵循。在我国室内设计与装修业迅速发展的情况下，美国室内设计教育研究基金会的审核鉴定标准对我国室内设计教育的专业化与规范化有一定参考价值。其内容包括从教学指导思想、课程设置，到有关学生、教师以及设

1 董伟.美国室内设计教育质量的鉴定.世界建筑.1998年第5期

施与管理等诸多方面，这里着重介绍其有关课程设置的标准与要求。

FIDER 标准将室内设计教学课程分为 8 类：①理论类；②基础造型艺术类；③室内设计类；④技术知识类；⑤表现与表达技巧类；⑥职业知识类；⑦历史类；⑧信息技术类(表 4–5)。[1]

室内设计教学课程（FIDER 标准）　　表 4-5

课程类别	内　容	要　求	课程类别	内　容	要　求
理论	1.构图原理 2.色彩 3.立体构成 4.人与环境 5.设计理论	理解与掌握 理解与掌握 理解与掌握 理解与掌握 理解与掌握	表现与表达技巧	1.视觉表现 2.口头表达 3.文字表达 4.施工图 5.计算机 6.图形标志 7.其他表现手段	熟练应用 熟练应用 熟练应用 熟练应用 理解与掌握 理解与掌握 一般了解
基础造型	1.平面设计基础 2.立体设计基础 3.造型艺术与工艺	熟练应用 熟练应用 一般了解	职业知识	1.室内设计行业、专业协会、相关行业 2.经营与职业运作 3.工程管理与合同	理解与掌握 理解与掌握 一般了解
室内设计	1.设计过程 2.三维空间设计 3.人体因素 4.居住空间设计 5.非居住空间设计 6.住宅家具选型布置 7.非居住家具选型布置 8.构图原理应用 9.饰面材料选用 10.装饰陈设选用 11.照明	熟练应用 熟练应用 熟练应用 熟练应用 熟练应用 熟练应用 熟练应用 熟练应用 熟练应用 熟练应用 熟练应用	历史	1.室内设计史、艺术史、建筑史 2.家具史、织物史、陈设史	理解与掌握 理解与掌握
技术知识	1.家具大样设计 2.装饰材料 3.法规、标准 4.施工预算、安装等 5.结构体系与材料 6.建筑系统（如声学） 7.建筑系统（如暖通） 8.公制度量 9.环境保护	熟练应用 熟练应用 熟练应用 理解与掌握 理解与掌握 理解与掌握 一般了解 一般了解 一般了解	信息技术	1.信息收集技术（抽样调查、文献检索、实地观察） 2.专业参考文献(如法规、条例、标准等) 3.最新科研成果	熟练应用 熟练应用 一般了解

1 冯晋.美国室内设计教育鉴定标准.世界建筑.1998 年第 5 期

4.3 环境艺术设计学科的整体框架

前面分析了国内环境艺术设计学科的三种教学模式，又介绍了美国与英国的相近学科——景观设计学(LA)与室内设计（ID）专业的一些教育发展状况。可看出，为了创造一个环境艺术设计学科发展的良好氛围，必须改变国内目前的混乱状态，可以借鉴英国景观设计学的教育模式，将环境艺术设计主要设置在建筑类与艺术类院校中，侧重点可以有所不同；在教学内容与教学方法上进行完善。这些主要体现在设计主体、设计理论、设计对象三个方面(表4—6)。

4.3.1 设计主体

环境艺术设计专业尚处于起步阶段，因此，目前环境艺术设计不是仅靠环境艺术设计师来完成的。一些建筑师、规划师、园艺师、工程师、艺术家等从事着一定量的环境艺术设计工作。在这个意义上，也可以将他们看作环境艺术设计主体的组成部分。在设计中，环境艺术设计师、建筑师、规划师和园艺师往往是这一复杂性、综合性工作的组织者，他要解决从实用功能到社会效益等一系列问题。另外，他们还要善于综合技术工程师提出的要求，正确解决各技术工种之间的矛盾。与其他艺术和设计门类相比，环境艺术设计师更是一个系统工程的协调者。而各专业技术工程师的任务是解决自己工种范围内的技术问题。如结构、照明、给排水、暖通等问题，同时也主动协调与其他工种之间的关系，避免产生歧义引起返工，保障工程的顺利进行。

环境艺术设计服务于公众或私人业主，因此它不能是纯粹个人情感的表现，不像绘画艺术那样可以“为艺术而艺术”。“艺术家对基本特征先构成一个观念，然后按照观念改变实物。经过这样改变的物就‘与艺术家的观念相符’，就是说成为‘理想的’了。”(丹纳语)而环境艺术设计师与艺术家的不同之处在于他的作品必须反映公众观念。它需要设计师有崇高的思想道德情操；需要设计师具有从事设计工作的基本素质；需要培养设计师的设计技能；需要设计师具备现代设计的理论素养。

4.3.1.1 道德修养

维特鲁威在《建筑十书》中开宗明义将建筑师的培养与修养列为篇首，是这位历史上有记录在案的最早的建筑学者的远见卓识。

《建筑十书》指明，建筑师要在品德修养上：“气宇宏阔”，“温文有礼”，“昭有信用”，“淡泊无欲”；在治学上：“建筑的学问是广泛的，是由多种门类知识修养丰富起来的”，“深悉各种历史”，“理解音乐”，“通晓法律学家的论述”，对医学

环境艺术设计学科的整体框架　　**表 4-6**

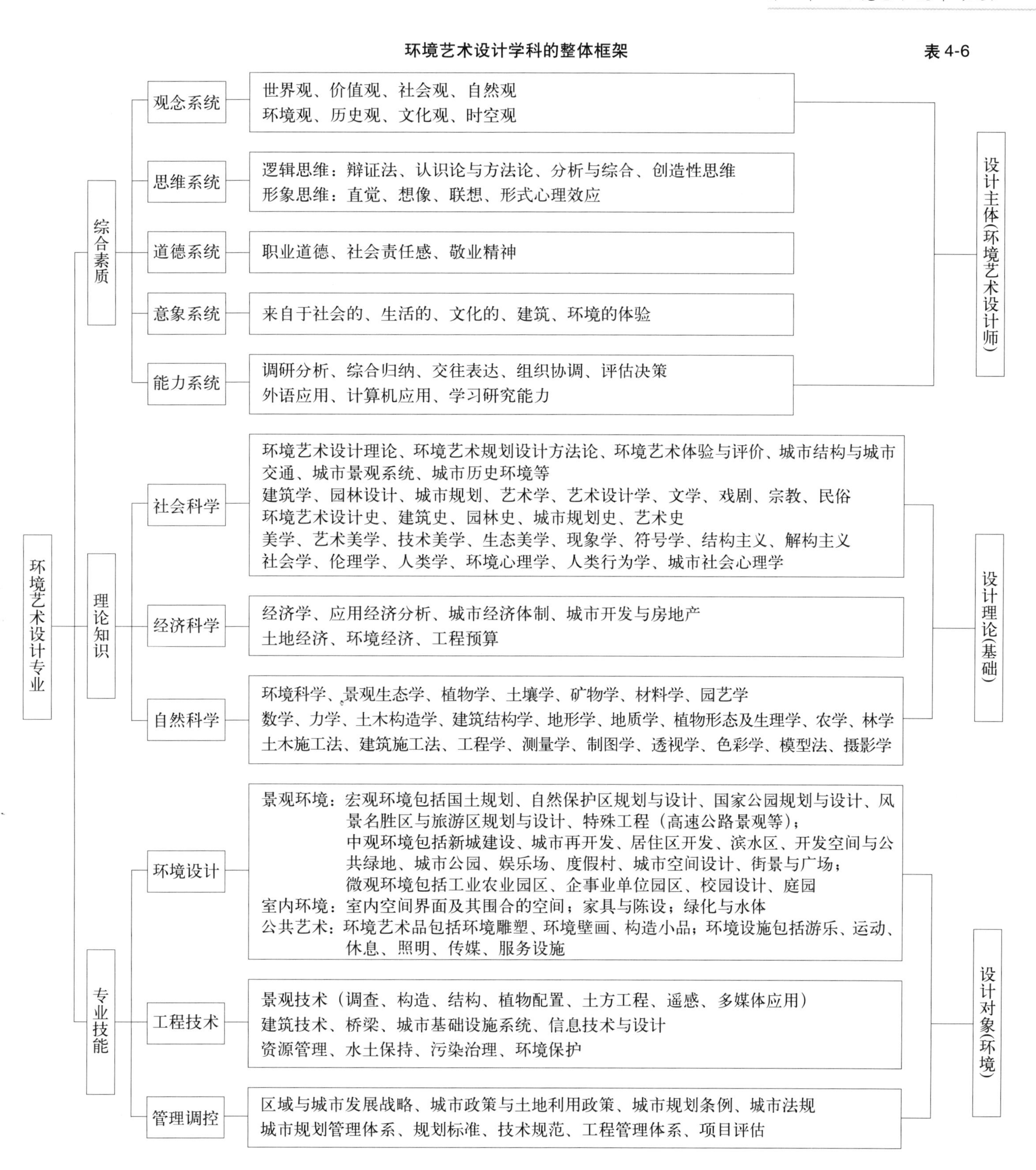

“并非茫然无知”，“勤听哲学”等等；并且还要注意理论与实践的结合：“不顾学问，而致力于娴熟技巧，竭尽辛苦，还是不能得到威望的”，“偏于理论和学问的人们似乎也是追求幻影而不现实”。这段话在今天仍有着它的意义。

早在20世纪前半期，包豪斯的设计师们就立志为每一个人，每一个地方带来一个更加美好的生活。今天的环境艺术设计师有理想，有信心，致力于为人们创造宜人的生活环境。这就要求他在思想观念上形成正确的世界观、价值观、环境观等；在道德情操方面有敬业精神，有社会责任感。闻一多先生有句名言：“诗人的天赋是爱，爱他的祖国，爱他的人民”。[1]它应当引起设计师的感情共鸣。

4.3.1.2 基本素质

素质从心理学的角度来理解是指人的精神系统和感觉器官的先天特点，如记忆力、观察力、爱好、兴趣等，它们由遗传和体质来决定的，可称为自然素质。当然，自然素质可以经过后天的培养而得到弥补，其中主要是指毅力和动力，可称其为精神素质。毅力表现为对事和人所具有的责任感，是一种坚强持久的意志；动力则表现为进取的事业心，是推动设计事业发展和前进的力量。这些基本素质决定了设计师的客观条件和可塑性程度。

下面我们引用了美国著名设计师A·J·普洛斯总结的设计人员要具备的基本素质：[2]

（1）敏感，关心周围世界，能设身处地为他人考虑，对美学形态及周围文化环境的意义怀有浓厚的兴趣。

（2）智慧，一种理解、吸收和应用知识为人类服务的天生才能。

（3）好奇心，驱使他们想搞清楚为什么世界是这样的，而且为什么必须这样。

（4）创造力，在寻求问题的最佳解决方案时，有一种坚韧的独创精神和热情的想像力。

4.3.1.3 设计技能

环境艺术设计师要从事实际的工程实践，就需要掌握完备的设计技能：

（1）项目分析技能

设计师要想有效地综合各种因素进行成功的设计，那么他首先应具备对基地整体环境、具体设计项目及业主的特殊要求的分析能力。不仅从外观形体、色彩、肌理方面；从功能、结构、构造、材料方面；而且从创造生态环境与降低造价等方面进行综合分析。这种分析贯穿于规划设计的全过程，从选址、土地利用、交通

1 清华大学闻一多教授的雕像旁边镌刻了他的名言：“诗人的天赋是爱，爱他的祖国，爱他的人民”。吴良镛著.广义建筑学.北京：清华大学出版社，1989年第1版P222，224

2 潘鲁生主编，荆雷编著.设计艺术原理.济南：山东教育出版社，2002年第1版P172

系统、空间布局、环境容量到建设部署，以及自然风貌的利用和文化遗产的保护等多方面内容。

（2）设计基础知识与理论知识运用

设计师在设计构思中，要运用造型学、植物学、材料学、构造学等基础知识以及设计程序与方法、环境艺术设计史、环境心理学等理论知识。

（3）形态创造与表现技能

设计形态创造应尽量图示化，形态创造中最重要的就是分析环境的机能关系，思考每一种活动之间的关系，空间与空间的区位关系，使各个空间的处理与安排尽量地合理、有效。构思阶段除了借用图示思维法以外，还可以运用集思广益法、形态结构组合研究法、图解法以及公众参与等思考法。形态创造细分为几个步骤：理想机能图解→基地关系机能图解→动线系统规划图→造型组合图。最后通过概要设计、设计发展及细部设计而最终表现出来。它需要以下几种表现技能：

• 应有优秀的草图和徒手作画的能力

• 有很好的制作模型的技术

• 掌握计算机辅助设计技术

必须掌握一种矢量绘图软件（比如 AUTO-CAD、MICROSTATION）和一种像素绘图软件（比如 PHOTOSHOP、PHOTOSTYLER）。

至少能够使用一种三维造型软件，如 3D STUDIO MAX、3D STUDIO VIZ 或高级一些的如 PRO/E、ALIAS、CATIA 等。

最好还能使用一种动画制作软件，如 MAYA、3D STUDIO MAX、FLASH 等。

• 掌握一定的摄影技术

（4）优秀的表达能力及与人交往的技巧

具备写作设计报告与口头表述的技能；善于与人交流，能站在业主的角度看待问题和理解概念。

（5）市场运作技能

对项目从设计到施工的全过程应有足够的了解。熟悉招投标法规，精确安排设计流程；与施工图绘制人员及施工方配合娴熟；关注工程使用后评价与维护管理问题。

4.3.1.4　设计理论

作为一名真正的环境艺术设计师，在具备了以上所说情操、素质和技能以外，还要拥有广泛的学识和丰厚的理论素养。除了具备相应专业的知识，如有关环境艺术设计、城市规划、建筑学、结构与材料等知识之外，他更要不断加深哲学、科学、文化、艺术的素养，因为任何一种健康的审美情趣都是建立在较完整的文化结构之上的。这里引用文艺复兴期间的一个典故：那时的戏剧舞台后面的门太小，起不到“背景延伸”产生真实感的作用。有一位青年建筑师(据说是英国国王詹姆斯一世的宫廷营造总监英尼戈·琼斯)琢磨出把中间入口扩大的办法，在入口处的后面，画一条大街，两边有富丽堂皇的房子。通过小小透视的技巧，产生无限远的幻觉。[1]不难看出，这位建筑师通晓绘画与戏剧的一定知识。

环境艺术设计的边缘学科性质决定了设计师应该把握现代设计的基本理论和相关学科的基本知识。他不必也不可能是相关学科领域的专门人才，不具备该学科纵向深入研究的能力，但他必须能够运用这些学科的研究成果，并在横向的多学科联系融合中实现其综合价值。环境艺术设计师不是工程师，不是艺术家，也不是市场专家，他存在的意义在于综合工程师、艺术家和市场专家于一身，并且常常在某一特定的时空范围内对他们有着指导和协调的作用。他需要具有：“哲学家的思维，历史家的渊博，科学家的严格，旅行家的阅历，宗教者的虔诚，诗人的情怀”。[2]

“一个民族想达到科学的高峰，就不能没有理论的思维”(恩格斯语)。环境艺术设计包含的范围很广泛，相对也和许多学科有密切的关系。“环境艺术设计”是一门融合艺术与科学的学问，为达到最好的设计应用，它必须涵盖包括建筑、园林、城市规划以及经济学、社会学等知识，但是环境艺术设计之所以有别于其他行业，是因为它更注重基地的实质设计和规划，以及自然作用(nature processes)、经济力(economic forces)和社会变动(social changes)等塑造环境的因素。设计理论分为以下三个方面：

• 社会科学方面

(1) 与规划设计有关的理论

环境艺术设计理论、环境艺术规划设计方法、环境艺术体验与评价、城市结构与城市交通、城市景观系统、城市历史环境等；

建筑学、城市规划、园林设计、艺术学、艺术设计学、文学、戏剧、宗教、民俗等；

环境艺术设计史、建筑史、城市规划史、园林史、艺术史等；

美学、艺术美学、技术美学、生态美学、环境美学等；

哲学、艺术哲学、现象学、符号学、结构主义、解构主义等；

社会学、伦理学、人类学、环境心理学、人类行为学、城市社会心理学等。

(2) 与管理调控有关的理论

区域与城市发展战略、城市政策与土地利用政策、城市规划条例、城市法规、

---

1 [美]房龙著，衣成信译.人类的艺术.北京：中国和平出版社，1996年第1版P508；英尼戈·琼斯[Inigo Jones1573～1652]英国画家和建筑设计师，建筑古典学派的奠基人

2 吴良镛著.广义建筑学.北京：清华大学出版社，1989年第1版P224

城市规划管理体系、规划标准、技术规范、工程管理体系、项目评估等。

• 经济科学方面

经济学、应用经济分析、城市经济体制、城市开发与房地产、土地经济、环境经济、工程预算等。

• 自然科学方面

(1) 与生态相关的理论

环境科学、景观生态学、生态学等。

(2) 与材料相关的理论

植物学、土壤学、矿物学、园艺学、土木建筑材料学等。

(3) 与构造有关的理论

数学、力学、土木构造学、建筑结构学、地形学、地质学、植物形态及生理学等。

(4) 与施工相关的理论

农学、林学、园艺学、土木施工法、建筑施工法、工程学、人体工程学等。

(5) 与制图相关的理论

测量学、制图学、透视学、色彩学、模型法、摄影学等。

4.3.2　设计对象

城乡建设的热点正在从解决必要的居住面积扩展转移到满足必要的生存环境条件，即提供洁净的空气、水源、绿化、户外活动场地，同时兼具历史文化、文学艺术，内涵丰富的活动场所环境……。

环境艺术设计的范围从广义上讲，任何地域范围内的自然环境的开发或人工环境的改造、创造都属于环境艺术设计的范畴。但我们今天所讨论的只限于与我们日常生活密切相关的城市环境场所的设计问题，从大地的生态规划、区域景观规划到国土的生态保护、国家公园建设；从新城建设、城市绿地系统到城市街景、广场规划；从城市公园到住区庭园建设；从室内环境建设到公共艺术设计。它要具体解决的问题很多，包括环境场所内部各种功能和空间的合理安排，与周围环境场所、各种外部条件的协调配合，场所内部与外部的景观效果，使用者各种微妙的心理要求，环境生态要求，场所在建设和使用过程中所涉及的社会问题，以及场所的具体结构形式、细部的构造方式、给排水、供暖、空气调节、电气照明、煤气、消防、自动化控制与管理、声学、工程概预算等工程技术问题。

设计的对象可以按照景观环境艺术设计、室内环境艺术设计、公共艺术设计分为三个部分：景观环境、室内环境与公共艺术。

4.3.2.1 景观环境

• 宏观环境，主要指国土规划与设计

对于宏观环境，环境艺术设计师应与环境学家及其他专家一起，承担土地环境生态与资源评估和规划设计的基本工作。"三峡筑坝工程可谓典型的工程实例。其工作涉及到地质地貌、水文、气候、各类动植物资源、风景旅游资源、社会人文历史等多方面的考虑。无论是城市、乡村，还是自然地带，其工作过程包括对规划地域自然、文化和社会系统的调查分类及分析。这些调查分类及分析是进行项目可行性分析、场地选取、环境评估、区域规划和土地使用规划研究的基础。各项工作的结果包括：地图、报告和其他有关文件。"[1]

"大地景观化：绿化－蓝化－棕化规划"是环境艺术设计师宏观环境规划设计的核心工作。其实质是从空间环境保护规划的角度，通过绿化（绿化），水资源整治保护、大气粉尘治理净化（蓝化），土壤保持与改造（棕化）来保护人类聚居环境。它意味着全面考虑环境诸要素。

（1）国家公园与自然保护区

为了保护国家特有的自然风景，由国家力量经营以发挥娱乐功能及供研究之用而设立国家公园（图4—1）。国家公园的定义于1969年印度马德里举行"IUCN第十届大会"时才获得决议一致通过，其内容如下："国家公园为一个面积较大的地区——①其园内有一个或几个生态体系未曾被人开采或定居而改变实质，其植物与动物种类，或地质、地形及栖生地具特殊的学术、教育及游憩价值，或者包括雄伟优美的自然景观；②该区已由国家最高的权宜机关采取措施以防止或尽快排除全区内的开采和居住，而且有效地执行对于促使公园设立的生态、地质及审美特色的保护；③在公园范围内准许游客在特定情况下进入，以达成启发、教育、文化及游憩之目的。"[2]

1872年美国国会将怀俄明州200万英亩的土地划定为黄石国家公园，标志着全世界第一个国家公园的建立。其他国家纷纷仿效，国家公园运动为人类文明做出了很大的贡献。我们国家也设立了很多国家森林公园，供人们旅游，在此度假或游憩；将具有很高生物、地质、美学和文化价值的自然、风景、历史与文化资源保护起来成立自然保护区与文化遗产保护区。其中，环境艺术设计师发挥着重要作用：参与制定设立国家公园的政策，如制定维护风景品质与保护自然资源的准则；进行国家公园、自然保护区与文化遗产保护区的保护性规划与设计，如制定保护性整修计划指导设定边界、营地、建筑物、道路、桥梁等设施的工作；进

---

1 刘滨谊.21世纪中国需要景观建筑学.建筑师.1998年第2期

2 洪得娟著.景观建筑.上海：同济大学出版社，1999年第1版P294，295

行开发性地区的具体规划设计工作，如营地、野餐区、度假区等休闲区的设计。

（2）风景名胜区与旅游区

古老的历史为我们遗留下来众多的风景名胜区。我国有丰富的自然风景资源，由于世代人民心血的浇灌与雕凿，有的形成地区的、全国的风景名胜区，有些已列入世界文化（或自然）遗产，它的价值已超出地区、国家的范围，而属于整个人类。它们大多都已被整治利用成为旅游区，如果过度开发，不注重保护，同样会不断被破坏消失。环境艺术设计师配合文物保护部门和旅游管理部门，进行正确的开发、修整和保护，完成国家级、省级、市级风景名胜区、旅游区的规划设计工作(彩图53；图4—2)。

（3）特殊工程

现代社会产生了许多大尺度的景观工程，在宏观的区域范围内影响着人们的生活，影响着环境的美化。例如：高速公路、铁路景观，桥梁、大坝等大型构筑物，地上高压电缆等市政设施等(彩图54)。环境艺术设计师需要与其他专业技术人员共同协作，将技术、功能、经济的需求与景观形象统筹考虑，将人工建设因素与自然保护因素相互结合，予以规划设计。

比如高速公路，"在洛杉矶北面，有一个四层的立体（交通）枢纽，因为在过去四十年当中藤蔓和树木已经长得十分茂盛，这里已经成为一处高速的亚热带天堂。你只能坐在车里一呼而过，无法在那里停留……也许最具特色的美国园林就是极长的高速车用园林——车用道或风景公路"。[1]

图4-1　佛罗里达州Myombe自然保护区(Reserve)，美国，1993年

图4-2　鲁尔河谷地带生态保护区，因果尔夫·汉，德国，1996年

1 [美]查尔斯·莫尔、威廉·米歇尔、威廉·图布尔著，李斯译.风景.北京：光明日报出版社，2000年第1版P353

图 4-3　丽江黑龙潭，中国云南

• 中观环境，主要指各种场地规划与设计，城市空间环境设计

(1) 新城建设、城市再开发与居住区开发

在新城建设、城市再开发中，环境艺术设计承担城市形象策划、城市美化、城市景观风貌设计。环境艺术规划与设计对建筑、结构、设施、地形、给排水、绿化等予以布局并使之与周围交通系统联系协调。兼顾美学和技术的要求，包括场地内不同功能用地的安排，地形与水体的改造，水系与绿系的组织，沼泽地保留，动植物的迁移，环境保护，以及政策、控制性条例和各种标准的制定。成果包括绘制各类地图、概念性规划、分项规划、报告文本，以及其他用于政府各主管部门审批之所需的文件材料。比如，广西桂林城群山围绕，且城市中心有异峰突起。"桂林山水甲天下"，这种典型的山水之美是其他地方少见的。在这种情况下，必须制定城市的空间布局必须以山峦为主体，将人工环境融于自然环境之中的规划思路，把握好建筑物及各种设施的尺度，不要与山峰比高低(图 4—3)。

《宅经》(或称《黄帝宅经》)一开篇就指出了人所居住的"宅"对于人的重要性："夫宅者，乃是阴阳之枢纽，人伦之轨模。……凡人所居，无不在宅。……故宅者，人之本。" 居住区是城市空间环境的主要组成部分。居住区空间与其他城市空间类型的不同在于它不是向全体市民及外来人员开放，而是为居民提供一个舒适、方便、安静、安全和优美的生活居住环境(图 4—4；图 4—5)。

图 4-4　耶拿东萨莱霍夫第9住宅区，荷尔加·埃任斯贝尔格尔(Holger Ehrensberger)，德国，1997 年

图 4-5　柏林大街建筑区，戈特弗里德·汉斯亚科布(Gottfried Hansjakob)；安东·汉斯亚科布(Anton Hansjakob)，德国

（2）滨水区、休闲地与旅游游憩地

《管子·水地篇》曰："地者，万物之本源，诸生之根菀也。……水者，地之血气，如筋脉之流通者也……万物莫不以生。"正如《宅经》中所言："以形势为身体，以泉水为血脉。"可见水对地之重要。对城市空间环境而言，水首先是一道风景线，也是一种自然边界，尤其是在海边、湖边或江河边(彩图55)。水与城市连成一片，城市空间在这里很容易形成鲜明的界面形象。另外，水可以调节城市小气候，有着重要的生态意义。越来越多的海边城市、湖边社区、河边城镇的滨水区（港口、水域、河岸等）被作为公共空间提供居住、游憩、商业、办公等使用功能。滨水区成为设计的重点对象，设计创新、历史特质维护与公共空间的社会文化价值得以强调。作为休闲地的大型开放空间与公共绿地往往设置在滨水区内或与之结合在一起(图4-6)。

图4-6 北京城市水系景观，中国北京

旅游游憩地主要指各种类型的公园，另外还有度假村、游乐场、露营地等。

公园(park)是城市计划法中供公众使用，存有绿色资源以及开放空间等的公共设施用地之一；它是供给大众享受户外修养、观赏、游戏、运动，并由公共团体经营的造园设施用地。换言之，公园是公共团体为了保持城市居民的健康，增进身心的调节，提高国民的教养，并自由自在享受园地中的设施，兼有防火、避难及防止灾害的绿化园地，成为城市中不可或缺的重要元素，故有"城市肺腑"、"城市之窗"之称。[1]根据不同的标准，公园有很多的分类方法。在此仅以功能为准，公园可分为：观赏公园（植物园、动物园、雕塑公园等）、娱乐公园（水上乐园等）、教育公园（科普公园、烈士陵园等）、运动公园（各类体育公园等）、休养公园（生态公园、康体性海滨公园等）等（图4-7；彩图56；彩图57）。事实上，很多公园在功能上都是综合性的。公园是环境艺术设计的重要领域，无论在工业还

图4-7 雅克·蒂何塞公园，卡·帕·布罗尔斯，荷兰 阿姆斯特尔芬

1 洪得娟著.景观建筑.上海：同济大学出版社，1999年第1版 P280

图 4-8　箱根雕塑公园 上帝之手，凯尔·米勒斯，日本神奈川县，1954 年

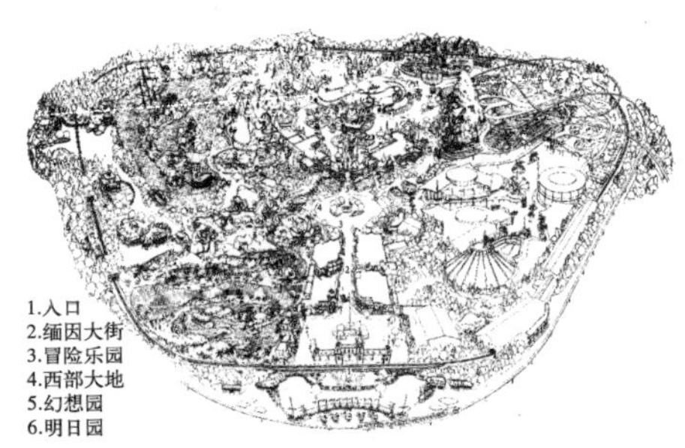

图 4-9　阿纳海姆的迪斯尼乐园，美国加利福尼亚州

是后工业社会发展中，它都扮演着重要角色，是人们生活中的积极空间(positive space)。公园是修辞的风景，世上公园皆由大致相同的材料造就，如同修辞学家的词汇皆出自同一门语言，公园和修辞的构造都是要教诲、感动和使人愉悦。但是，公园为达到各自的特色效果而使用的修辞结构、造型和转义不同，公园内容也就存在差异(图 4—8；图 4—9)。21 世纪以后，随着人们的需求和价值观的改变，公园的作用和形式也会不断变化，科技性、康体性、生态性的公园也许会受到越来越多的青睐。

经济的发展必然会带来生活质量的提高，在设计度假区、游乐场、露营地时，土地、水、植物、空气等自然要素非常重要。度假区常具备旅馆、公寓、会所等，再加上休闲设施；游乐场包括各种儿童游乐场，开展丰富多彩的活动，另外还包括成人运动场（俱乐部），通常只开展一、两项活动，如高尔夫球、网球、游泳、划船、骑马或滑雪等(图 4—10)；露营地除了具备有特色的自然风光以外，还设有野餐设施及防护设施等。

(3) 街道与广场

街道是城市的骨架，与滨河带一样是城市景观中的线性因素。人们的各种活动都离不开街道，市民与外来人员都是通过街道来熟悉城市的。简·雅各布斯(Jane Jacobs)在她的《美国大城市的生与死》一书中指出："当想到一个城市时，心里有了什么？它的街道。如果一个城市的街道看上去挺有趣，那么这个城市看上去挺有趣；如果这些街道看上去很枯燥，那么这个城市看上去就很枯燥"。[1]街道有交通性街道、

图 4-10　摩依兰德宫高尔夫和自然景观公园，沃尔夫岗·R·缪勒尔 赫尔曼·初姆贝格，德国

1 白德懋著.城市空间环境设计.北京：中国建筑工业出版社，2002 年第 1 版 P54

生活性街道、商业性街道(图 4—11a、b、c)，每一种又包含多种类型。环境艺术设计师要与市政工程师处理好功能与技术问题，更主要的是承担街道空间环境的尺度与景观问题。特别要重视城市道路交叉口节点规划设计，它包括节点处景观识别引导、周边地块建筑群体开发策划、交通组织以及外部环境绿化的综合规划设计。

漫步在许多小城镇街道，“人们会感到这是一种从容的活动，典雅的房屋，和谐的韵律，优美的环境。城市画面渐渐展开。”[1] 但是，现在各种交通工具介入后，视点移动(连续的快速移动)带来街道景观设计的新视点，正是这种快速移动和变

图 4-11a　天津卫津路，中国天津

图 4-11b　带有绿化的街道，古巴哈瓦那

图 4-11c　南京路商业步行街，中国上海

1 [英]F · 吉伯德等著，程里尧译. 市镇设计. 北京：中国建筑工业出版社，1983 年第 1 版 P8

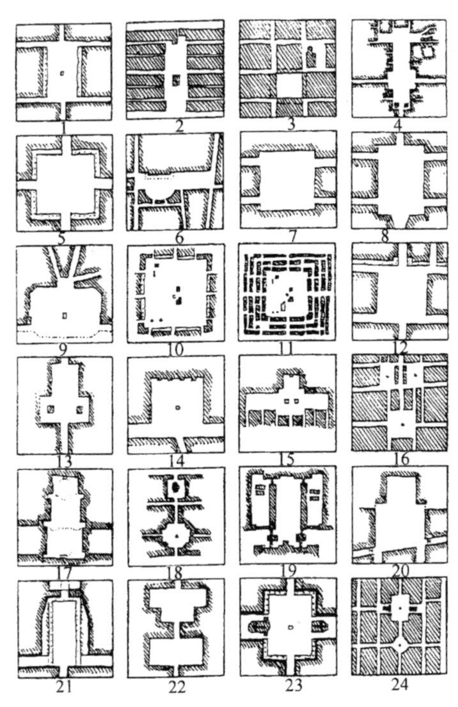
图 4-12a [德]罗伯特·克里尔总结的部分城市空间形态(直角形广场)

化在一定程度上改变了传统衡量景观的尺度，使审美意识起了变化(彩图 58)。

城市广场由来已久，广场是市民重要的公共活动场所(图 4—12a、b、c、d)。中国古镇的中心广场是集市和集会的地方，戏台为节日表演所用，因而也成为城镇中最吸引人的场所。古罗马时代的广场被誉为城市客厅，那里气候温和，居民习惯于在室外活动，享受大自然的气息。广场从性质上可分为：行政广场、宗教广场、商业广场、文化广场、交通广场、综合广场(图 4—13a、b、c、d、e；彩图 59a、b)。环境艺术设计要针对不同情况，依照广场的性质、功能和形式，采取不同的处理手法(图 4—14)。富有人情味，符合现代生活的广场可以弥补林立的摩天大楼带来的城市冷漠感。

• 微观环境，主要指小规模场地的详细设计

(1) 特殊园区

特殊园区包括工农业园区、企事业单位园区、校园、墓园等。经济的繁荣使数量持续增长的高科技工业园区、生态农业园成为环境艺术设计师与其他设计师的又一个主要实践领域。社会的进步使得各类社会机构与单位重视自己的园区景观设计，优良的环境可以使人身心愉悦。医院的病人除了药物治疗外，尚需要理想的物理及精神上的疗养空间及设施来加以辅助，"园艺治疗"、"森林浴"之说，更表明医院园区的重要性(彩图 60)。越来越多的企业开始拥有宽广的开放空间和休闲资源，如雕塑花园、湖区、各类球场、慢跑道等，既能提高员工的工作效率，还

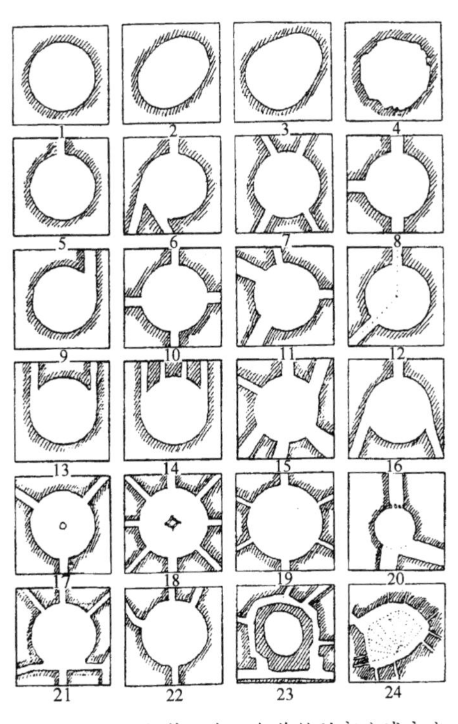
图 4-12b 罗伯特·克里尔总结的部分城市空间形态(圆形广场)

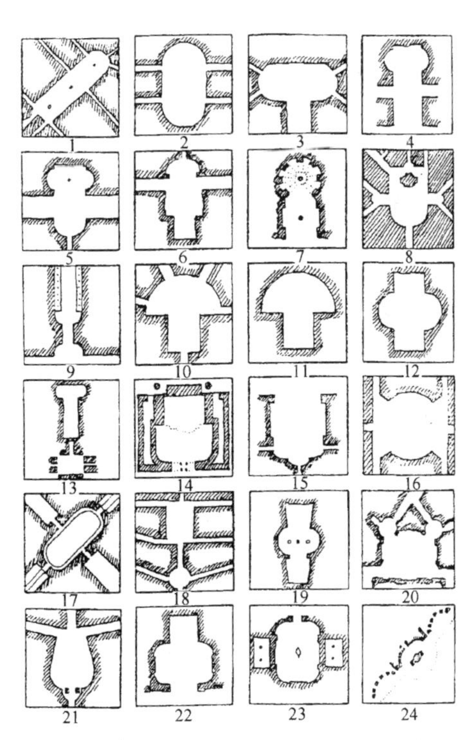
图 4-12c 罗伯特·克里尔总结的部分城市空间形态(几种圆形广场组成的广场群)

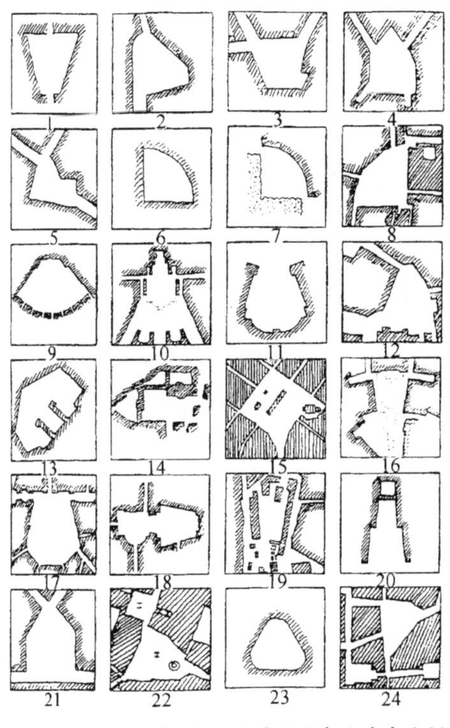
图 4-12d 罗伯特·克里尔总结的部分城市空间形态(三角形广场及其派生)

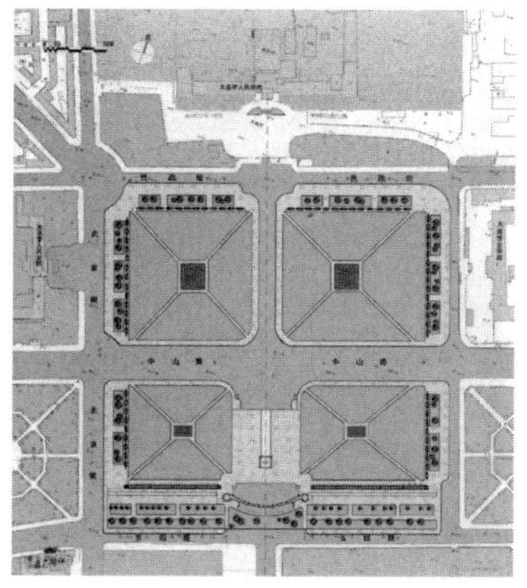

图4-13a1　大连市人民广场平面图，中国辽宁

图4-13a2　大连市人民广场，中国辽宁

图4-13b　里斯本的广场，葡萄牙

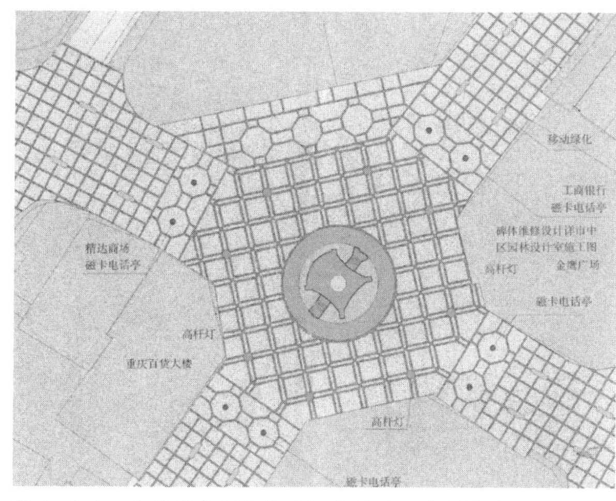

图4-13c1　解放碑中心购物广场平面图，中国重庆

图4-13c2　解放碑中心购物广场，中国重庆

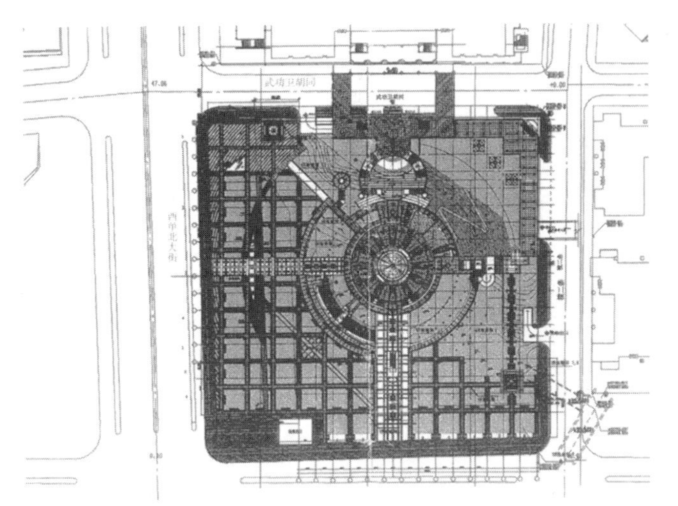

图 4-13d1 西单文化广场平面图，中国北京

图 4-13d2 西单文化广场，中国北京

图 4-13e 北京站前广场，中国北京

图 4-14 维多利亚广场，伯明翰市议会，英国 伯明翰

可以增加企业的不动产价值。在日趋激烈的行业竞争中，企业园区景观还作为关键的因素之一来表达企业的形象、品质，展示自己的企业文化(图 4—15a、b；图 4—16)。纽约州Purchase的百事可乐公司(Edward D. Stone. Jr. Associates. 1965)融合了景观、建筑与雕塑，代表企业园区新的创造力，其雕塑品展示在花园梯坛上，成为大众的户外美术馆。[1]学校校园的环境更是关系到学生身心的健康成长与文化知识的吸收，艺术修养的提高。学校校园包括植物园、文化园、艺术长廊、植物教材园、实习农园、饲养园、养鱼池等。大型的陵园如中山陵，清东、西陵等属于公园或风景名胜区一类，此处墓园指一般的公共墓区。墓园是人们常去悼念亲人、寄托哀思的地方。在环境艺术设计师的努力下，墓园不应具备传统坟地的荒凉气氛，而是成为可以很好地调节人心理的秀美场所(图 4—17)。

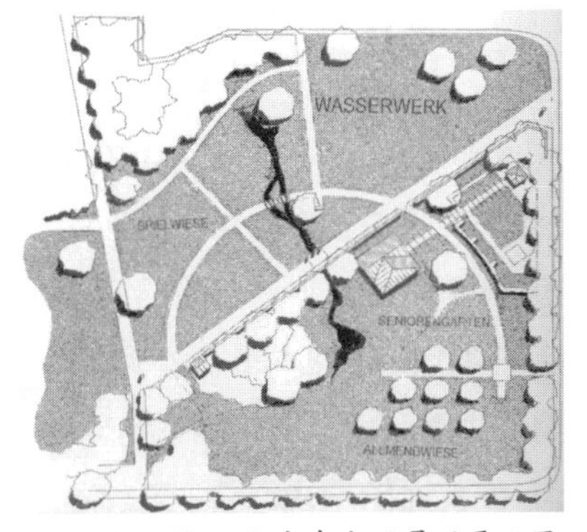

图 4-15a　Ketsch 自来水厂景观平面图，卡尔 · A · 瓦恩德温(Karl A · Vandeven)，德国

图 4-15b　Ketsch 自来水厂景观，卡尔 · A · 瓦恩德温(Karl A · Vandeven)，德国

图 4-16　苏州工业园国际科技园开发有限公司，中国江苏

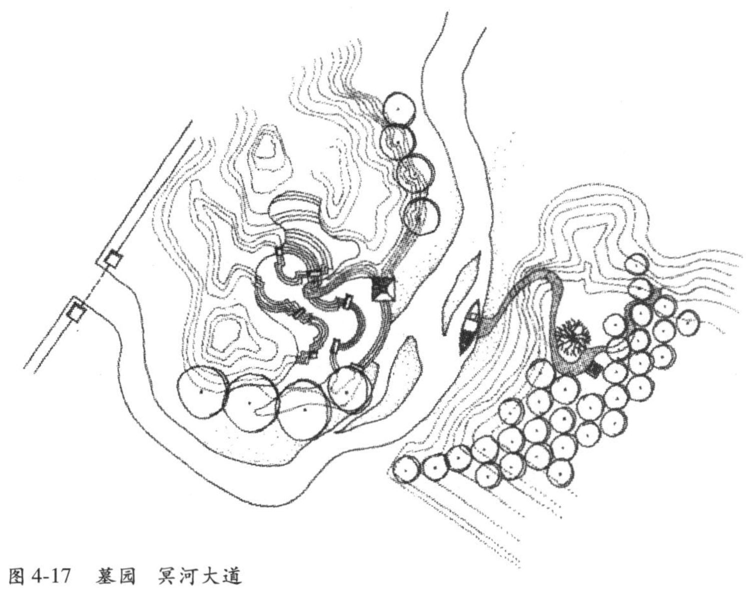

图 4-17　墓园　冥河大道

图 4-18　伯布林根（Boblingen）的新式住宅，贝尔恩德 · 克吕格尔（Bernd krüger）胡伯特 · 默勒（Hubert Möhrle），德国

1 俞孔坚、刘东云.美国的景观设计专业.国外城市规划.1999 年第 2 期

(2) 庭园

庭园的私密性要求较高，供私家使用。“庭”亦作“廷”，说文注曰：“为房屋中之空地也”。“园”者，植蔬果花木之地，而有藩篱者，因此，庭园二字可解释为：房屋间的空地，栽种蔬果花木的地方。庭园主要有住宅庭园、旅馆庭园、屋顶花园。住宅庭园(family garden，home garden)为利用院落空地，加以有计划地布置，栽种各种观赏性植物及其他装饰、休养、娱乐的设施(图4—18)。现代化的旅馆是人们家庭生活以外的偶然的新鲜的群集场所。旅馆庭园应以舒适、幽静与便利的原则加以设计与布置，使投宿者有“宾至如归”的感觉，解除旅途疲劳。房屋所环绕的天井和露台延伸了室内空间，并使其和室外庭园紧密联系。居家或公共建筑的屋顶花园可以消除屋顶堆筑废物问题，又可隔热，它们在市中心制造“绿洲”感，利于环保生态要求；使人产生舒适感，增加生活乐趣(彩图61)；也为屋顶花园之上的高层建筑物提供美好景色。

4.3.2.2　室内环境

有些建筑的室内设计工作由建筑师随同建筑设计一同完成，但大部分由环境艺术设计师来承担，特别是大型室内共享空间、室内庭园等(彩图62)。环境艺术设计师根据建筑物的使用性质、所处环境和相应标准，运用现代设计方法和技术手段，将实用功能与审美功能高度结合，创造能够满足人们物质生活和精神需求的室内环境。

建筑室内环境可分为三类：人居建筑室内环境、公共建筑室内环境、工业建筑室内环境(彩图63；图4—19；图4—20)。无论那一种类型的室内环境一般都包含：室内空间界面及其围合的空间、室内家具与陈设、室内绿化与水体，以及水、电等配套设施。

图4-19　南京艺术学院音乐厅，中国江苏

图4-20　俄亥俄州21世纪科学产业中心，矾崎新，美国

• 室内空间界面及其围合的空间

室内空间界面包括围成室内空间的顶面、底面、立面(图4—21；彩图64；图4—22)。如果说空间为“虚”，那么界面则为“实”，在设计中涉及材料、构造、造型、色彩等相关因素。室内界面的线型包括水平线、垂直线、斜线、曲线等，线型影响着人们对空间的心理感受，如水平线型的空间易产生横向扩展、纵向压缩感；垂直线型的空间则相反，产生竖向空间延伸、横向紧缩感(图4—23a、b)。有时为加强其视觉装饰效果，可以纳入绘画、雕塑、构成与建筑的细部符号或将其概括抽象化，如贝聿明设计的香山饭店，有些符号明显地体现了传统建筑的装饰风格。

图 4-21 亚洲锦江大酒店，中国北京

图 4-22 汉城新机场，Jean Micheal willoment，韩国仁川

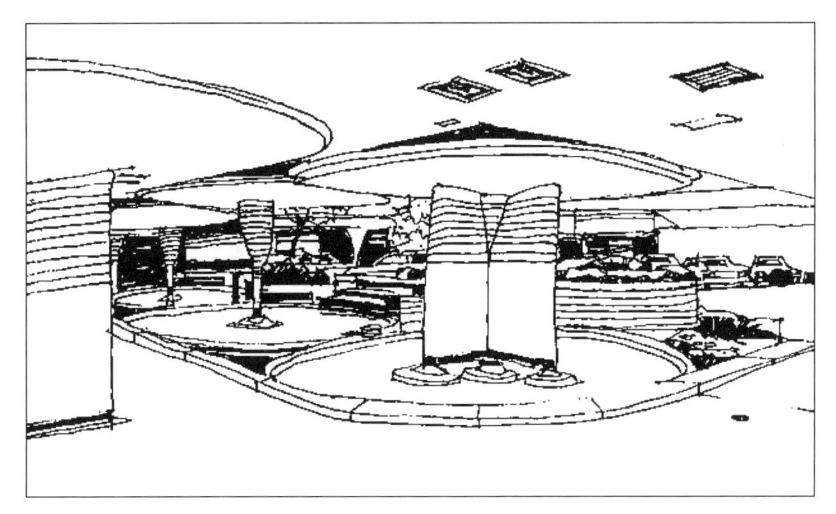

图 4-23a 室内水平横向空间

图 4-23b 室内垂直纵向空间

通过对界面的灵活处理，可以围合成不同的空间类型，如固定与可变空间，实体与虚体空间，封闭与开敞空间，动态与静态空间。可以通过多样化的界面与家具、陈设、绿化、色彩、光线等元素的结合，来划分和组织室内空间（彩图65；图4-24）。

• 室内家具与陈设

在室内环境中，家具与陈设是保证其物质功能、精神功能与审美功能实现的主要内容。家具是实现室内实用功能的主要器具，本身也具有丰富的艺术内涵；陈设主要是室内环境的视觉装饰要素，体现室内空间的艺术风格与个性。

家具可以说是构成室内环境气氛的主体。家具的发展演变与人们的生活方式有关，家具的造型与风格也与特定时代的建筑、室内装饰风格相互影响，家具也是社会经济、科学技术、美学思想的缩影。科学技术的进步出现了许多新型家具。家具自身的主要功能是满足人们的日常实用，同时在室内环境中还有分隔空间、组织空间，完善构图、体现装饰风格的作用。家具的种类繁多，如果按照使用材料的不同，可将家具分为：木质家具、竹藤家具、金属家具、塑料家具等（图4-25a、b、c、d）。按照家具的结构特征可将其分为：板式家具、框式家具、折叠家具、壳体家具、充气家具。[1]设计师把家具的配置纳入室内总体

图4-24　茧酒吧，日本

1 注：还有其他分类方法，根据家具的组合特征我们可将家具分为单体家具与组合家具两类。根据使用场所不同分为：办公家具、住宅家具、商业家具、宾馆家具、学校家具等。

图 4-25a　传统木桌椅

图 4-25b　藤椅

图 4-25c　“皮与骨”，Wiherheimo

设计之中。家具配置遵循以下原则：与空间环境的使用功能相吻合；与室内空间的尺度、色彩相匹配；与所处的室内环境整体设计风格相一致；与室内装修的标准相符合。

由于人们有爱美的天性，喜欢搜集有意义的事物，并保存在周围环境中，也就有了室内陈设。它是指在室内环境中陈列、摆设的各类物品。室内陈设作为室内空间的点缀，完善着室内设计，它不仅是个人心爱的物品的展示，也常常取悦于来访者。精心设计、选择、布置的陈设饱含着艺术与文化内涵，体现出地域、时代、民族工艺、主人审美情趣等方面的特色，丰富视觉效果，烘托环境气氛，表达设计意图(彩图 66)。

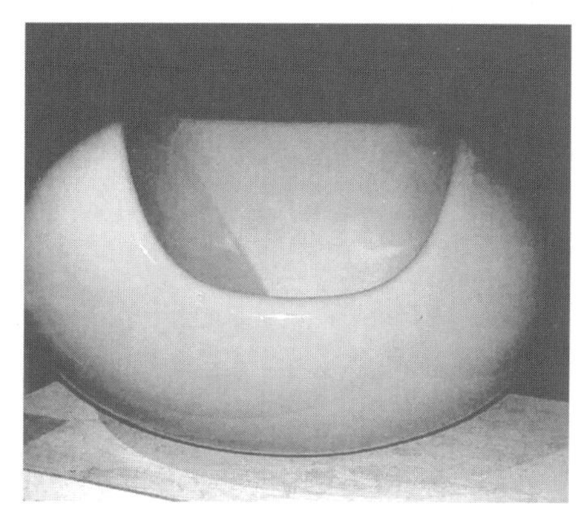

图 4-25d　“香皂椅”，Eero Aarnio

室内陈设的品种繁多，在具体的配置上颇有学问，在西方某些国家甚至还出现了专门的室内陈设师。在配置陈设物品时应注意：空间的功能要求；室内的空间构图要求；室内设计风格与意蕴要求；陈设物之间的协调要求。当然，在审美存在变异的今天，人们有时将明式椅与现代钢管椅置于一室，也可收到良好的效果，就另当别论了。

• 室内绿化与水体

现代的人希望尽可能多地感受自然的气息。将户外环境中的花木水石引入到室内环境中，改善室内小气候，净化空气，淡化人工材料过多而造成的紧张感和冰冷感，取悦人的眼睛与心理(彩图 67)。室内环境中常见小型绿化与水体。放置盆栽植物如花卉、盆景和插花，尤其是插花，是目前较为流行的台面绿化装饰，有很强的艺术韵味。还常在室内布置小型水体，或模拟海底布景，或饲养水生物，有着很强的趣味性，也丰富、活跃了室内景观。

此外，室内环境具体构成中还包括水、电等配套设施，它们的合理配置与正常运转是人们在室内环境中生活舒适的前提。它们的设计安装不合理不仅会影响室内的景观效果，而且会成为日后的安全隐患。因此，这些相关的设施理应属于环境艺术设计师充分考虑的内容。

4.3.2.3 公共艺术

公共艺术(Public Art)所指的是公共开放空间(Public Space)中的艺术品创作与相应的环境设施设计。[1]它是以某种载体和形式创作的，面向非特定的社会群体或特定社区的市民大众，通过公共渠道与大众接触，设置于公共空间之中的，为社会公众开放和被其享用的合法的艺术作品或艺术活动。

公共艺术是由“公共”(Public)和“艺术”(Art)构成，其中，“艺术”(Arts)是中心词，“公共”(Public)是限定和修饰词。这表明两层含义：公共艺术是艺术；公共属性是其自成类别的界定核心。公共领域(Public Sphere)是近年来英语语系国家学术界常用的概念之一。这个概念是根据德语“Offentlichkeit”(开放、公开)一词译为英文的。这个德语概念根据具体的语境又被译为“The Public”(公众)。这种具有开放、公众特质的，由公众自由参加和认同的公共性空间称为公共空间(Public Space)，而公共艺术(Public Art)所指的正是这种公共开放繁荣空间中的艺术品创作以及与之相应的环境设施设计。城市中，建筑物与建筑物之间的“空隙”构成的“公共”空间环境是公共艺术设计的领域所在。而且，只有当这些作品如实反映大众文化与审美趣味时，才能真正被称为公共艺术。公共艺术要在这种公共的区域中形成体现公众内在的、精神上与视觉上性格指向的视觉焦点，或是具有认同感和归属感的约定因素的精神性产品。正如F·吉伯德所说：“我们说城市应是美的，这不是仅仅意味着应该有一些美好的公园，高级的公共建筑，而是说城市的整个环境乃至最琐碎的细部都应该是美的”。[2]

公共艺术在艺术形式上具有开放性，要求作品适应时代、空间和人的需求。首先，作品能够适应时代的审美要求，在作品造型设计和整个公共空间整体设计上与时代同步，体现时代精神，具有鲜明的时代特征。其次，在空间上，作品能够与周围的环境形成互动关系。

公共艺术在艺术表现上具有通俗性。公共艺术面对的是川流不息的人群，他们有不同的社会层次、不同的教育背景，甚至不同的民族、不同的宗教信仰、不同的国度。因此公共空间艺术作品的表现语言应满足公共性和开放性条件之下的通俗化倾向。这里的通俗性，并不是指一般的大众喜闻乐见的世俗化作品，而是指以大众的审美情趣和审美心理为艺术创作的基本出发点，进行作品的创作。同时

---

1 施慧著.公共艺术设计.杭州：中国美术学院出版社，1996年第1版P1；公共空间指具有开放、公开特质的、由公众自由参与和认同的公共性空间

2 [英]F·吉伯德等著，程里尧译.市镇设计.北京：中国建筑工业出版社，1983年第1版P1

应强调作品与公众的亲和力，强调作品与环境的和谐性，从而创造一种和谐完美的人文环境。在公共艺术创作中，要提升艺术与文化内涵，反对一味地迎合公众心态的、随声附和的、毫无创意的作品。但是，不要设置那些完全建立在个人审美意趣之上，虽然不乏生动、新颖之艺术精神，却难以进入大众审美层次的作品，防止将艺术作品从艺术家工作室和美术馆直接搬到公共空间中的做法。

公共艺术在功能上具有综合性。公共艺术现象并不是一种孤立的、单纯的现象，其中存在着审美主体与客体的关系问题。公共艺术本身作为审美客体与主体——人对环境的观察有密切关系。许多公共艺术品既有实用功能，又在环境中承负改善整体视觉关系的美化作用。因此，它不是单纯的艺术创作，而是环境艺术的有机组成部分。

人类一向都离不开对艺术的审美需求。很早以前就开始将雕塑品放在广场、街道上，庭院、花园里。人们在岩石上、墙壁上创造浮雕，绘制壁画。在中国古典园林中还有人工匠心堆砌的假山、奇石。古时遗留下来的柱式、残垣，精美的陶瓷制品、金属制品也当属艺术品。并且，各种环境公共设施一旦经历了人的双手创造处理，经过了精心考虑的、绘画般的构图组景与色彩搭配都具有了不同程度的艺术性。如，大型成组的喷泉同时也是一座精美的雕塑作品。在这一领域内，环境艺术设计师常常需要与艺术家配合工作。公共艺术设计的对象包括环境艺术品与环境设施。

• 环境艺术品

艺术品是环境中的惊叹号，它们的布局和创作质量的好坏常常直接影响环境的质量。艺术品包括环境中的雕塑、壁画、构造小品。

（1）环境雕塑

雕塑最早在环境景观中的运用，西方开始于古希腊、罗马时代，为了纪念功臣伟人，用大理石等高贵石材雕刻当代的伟人、先哲、英雄等并置于庭园、广场中供人瞻仰（图 4—26；彩图 68）。至今各式庭园中除许多人像外又有神像、动物及抽象性雕塑（图 4—27；彩图 69）。在中国具有代表性的是古代陵寝园林中沿道排列的石像生，气势磅礴，蔚为壮观（图 4—28）。与放在私人环境中的作为少数人艺术的雕塑不同，城市中的雕塑可以把一个大城市的历史变迁铸进自身之中，这是其他艺术形式所做不到的。[1]

图 4-26　西奥里广场 大卫像，米开朗基罗·邦内罗提，意大利佛罗伦萨，1501～1504 年

现在，人们习惯将城市雕塑分为纪念雕塑与装饰雕塑。纪念雕塑是以雕塑的形式来纪念人与事，主要表达某种特定意义，多以纪念碑的形式出现（图 4—29；彩图 70；图 4—30）。纪念性雕塑也不一定都是很严肃的造型或题材，有些还是较自然或

1 [美]约翰·拉塞尔著，陈世怀、常宁生译.现代艺术的意义.南京：江苏美术出版社，1996 年第 2 版 P410

轻松的内容或形态。例如，在英国伦敦古老的戏剧文化中心莱斯特广场上落成的卓别林纪念碑，就相当浪漫，体现了喜剧大师的轻松、潇洒的特色。装饰雕塑则以美化城市环境、渲染艺术氛围为目的(彩图 71；图 4—31)。作为一种文化现象，装饰雕塑是由诸多因素构成的，是直接体现人类审美行为、精神活动的一种实践方式和表现的结果。装饰雕塑偏重趣味性，淡化情节性，注重思想化的抒情，富

图 4-27　拓荒，路易斯·金梅尼斯，美国北达科塔州法哥

图 4-28　天寿山 明十三陵神道，中国北京昌平，15～16 世纪

图 4-29　死难的犹太人纪念碑，纳尚·雷波包特，美国费城，1964 年

图 4-30　天津北运河 北洋园纪念雕塑“开辟鸿蒙”，董雅，中国天津，2002 年

图 4-31　天津北运河 北洋园雕塑“鹭”，董雅，中国天津，2002 年

于浪漫主义的夸张，具有象征性表现技法的内涵。纪念雕塑与大型的装饰雕塑常设于广场中，主要建筑物之前，道路的交汇点，花坛或绿地中心，以庭园树为背景的位置，景观轴线的终端等等。而一般或小型的装饰雕塑常设于建筑旁、园路边沿、阶梯两旁，桥墩或路墩上，水景、假山旁以及室内场所等。无论是纪念雕塑还是装饰雕塑，其形体愈来愈灵活多变，有的与喷水、灯光、机械等结合在一起，使人难以说清它们到底是雕塑，还是喷泉、灯具、构筑物(彩图 72)。许多雕塑具有越来越多的趣味性与幽默感(图 4—32)。

图 4-32　花旗广场公司之头，泰利 · 阿伦，美国加利福尼亚州洛杉矶，1991 年

在进行雕塑的设计和布局时，我们还应注意：在取材方面，雕塑的风格和内容的确定要与所提供的空间尺度结合起来考虑。如取材于当代生活，应反映人们的积极的精神面貌与思想状况，如取材于历史或神话传说，应选择有深刻意义与美感的人或事件。雕塑应具有艺术与创意方面的时代感，形式与内容不要过于陈旧或浮躁，要追求永恒性(图 4—33)。在布局方面，要注意雕塑和整体环境的协调关系。城市雕塑和环境空间的配置，具体尺度可参照建筑学公认的27° 视角原理，即以观众的视点到所观察的物体顶点之间构成的视角一般在27° 左右。人在观察事物时，有一定的视域，一般以 27° 为最佳，超过 45° 角，就要刻意扭动头颅勉强观察。为此，这 27° 视角就成了公认的观察物体的理想角度(图 4—34)。除了尺度上取得与环境的协调外，还应对周围环境特征、城市景观、空间心理、文化传统等方面有全面且独到的理解和把握。待统筹考虑后，确立雕塑的材质、色彩、体量、尺度、题材、位置、朝向等，从而达到雕塑和整体环境的协调统一。文丘里说过“只有保持对容易发生冲突的构件组合的控制，否则紊乱是很容易产生的。惟其容易而得以避免，就能产生力量。”[1]现代雕塑家亨利 · 摩尔和考尔德的作品，使现代雕塑与建筑在环境中成为不可分割的整体(彩图 73)。

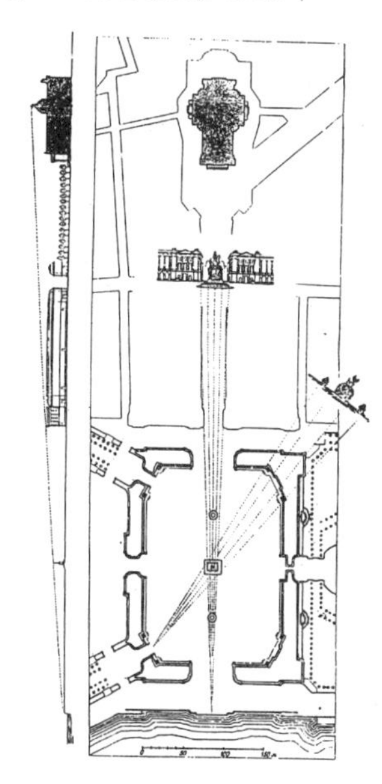

图 4-34　路易十五骑马像 环境空间分析，法国巴黎

图 4-33　巴赛罗那奥运会馆的鱼形雕塑(Fish sculpture，Villa Olimpica Complex)，弗兰克 · 盖里(Frank Gehry)，西班牙

纪念碑与纪念雕塑的有些相似，但它以纪念前人或记载事件为主，美观居次。纪念碑一般以文字与形体作为表现媒介，而纪念雕塑主要通过形体表现。纪念碑可用材料也很广，如石材、金属、混凝土等，它的设计布局原则也与纪念雕塑类同(彩图 74)。

(2) 环境壁画

如果按广义的概念来理解，壁画早在法国的拉斯科洞窟与西班牙的阿尔塔

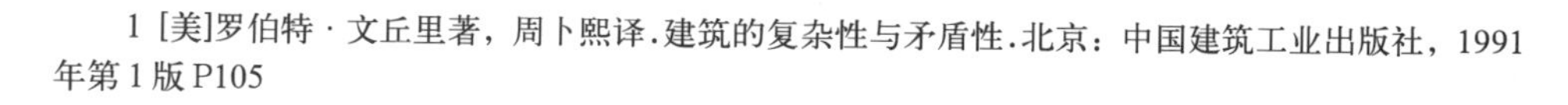

1 [美]罗伯特 · 文丘里著，周卜熙译. 建筑的复杂性与矛盾性. 北京：中国建筑工业出版社，1991 年第 1 版 P105

图 4-35a　画像砖 舂米，中国四川彭山，汉代

图 4-35b　画像砖 轺车、卫从，中国四川德阳，汉代

米拉洞窟中产生了。从中国古代画像砖与殿堂壁画到敦煌壁画、印度阿旃陀的壁画、意大利文艺复兴时期的壁画、前苏联革命与战争时期的壁画、墨西哥的壁画运动、美国的街道壁画（图4—35a、b至图4—40），直到壁画形式越来越多，在环境中应用范围愈来愈广的今天。壁画应用的材料也愈来愈多，天然材料有黏土、石头、皮等，人工材料有各种金属、玻璃、陶瓷、塑料、水泥、混凝土、纸纤维等，实物材料有报纸、照片、灯具、机械零件、各种生活用品等（彩图75）。

图 4-36a　阿旃陀(Ajanta)石窟壁画群 - 幽谷画廊，印度，约公元前2世纪～公元7世纪

图 4-36b　阿旃陀(Ajanta)第17窟壁画 - 须大拿本生，印度，约公元前2世纪～公元7世纪

图4-37　罗马西斯廷教堂天顶画 创世纪，米开朗琪罗，意大利

图 4-38　废墟墙浮雕局部，前苏联

图 4-39　墨西哥城艺术宫顶层西墙 - 十字路口的人类，迪埃戈·里维拉，墨西哥

我们可以如同将城市雕塑分类那样，把壁画分为纪念性壁画与装饰性壁画(图4—41；图4—42)。壁画有纪念、宣传、教育、视觉识别、审美，调节心理、弥补建筑物缺陷等功能(图4—43～图4—45；彩图76；彩图77；图4—46；图4—47)。壁画不同于雕塑，可以以独立的个体形式出现，壁画一般必须依附于建筑，即使独立性很强的壁画也离不开墙体等附着物。壁画与雕塑一样也是环境艺术的重要组成部分，设计师自选材时起就考虑到环境的整体性、场所空间的特质及其与人们的关系；以文化的视角来注视人们的生存空间，更注重作品的意义。壁画的构思应结合壁画所处的“场所精神”，业主的建议与要求，创作者与公众的情感诉求等等。壁画的构图设计与色彩搭配应以其所在的建筑墙面为依托，以建筑物之外的景观为参照，以观者的视觉流程为红线，以壁画的创作主题为全局引导。

壁画在环境中得到大量应用，还是源于壁画是一门公共艺术的特质。墨西哥壁画三杰之一的何塞·克莱门特·奥罗兹戈曾说过“绘画的最高级，最理性、最纯粹和最有力的形式，就是壁画，它也是最公正无私的，因为它不可能成为个人谋私利的工具，不能为少数特权者服务，它是为人民的，是为所有人的艺术。”正是因为壁画不是博物馆或画廊中仅供陈列展出的艺术，它走向社会，面向公众，将

图4-40 维克多大厦北墙 新娘与新郎，肯特·特威切尔，美国加利福尼亚州 洛杉矶

图4-41 洛杉矶的长城——二次大战，美国

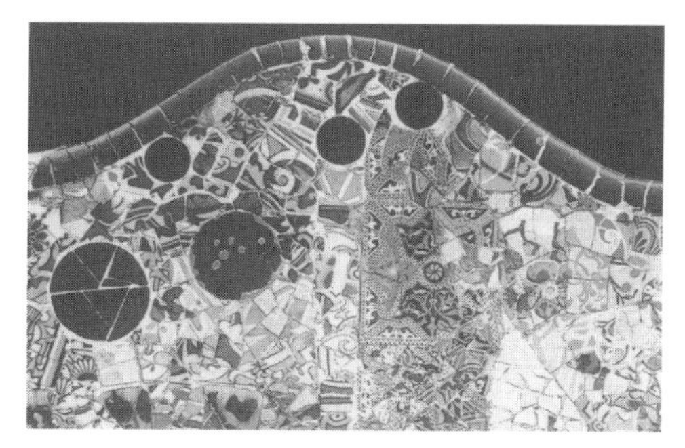

图4-42 古尔公园(局部)，安东尼·高迪，西班牙

图4-43 墨西哥城美术馆前厅 新民主，大卫·阿尔法罗·西盖罗斯，墨西哥

图4-44 1996年奥运会申办，卡特设计公司，澳大利亚

图4-45 洛杉矶的长城——人权先驱者，美国

图 4-46　国王的宫殿(门洞)，妮基·德桑法尔，意大利

图 4-47　窗墙(左边除了两扇窗是真的以外，虚构的窗户采用严谨的超级写实手法描绘出来，以模仿另一立面真实存在的窗户序列，目的在于保存历史、文化背景)，理查德·哈斯，美国

图4-48　达拉斯西南贝尔电话公司员工餐厅 霓虹灯管色光壁画，史蒂芬·安东尼克，美国得克萨斯州

情感和美高度结合，要求兼有思想性和社会性。因此，壁画是一面镜子，对映着特定的人类社会、历史、文化、经济等方面的发展、变迁面貌。现代壁画也受到新技术、新观念的影响，光、音、色、味、速度等各种因素也介入到壁画中去，从而扩展着壁画在环境艺术中的艺术感染力(图4—48)。这有益于调整环境的整体布局，提高人们的审美境界，激励并唤起人们热爱生活、奋发向上的精神。

(3) 构造小品

构造小品主要指假山石作，它历来在中国古典园林中得以重用。假山比较复杂，它用黄石、湖石等加工堆砌而成。名匠的佳作可以将千山万壑之势寓于小小石山之中。唐代王维在《山水决》中说道："主峰最宜高耸，客山须是奔趋。"元末维则筑山，则以"奇峰怪石，突兀嵌空，俯仰万变"称胜。明清时代的计成、石涛、张南垣、李笠翁、戈裕良等，更是名师辈出。[1]在中国园林中，还有造型颇具审美价值的天然奇石，并常赋予石以独特性格等人文色彩。在深受中国文化影响的日本，为禅思而设计的"枯山水"中砂石的用法，简洁、细节完美、空间蕴意宏大(图4—49a、b)。

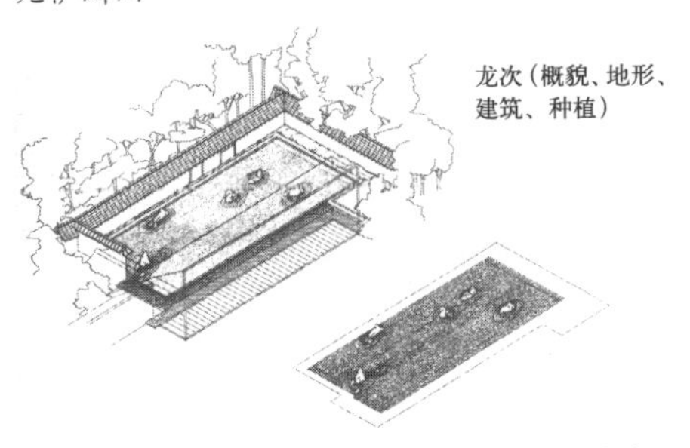

图4-49a　龙安寺(Ryoanji Temple)，日本京都，15世纪

在西方，虽没有我们那样的假山堆砌，但石作应用也很普遍，叠落的台阶、石板常常营造出变化多端的水景来。在现代城市环境中，常用一些单独放置的小石(稍加雕凿，介于石与雕塑之间，还不能称为雕塑)，粗糙的石柱、石梁来点缀空间或分隔空间(图4—50)。它们布局灵活，形体自由。

公共艺术中的艺术品除上述之外还有很多，如：古建筑遗留下来的装饰细部，走向户外的陶塑、陶瓷制品、金属雕镂工艺品，艺术性很强的花坛、花架、盆景，书

图4-49b　龙安寺(Ryoanji Temple) 石庭(从相反方向观景)，日本京都，15世纪

1 杜汝俭、李恩山、刘管平主编.园林建筑设计.北京：中国建筑工业出版社，1986年第1版P143

法、诗词石刻、悬挂的吉祥物、用于装饰的旗帜等。"在艺术的领域里，只要是有价值的东西，那么就一律平等。煎蛋卷，如果火候合适，比一件画得不成功的壁画更好。古希腊的维奥蒂亚的塔纳格拉城出土的小陶俑，比崖壁上凿出的开国元勋的面孔，更能感人肺腑。"[1] 艺术品，无论大小，都在美化、装点着我们生活的环境。

图 4-50　国家金属研究院科学技术所自然洁净广场，枡野俊明，日本 筑波

• 环境设施

公园、广场、庭园等环境中都离不开各种各样的设施。它们不仅在功能上满足人们的需求，而且也保证了所在环境的功能实现，对美化环境也起着一定作用。环境设施主要包括：游乐设施、运动设施、休息设施、照明设施、传媒设施、服务设施。

（1）游乐设施为环境景观中重要设施之一，游戏和娱乐是人们生活中不可或缺的内容，我们可以将游乐设施简单分为游戏设施和娱乐设施。它们的使用对象不同，设置要求也相应有所差异。

游戏设施是为学龄前后的儿童设置的，童年是人生难忘的时光。"日内瓦儿童权利宣言"中说，"儿童应享有游戏与娱乐机会的权利，各种游戏与娱乐必须与教育保持同一目的，社会的儿童主管部门必须为促进儿童对这种权利的享有而努力。"给儿童创造良好的游戏环境是设计师的职责。游戏设施一般在幼儿园、小学校、住宅庭园、居住区中心绿地内及公园、广场中。当然，还有专门的儿童公园及游乐场。游戏设施包括游戏场地和器械，游戏场地有砂坑、戏水池、假山、山洞、游戏广场、绿地等（图 4—51；彩图 78；图 4—52）；游戏器械有秋千、摇椅、跷跷板、

图 4-51　黄大仙庙宇庭园 自然石材堆叠之假山，中国香港

图 4-52　海尔布隆游乐场，伊尼斯·魏德曼(Ines Wiedemann) 埃贝哈德·施魏策尔(Eberhard Schweizer)，德国

1 [美]房龙著，衣成信译.人类的艺术.北京：中国和平出版社，1996 年第 1 版 P131；开国元勋[Founding Fathers]指1787年参加在美国费城举行的美国宪法大会的代表，此处指雕刻在美国南达科他州一山坡上的美国总统华盛顿、杰斐逊、林肯和老罗斯福四人的头像。每个高 18 米，90 公里之外可见。1921 年开工，1941 年完工。

滑梯、木马、单双杠、绳网、旋转台、攀爬架等(图4—53；彩图79；图4—54)，满足儿童爬、跳、攀、行的活动需求。

图4-53 城市广场中的儿童游戏场，法国里昂

图4-54 奥斯卡泽-环形大道的娱乐及运动场，乌多·波德(udo Bode)弗利得利克·威廉姆斯(Frederick Williams)，德国，1995年

娱乐设施是面向少年、儿童以及成年人共同参与使用的娱乐和游艺性设施，一般分布在大型公园和儿童乐园内。娱乐设施包括露天剧场、游乐厅、游戏屋、迷宫、观光缆车、空中吊篮、滑道、戏水装置以及各类回转器械、运行器械等等(图4—55)。它们与小型娱乐设施以及附属设施一起，在公园中所占比重很大。现代社会还出现了专门服务于儿童的乐园，如美国的迪斯尼乐园。娱乐设施因为占地广，内容多，易产生噪声，所以在大型公园或城市中应专门开辟娱乐区域，尽量减少负面影响(彩图80)。

(2) 运动设施在城市公园、广场、庭院等环境中也设置得越来越多。公共艺术设计考虑到人们希望在快节奏的生活中有效适时地进行运动，陶冶情操，增强体魄，从中得到运动的乐趣。运动设施包括：在林荫道和街边绿地中设置的慢跑道和晨练场；居住绿地、社区公园中设置的单双杠、鞍马等体操类运动器械；在城市公园中设置的跑道、旱冰场、游泳池及球类场地等(图4—56)。运动设施的设置应充分考虑到人体工程学与环境行为学的要求，应采用方便人的使用，尽量避免外界干扰的布局，管理人员要定期检修、维护。

(3) 在环境景观中，座椅与户外桌等是人们主要的休息设施(图4—57)。它们通常由木头、金属、石材或混凝土做成，可以当作雕塑元素，不易破坏。另外，某些建筑物或构筑物如凉亭、绿廊等也有很强的供人休憩的功能。这些设施布置的多少、布局科学与否，往往成为人们评价环境优劣的基本标准。

（4）各式各样、名目繁多的路灯是城市环境中主要的照明设施。它们排列在街道边，园林、居住区、广场的交通路径旁，为夜间交通提供照明，同时也起到划分空间、引导方向与装饰的作用(图 4–58；彩图 81)。另外，庭园灯、广场灯满足绿地、广场铺地等的照明。全部设为高亮度并不是最理想的，强度不应大于车辆行人安全所需，照明方案一定要送交批准。[1]它们作为环境艺术设计应关注的因素，其重要性不仅在于光的照明效果，而且它们的自身造型也影响着城市环境。

图 4-55　欢乐之门娱乐城，日本都市建筑设计研究所，日本大阪，1997 年

图 4-56　高尔夫球练习场，中国河北 廊坊

图4-57　东京墨田区吾妻桥 室外座椅，日本

图 4-58　有灯塔意味的照明灯，西班牙巴塞罗那

1 [美]哈维 · M · 鲁本斯坦著，李家坤译.建筑场地规划与景观建设指南.大连：大连理工大学出版社，2001 年第 1 版 P141

(5) 环境中的传媒设施能传达给人们各种有效信息，它包括为解说人员及参与人员提供的场地、电视场声器等，还包括告示牌、广告牌，悬挂张贴的横幅、标志、图案、旗帜等(图4—59；图4—60)。它们又可分为多种，如标志：项目识别标志（标记），地块识别标志，次要及方向性标志，建筑识别标志，特征标志，建筑地址和安全标志，交通、街道和停车标志。传媒设施大致有下列功能：改善游赏体验，增强安全性，保护自然资源与环境，进行教育、宣传、广告等活动，确立良好的公共秩序等。

(6) 环境中的各类服务设施为人们的生活提供各种便利，常见的服务设施有管理设施、售货设施、卫生设施、计时设施、邮电设施、喷洒灌溉设施、消防设施、救护设施、交通设施等。如入口处与维修处、售货厅与自动售货机、垃圾箱与烟灰器、计时器与日晷(日晷已失去计时功能、变成景观设施)、邮筒与电话亭、喷水器与饮水器、消防栓与灭火器、紧急救助铃、候车厅等(彩图82；图4—61；图4—62)，它们占地小，数量多，分布面广。应在设计中充分考虑它们与环境以及使用者之间的关系，使其造型精益别致，色彩鲜明，提高其视觉效果，又增强了

图4-59 建筑群体的指示说明标牌，日本千叶市

图4-60 展览区位标识，G.Emery，澳大利亚墨尔本

图 4-61　与花坛相结合的电话亭，约旦安曼

图 4-62　帐篷候车廊，阿联酋迪拜

识别性，保证便于人们发现和及时利用。

另外，公共艺术，其表现形式从开始强调形，到后来扩大为表演活动、多媒体等多种形式，说明物质技术发展为公共艺术形式的多样化提供了可能，同时也说明民主化进程使艺术不再是宗教、统治者专有，而走向大众，为公众服务。因此，当前理解公共艺术的广义概念，可以归纳为两点：一是公共艺术属于视觉艺术。它包括在公共空间设置的永久性造型、临时性装置等，它们通过自身的形式美语言，给人以视觉上的感染力，使大众产生审美体验；二是公共艺术的表现手段多样，既可以是雕塑、绘画、摄影等传统表现形式，也可以是暂时性的活动方案，如表演、声音、多媒体等。克里斯托（Jeanne-Claude Christo）从 20 世纪 50 年代起就开始了他的“包裹艺术”这一独特的艺术语言形式。他主要的艺术语言是通过大量的社会活动、交际游说来争取他所选中区域的行政、立法、城市规划等各部门的同意和允许，以布来包裹、捆绑或装饰物体、公共场所的构筑或自然界的事物，利用“布”这一语言媒介来改变所谓的“第一自然”的视觉存在状态，以新的具有张力的内在体量来凸现作者的社会观和艺术观。1995 年 6 月 23 日，当包裹柏林大

厦的艺术作品完成时，有4000多万人在历时15天的展览中从世界各地涌向柏林。克里斯托的耗资1400万马克的巨大艺术作品通体银灰色，反射着阳光，以其巨大的体量骄傲地矗立在东、西柏林的交界线上。世界上还从未有过这么精彩而独特的艺术品，一种奇特、不可言传的美妙震动了数以亿计的普普通通的人的心灵。它标志着和平与艺术最终在这里取代了偏狭的政治和军事对抗。这个巨大的艺术作品以他短暂的存在，让数千万人如醉如狂，让一个城市像盛大节日般沸腾，让整个城市的经济运作、城市形象和市民生活的节奏和热点发生巨大变化，成为跨世纪的"纪念碑"(彩图83)。

总之，环境艺术设计是个新概念，设计对象范围广阔。大，它能涉及整个人居环境的系统规划；小，它可关注人们生活与工作的不同场所的营造。环境艺术设计的工作范畴涉及景观设计、室内设计与公共艺术设计。环境艺术设计师的职责似乎有一点"文艺复兴"时期的设计师与艺术家的味道。从修养上讲应该是个"通才"。[1]

提示(TIPS)：

1.街道

关于街道所提到的术语，诸如街道、通路、林荫道、干道、道路、路径，都可相互置换。这个名单还有可能扩大，把诸如马路、林荫大道、林荫路和步行道等等具有相近意义的名称包罗进去。

2.广场

广场是城市环境的重要元素之一，这有可能是在城市中为公共及商业建筑设计一个好环境的最重要的方法。一个广场或者步行街，既是一个由建筑物所构成的场所，也是一个用来展示建筑物的极好的平台。伟大的城市广场作品，例如威尼斯的圣马可广场、罗马的圣彼得广场等，其空间、周围建筑及天穹之间的关系都是独一无二的，它们要求一种情感和理智的回应，并且要和其他任何艺术形式相比较。

3.关于公共艺术的多种定义

由于世界各国各地区开始发展公共艺术的时间和起点各不相同，所以"公共艺术"在不同国家，有着不同的称谓，诸如"公共建筑中的艺术"(Arts in Public Buildings)，"公共场所中的艺术"(Arts in Public Places)，"公共设备中的艺术"(Arts in Public Facilities)，"政府建筑中的艺术"(Arts in State Buildings)等。对公共艺术的定义也不尽相同。中国台湾对公共艺术的界定为："公共艺术品系指以绘画、书法、摄影、雕塑或其他工艺技法制作的平面或立体的艺术品、纪念碑柱、水景、

---

1 吴家骅编著.环境设计史纲.重庆：重庆大学出版社，2002年第1版 P3

户外家具、垂吊造型、装置艺术或其他利用各种技法、材质制作的艺术创造物。”纽约对公共艺术的定义为：“以任何媒介或其组合而成的所有表现形式的视觉艺术皆包括在公共艺术之内。”昆士兰对公共艺术的解释涵盖很广，指出：“永久性或暂时性的作品皆包含在内，如位于建筑物室内或户外之雕塑或装置作品，甚至可以包含合宜的多媒体、声音作品及创作于室内或户外环境且具功能性的设计作品等。”法国是世界各国当中较早发展公共艺术的国家，它对公共艺术的表述起先为：“造型与绘画艺术作品”，后来发展为：“公共艺术创作可以是使用新科技或是运用其他艺术形式，特别是用于景观的设计、原创家具构成或是特别的指标系统设计等。”

思考题：

1.针对美国著名设计师A·J·普洛斯总结的设计人员要具备的基本素质，你认为在环境艺术设计的学习过程中，应该着重加强哪些方面的训练？

2.查阅相关图文资料，试分析米开朗琪罗在1644年改建完成的罗马市政广场(又叫卡比多广场)的视觉构成关系。

3.陶瓷壁画是以陶为材料制成的艺术造型并依附于墙体的艺术，其艺术形式近于浮雕，但又可以脱离建筑物独立成型，这就使陶瓷壁画具备了公共艺术的特质。分析环境中的陶瓷壁画，阐释其为什么会有这么强的表现力？

4.家具（或环境设施）与环境的关系是什么？

第5章
环境艺术设计的定向

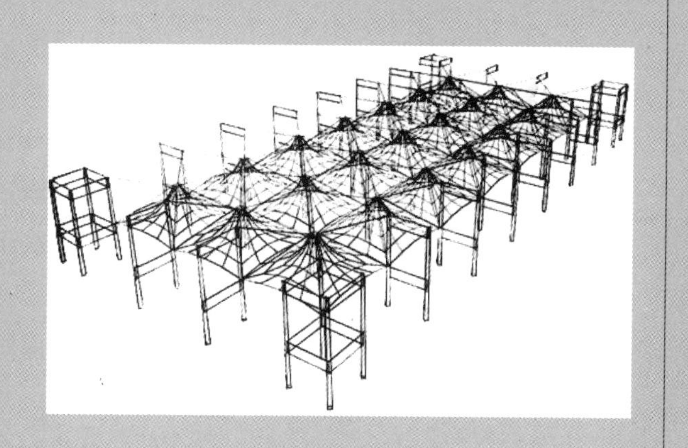

第5章 环境艺术设计的定向

21世纪初颇不平静，两幢巍峨的高楼灰飞烟灭，天堂巴厘岛爆炸声隆隆；战争阴云漂浮在人类上空；艾兹病毒吞噬着越来越多的人群；贫富差距进一步扩大(1820年，世界最富有国家和最贫穷国家人均个人收入比是3：1，1913年是11：1，1950年是35：1，1973年是44：1，1992年是72：1，1997年是727：1)；人们对生存环境的保护意识增强，但人类的活动仍然威胁到自然环境(人均二氧化碳排放量最高的国家是：新加坡21.6吨，美国20吨，澳大利亚16.7吨，挪威15.3吨；1990至1995年间，地球上平均每年消失的森林面积达3.8万平方英里；每年因空气污染而死亡的人数接近300万，有500多万人因水污染导致的疾病而死亡……)。与环境艺术设计直接、密切相关的是当前世界的城市化问题。发展中国家正在向城市化进军，发达国家又在不断地扩大市郊面积(25年前，全球只有不到40%的人生活在城市；到2000年，将有近50%的人生活在城市；预计到2025年，世界上将有60%的人生活在城市)。中国新老城市的产业、人口、交通，特别是城市生态结构的调整是21世纪中国城市建设的核心任务。环境艺术观念发展的客观化水准往往取决于一件作品是否能与客观条件和自然环境建立持久的协调，而不像单纯的造型艺术、形象艺术；环境艺术设计所包含的艺术美与人们的创造活动有直接关系。因此，它的发展方向受到较多方面因素的影响。

5.1 学科理论研究深化

材料与技术是环境建设的基本要素和手段(有人称之为“硬件”)，这一点，广为人知。但基础理论、规划、技术政策、法规、制度等(有人称之为“软件”)，却长期不受重视。环境艺术设计理论的深化，正是针对现代设计活动中的各种弊端，强调设计形态的动态变化而非僵死形式；强调设计的系统性而非单一项目的自我表现；强调“关系”而非孤立的构筑物；强调科学、技术与艺术结合而非对于人类成就的片面表达。“因此理论成为我们可以依赖的工具，而不是谜语的答案。我们并不向后靠，依赖这种工具，而是向前推进，有时借着这种工具的帮助去改造自然。”[1]

5.1.1 基础性理论方面

环境艺术设计是一个开放的领域，其内涵是不断丰富和扩展的。环境艺术设计

---

1 [美]威廉·詹姆士著，陈羽纶、孙瑞禾译.实用主义.北京：商务印书馆，1996年版P30

不仅仅强调一种设计技法，而且要建构一个开发智慧的复杂系统理论工程。人不可能仅凭一点技法就能提高自己的艺术素养，除了掌握技法外，还必须熟悉环境艺术设计发展的历史，有美学、哲学、心理学、生态学等方面的知识和素养。

5.1.1.1　环境艺术设计学科理论体系

在当今世界，环境艺术设计与其他设计门类一起成为接合艺术世界和技术世界的“边缘领域”。环境艺术理论已广泛吸收了许多人文科学、自然科学与技术科学的最新成果，并正融入到创作之中，这就使当代及未来环境艺术理论体系更加丰富和复杂，这可能导致许多作品给人以扑朔迷离之感，因此，必须了解环境艺术理论内涵并促进其体系发展。本文在第4章“环境艺术设计的定位”设计理论部分中列出了环境艺术设计学科的理论组成，下面概括介绍其中几个交叉学科：

• 环境美学

环境美学(Aesthetics of Environment)是从人类环境的角度来研究的美学。环境美学把环境科学与美结合起来，并综合生态学、心理学、社会学、园艺学、建筑学等学科的知识而形成的一门新兴的边缘学科。环境美学的产生，是随着人类对美的环境的追求，在人类环境出现生态危机之后，随着人类对自身生存环境的哲学思考而产生的(彩图84)。[1]人们面临生存与延续问题挑战的现实社会中，环境美学的意义在于它揭示了人类的理想与愿望，这些理想与愿望作为人类生活的目标，激励人们不断地努力和追求。

环境美学研究这样的问题：什么样的环境是美的环境？什么是环境美的本质？什么是环境美的规律？怎样才能创造一个有利于人类身心健康的美的环境？

• 环境符号学

环境符号学(Semiology of Environment)是人文科学中的符号学应用于环境艺术领域的一种新理论。符号学理论最初由瑞士语言学家索绪尔（Ferdinand de Saussure）在20世纪初提出，然后皮尔斯与莫里斯进行了发展建设。他们认为人们对世界的认识都是通过符号现象获得的。这种思想在20世纪70年代后期被引入到建筑领域。勃罗德彭特与詹克斯热心宣传这一理论并在建筑领域进行了发挥。

将建筑符号学扩充到整个环境领域，就产生了环境符号学。环境符号学认为环境、特别是人工环境的意义是由于环境中符号的表现而产生的，如果环境失去了符号的表达精神，也就会失去它的意义。环境符号就其形式而言，可分为指示性符号、图形性符号和象征性符号(图5—1a、b、c)。在环境艺术创作中要重视环境符号的三方面功能：应用功能、结构功能与意义功能。环境符号与语言符号一样，具有表层结构与深层结构的双重属性。在表层结构方面常常表现为平面功能的布

1 周鸿、刘韵涵著.环境美学.昆明：云南人民出版社，1989年第1版P12

置、体型的构图及色彩处理等等；在深层结构方面则蕴含着环境符号处理的目的与意义，以及说明什么问题。二者都不可忽视。环境符号的意义是文化的象征，能引起人们的联想(彩图85)。

由于环境符号同时表达了“能指”与“所指”两方面的功能，因此可以使设计

图5-1a 指示性符号 左边蓝色圆形与“IN”字样表示通行进入；右边红色方形与“OUT”字样表示禁行停止

图5-1b 美国DOT运输机构和PAV公司提供的标识系统

图 5-1c　1896～2000 年历届夏季奥运会标志

创作获得丰富的联想。能指表达的是具体形象；所指可象征某种意义，这对环境艺术设计师的创作，从全局到细部都有启示作用，尤其是纪念性公园或广场及其他公共性环境的创作。

环境符号要想为人们所理解，必须是人们（信息的接受者）预先懂得其社会约定。环境符号与意义的约定关系，是根据人们生理、心理、行为、自然条件、经济技术和社会文化的基本特征建立完善的。这种约定关系不是一成不变的，如同符号形式和意义在不断变化一样。一些旧有的约定会消失，一些新的约定会不断地产生。环境艺术设计师在创作中对环境符号的应用受这种约定的制约。如果为应用“符号”而生搬硬套，会造成信息接受者不能译读这种“符号”所载有的概念和意义。

• 建筑类型学

建筑类型学（Typology of Architecture）作为一种分类组合的方法理论，在建筑设计中具有广泛的基础，符合地域性及历史文化的特征，目前它已成为建筑学理论中重要的一部分。建筑类型学具有深刻的哲学基础和丰富多彩的方法体系，对建筑实践已经起到相当大的影响。

当代建筑类型学着重探讨了建筑的本质及其原型。从结构主义哲学、语言学和

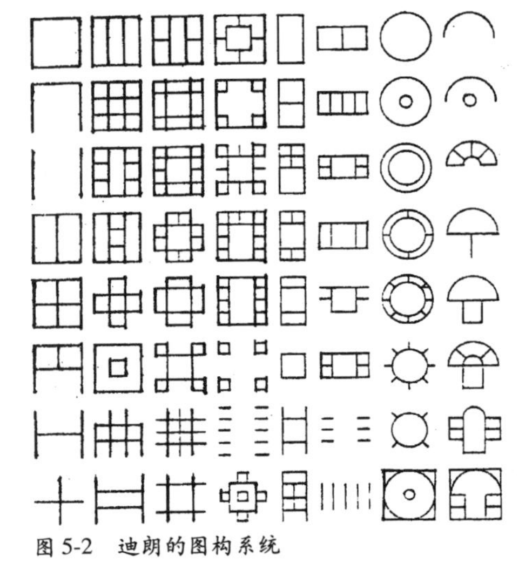
图 5-2　迪朗的图构系统

心理学的角度对建筑进行了剖析，因为它并不是"人对建筑"关系的解释，而是"建筑对人"影响的解释。它强调现存的建筑现象的重要，同时也考虑新的生活方式的不断产生，更注重两者间的承袭。

建筑类型学研究的重点有三个主要方面：即类型选择、类型处理及类型与城市形态的关系。建筑类型学有广阔的应用范围。首先，可以作为"阅读"城市的手段，它能通过研究建筑类型与城市的关系，探索城市形态学的科学方法论(图5—2)。其次，它可以作为认识建筑艺术水平的方法。通过运用建筑类型的比较，重新认识过去曾经存在并起作用的建筑文化的影响。第三，它可以作为建筑创作的工具。类型学在设计方法上是多种多样的，例如恩格尔斯的类型转换方法；罗西的类推方法(图5—3、图5—4)；罗伯特·克里尔的城市空间基本类型划分等(图5—5)。[1]

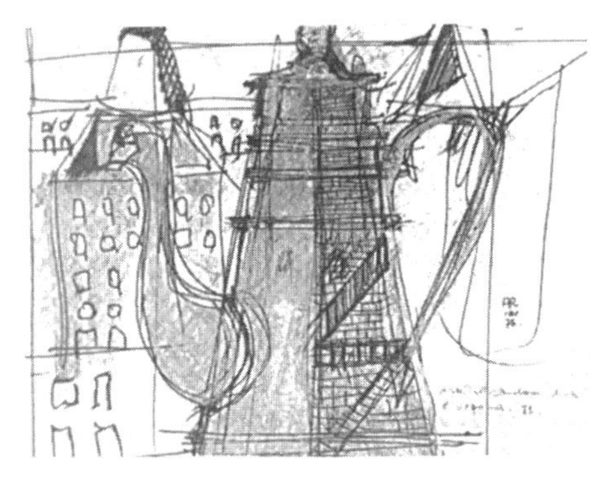
图 5-3　咖啡壶，罗西的绘画

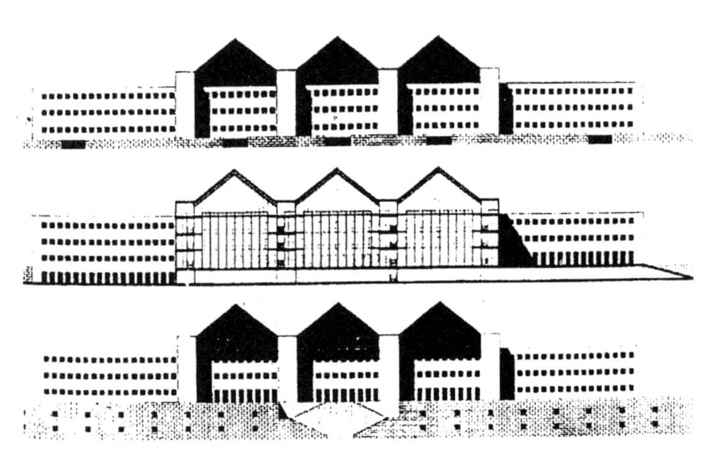
图 5-4　迪里亚斯特地区事务局方案　鞍状屋顶的应用，让我们看出罗西的趋向：努力应用住房形式的原型，而非复杂形式的混合和现代主义者的简洁，罗西，意大利

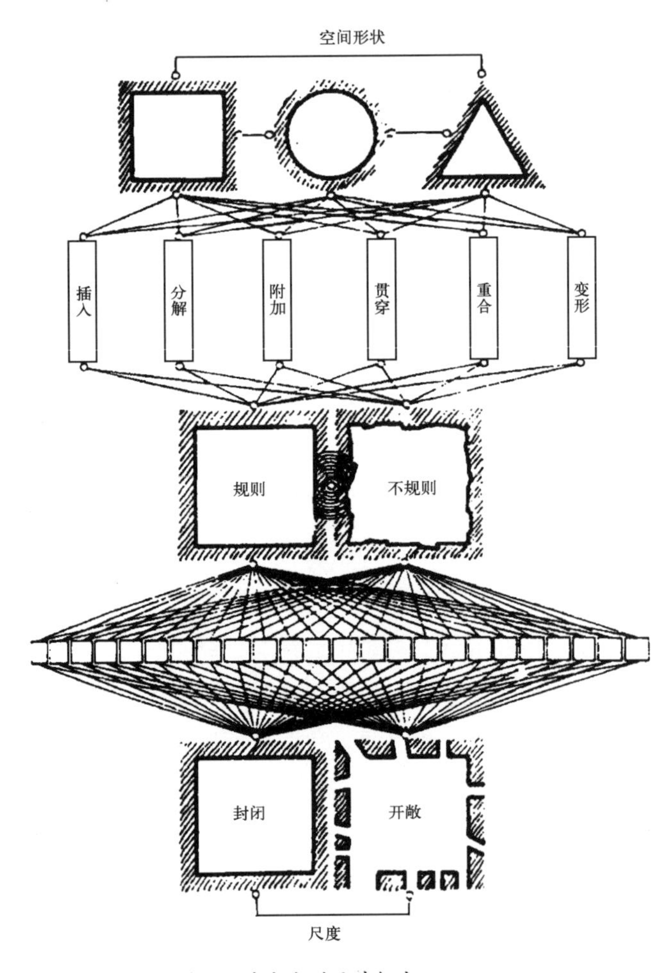

图 5-5　空间的三种基本类型及其衍生

1　刘先觉主编.现代建筑理论.北京：中国建筑工业出版社，1999年第1版 P34

推而广之，建筑类型学同样可以应用于环境艺术设计领域，在该领域内寻求理性主义的进一步发展。建筑类型学影响着环境艺术活动，并成为批判性与实用性的双重工具，对环境艺术设计理论与实践的发展有着积极意义。

• 建筑人类学

文化人类学诞生于19世纪，主要研究人类传统的观念、习俗（包括思维方式）及其文化产物，在世界文化史上产生了深远影响。文化人类学认为，文化传统的发展趋势是个性特征的集合。而群体（或称集体）的特征就是对共同事物的理解方式和共同具有的价值观念及类似的情绪反应。当代设计思潮中的“寻根”意识，即是对集体无意识中某一传统文化模式的认同。将文化人类学应用于建筑学领域，便产生了建筑人类学（Anthropology of Architecture）。

建筑人类学的首要目标是为建筑历史与理论研究提供了一种方法论补充，从文化生态进化的高度，重新认识传统建筑的内在价值与意义所在。其次，它也可以为建筑创作提供一种方法论基础。建筑人类学既反对为新而新，也不主张怀古恋旧，而是开辟了一条在特定自然与人文环境中考查人的观念和行为与建筑的关系，从而形成设计前提的途径；并且在传统的延续中进化，使集体无意识进入到创造层次。因而，建筑人类学不仅注重对传统建筑的理解和诠释，而且有助于建筑创作中创造思维的提高及潜能的发挥，使建筑给人以精神感受和审美愉悦。对于环境艺术设计来说，比如强调传统文化的公园不是为了表现传统而继承传统，其目的是为了公众的游憩，在游憩过程中体验传统文化的精神和品格。

建筑人类学的研究注重实际材料的调查。在环境艺术设计中，通过考察与体验取得城市与建筑的环境资料，其中包括空间物质结构方面的内容和观念、习俗等非物质结构方面的内容，考察要点可以简洁地概括为以下四个方面：①城市聚居的物质结构；②城市建筑的拓扑学特征；③城市模式的历史进化；④建筑空间与社会行为的相互关系。[1]

建筑人类学认为，要使外在的意义空间——场所精神转化为有意义的建筑空间，就要把建筑看作社会交往中人的各种行为的组织形态。它是通过体现观念、习俗的社会行为及其组织形态，而转化为建筑空间的意义。它可以帮助我们理解以往建筑空间的意义，又可以帮助我们创造新的有意义的建筑空间和生活空间，一个宜人的美的生活环境。

• 环境心理学

百川异源而归于海，来自心理学、社会学、人类学、地理学、建筑学、城市规

---

1 李砚祖主编，张石红等编著．环境艺术设计的新视界．北京：中国人民大学出版社，2002 年第 1 版 P272–274

划等学科的研究终于汇集成多学科的新兴交叉领域——环境心理学(Environmental Psychology)(又称环境行为学)。环境心理学的基本任务是研究人的行为与人所处的物质环境(Physical Environment)之间的相互关系。具体可概括为：如何认知环境；环境的空间属性；如何感觉环境及对环境做出审美评价的问题。物质环境包括自然环境与人工环境，环境心理学重点讨论人工环境，尤其是建筑环境与行为的关系，但也脱离不了其赖以存在的自然环境以及相应的社会与文化环境。环境心理学的主要特点为：

(1) 将环境—行为关系作为一个整体加以研究；

(2) 强调环境—行为关系是一种交互作用关系；

(3) 几乎所有的研究课题都以实际问题为取向，即都计划用来解决某些实际问题，其基础理论和内容都直接来源于实际研究；

(4) 具有浓厚的多学科性质；

⑸以现场研究为主，采用来自多学科的、富有创新精神的折中研究方法。

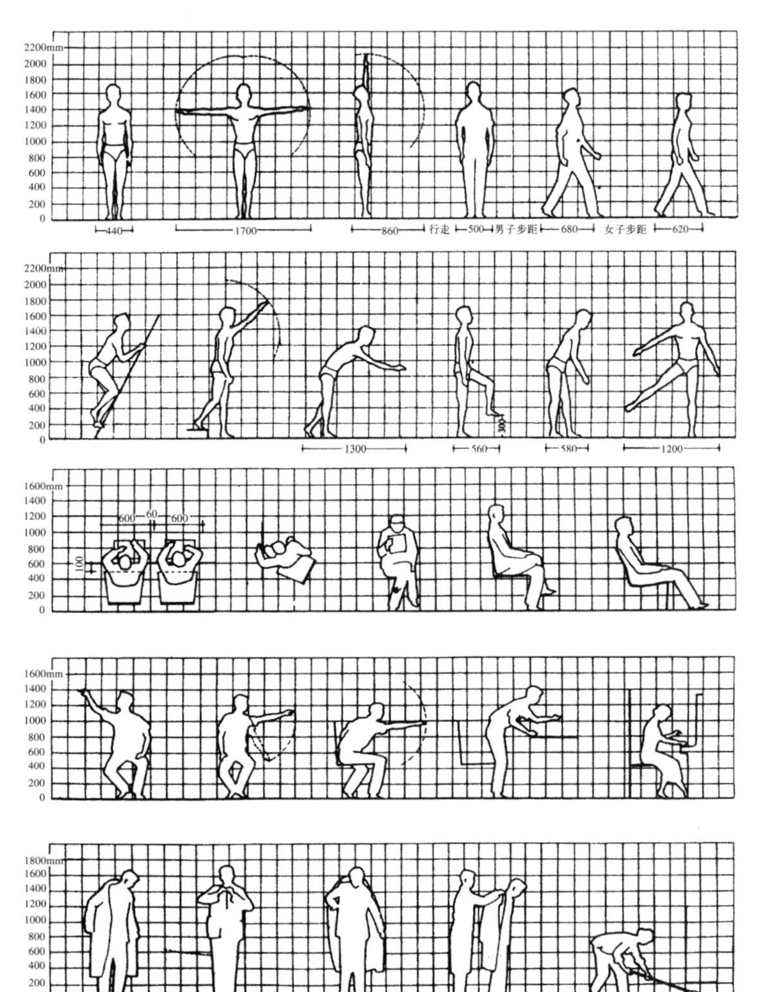

图 5-6　人体静态与动态成人平均尺寸

环境心理学并不追究人能够适应何种环境的问题，而是要研究环境如何适应人的需求。借助环境心理学的研究，人们在创造环境时，要深入考虑生活在那里的人会有怎样的心理倾向，并使之与选择环境、创造环境相结合而成为一门科学分支。

• 人体工程学

人体工程学(Ergonoics)的名称很多，有人类工程学(Human Engineering)、人因工程学(Human Factors Engineering)、人—机系统(Man-Machine System)等等。从内容上可以分为两类：设备人体工程学(Equipment Ergonoics)和功能人体工程学(Functional Ergonoics)。

设备人体工程学是从解剖学和生理学角度，对不同民族、年龄、性别的人的身体各部位进行静态的（身高、坐高、手长等）和动态的（四肢活动范围等）测量，得到基本参数，作为设计中最根本的尺度依据(图 5—6)；功能人体工程学则通过研究人的知觉、智能、适应性等心理因素，研究人对环境刺激的承受力和反应能力，为舒适、美观、实用的生活环境创造提供科学依据。人体工程学的宗旨是研究人与人造产品（包括人工环境）之间的协调关系，通过人—机关系的各种因素的分析和研究，寻求最佳的人—机协调数据，为环境艺术设计提供服务。

人体工程学的核心是解决人—机之间的关系问题，包括：①人造产品、设备、设施、环境的设计与创造；②对于人类工作和活动过程的设计；③对于服务的设计；④对于人类所使用产品和服务的评估。人体工程学的目的有两个方面：其一为提高人类工作和活动的效率；其二为保证和提高人类追求的一些价值，比如安全、卫生、满足等等。人体工程学的工作方法是把人类能力、特征、行为、动机等的系统方法引入到设计过程中去。

• 技术生态学

技术生态学（Tech–ecology）含有两方面的内容：一是环境生态；二是科学技术。技术生态学要求在发展科学技术的同时密切关注生态问题，形成以生态为基础的科学技术观。

科学技术给我们的生活带来了史无前例的、天翻地覆的变化。对环境艺术设计而言，新的科学技术带动了使用材料、设计与施工技术以及设计方法等日新月异的变化，从而为实现环境艺术形象的创造提供了多种可能性。但是科技的发展也带来了另一种负面影响，这就是造成了生态破坏(图5–7；图5–8)。生态问题成为人类生存的新的困境之一。

图5-7 沙漠化的楼兰古城遗址 杨木河芦苇篱墙，中国新疆

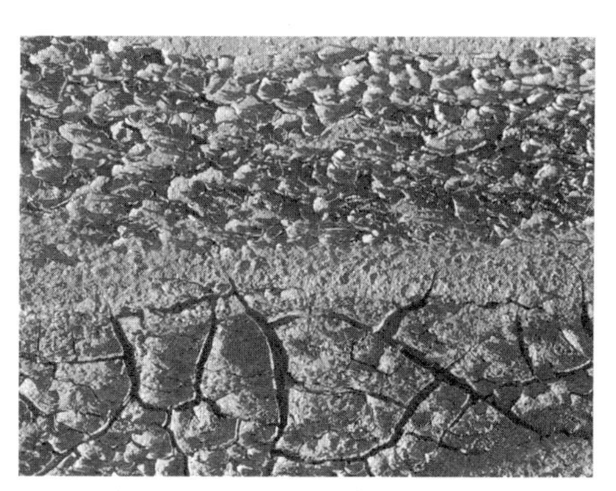

图5-8 热而且干燥的土地，中国新疆吐鲁番

有些学者对此早有预见，如海克尔(Heekel)、盖底斯(Gedeles)、芒福德(Mumford)，都较早地以冷静的态度看待技术的发展。但在当时未能引起人们的普遍重视。世界范围的重大公害（如伦敦大雾）相继出现后，人们对环境危机才开始有所认识，并努力寻求对策。在学术界，生态主义、环境保护主义、可持续发展理论等学说不断涌现。这一浪潮影响到建筑学、城市规划、环境艺术设计的发展，造成了建筑生态学、城市生态学、风景生态学的兴起。[1]

在环境艺术设计中，要综合地、全面地对待技术在设计与营造中的作用，要重

1 李砚祖主编，张石红等编著.环境艺术设计的新视界.北京：中国人民大学出版社，2002年第1版 P272

视技术的应用，但不能产生“技术万能”、“技术至上”的偏激观点。正确处理技术与环境、技术与经济、技术与人文、技术与社会等各种关系，在环境艺术设计中因地制宜地确立技术和生态的地位，适应性地调整二者之间的关系，求得最好的项目设计与建成效果。

除了以上概括提到的几种环境艺术设计学科的交叉性基础理论以外，环境现象学、环境形态学、环境伦理学、环境艺术与民俗学、环境艺术与文化学等也是对环境艺术设计很有帮助并有待进一步研究的交叉性基础理论。

5.1.1.2　环境艺术设计方法研究及分析评价

• 环境艺术设计方法研究

“方法”一词起源于希腊文 μεξα（沿着）和 οδοδ（道路），是指达到规定目的所采用的途径，也意味着沿着正确的道路运动。设计方法是实现设计预想目标的途径。S·A·格里高利(S·A·Gregory)认为：“设计方法是对某种特定种类的问题解决的方法，即是创造充足的条件使之达到相互关联结果的方法”。[1]设计目的和内容的复杂性决定了为达到预想目标所采取的设计方法的多样性和丰富的可选择性。设计方法的研究最初是为了寻求新的设计方法以解决设计师有限的能力与愈来愈复杂、庞大的设计任务之间的矛盾，其结果是对设计实践起着深远而广泛的直接或间接作用。

环境艺术设计方法论的基础是：①利用现代科学的成果、方法、工具；②建立能够处理复杂系统的整体与部分之间关系的方法论，这意味着在融贯学科中进行系统的整体思维(holistic thinking)；③在整体思维中，把复杂问题分解成许多子目标，如“庖丁解牛”般善于分解，并且基于“系统分解”，化复杂为一般，逐步拿下关键部分。[2]在日本学者高桥诚编著的《创造技法手册》中，将100种创造技法分为：扩散发现技法、综合集中技法和创造意识培养技法三种类型。这对环境艺术设计方法研究具有参考意义。常用的环境艺术设计方法有：图式思维、系统设计、小组设计、公共参与等。

设计图向来是环境艺术设计师的语言，没有它，设计师与业主之间就无法沟通，因此图式思维应受到特别关注。应用了新的科学分析方法的图式思维法将使环境艺术设计水平继续提高：启发设计构思，促进创造性，有助于形成科学合理的设计程序。

实际上，任何设计方法都离不开图式思维法。保罗·拉修(Paul Laseau)在其著作《图式思维论》（1980年）中总结了过去应用图式思维的成就，并充分阐明

1 潘鲁生主编，荆雷编著.设计艺术原理.济南：山东教育出版社，2002年第1版 P61
2 吴良镛著.广义建筑学.北京：清华大学出版社，1989年第1版 P187−188

了应用图式思维可以对现代设计所起的指导作用。按其观点，图式思维的任务主要是帮助设计师在设计方案阶段解决构思和表现问题。重点是设计的开始阶段而不是结尾，它强调的是设计师如何用草图和分析图的方法迅速捕捉灵感，找出解决办法，把构思变成设计方案，然后再按科学的设计程序进行修改、综合与完善（图5-9）。

系统设计法主张设计中主客观的结合。一方面基于直觉和经验，另一方面基于严格的数学和逻辑的处理，并提倡高效率地解决问题，把与设计问题相适应的伦理性思考和创造性思维结合起来（图5-10）。克里斯托弗·琼斯（Christopher Jones）

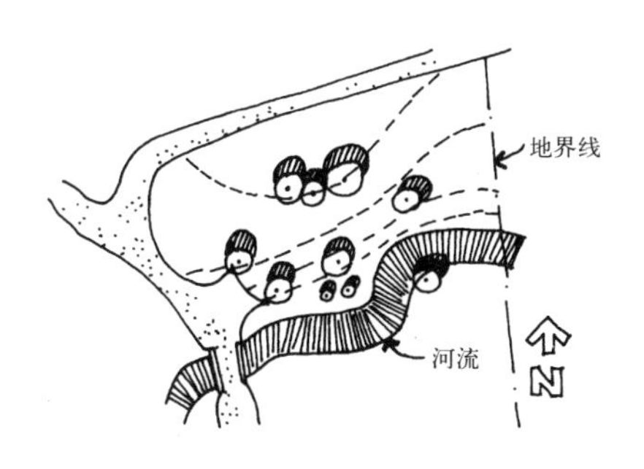

基地环境与朝向分析

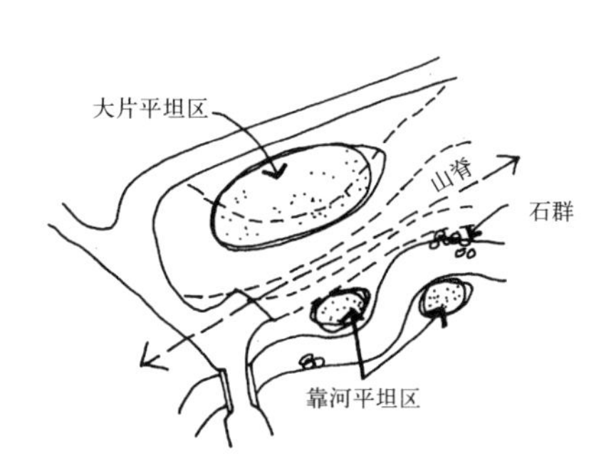

基地的地形地貌分析

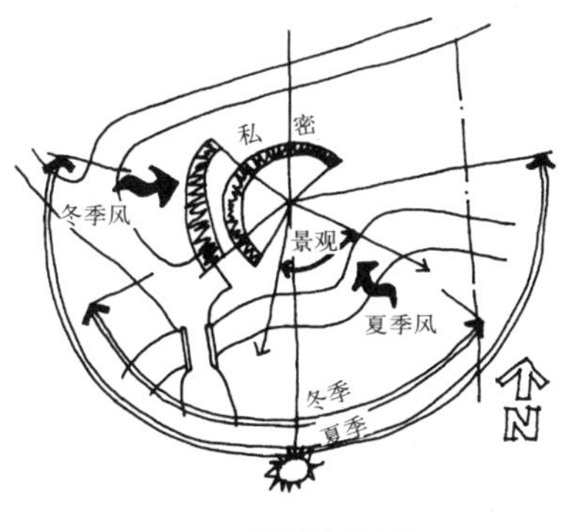

基地的气候分析

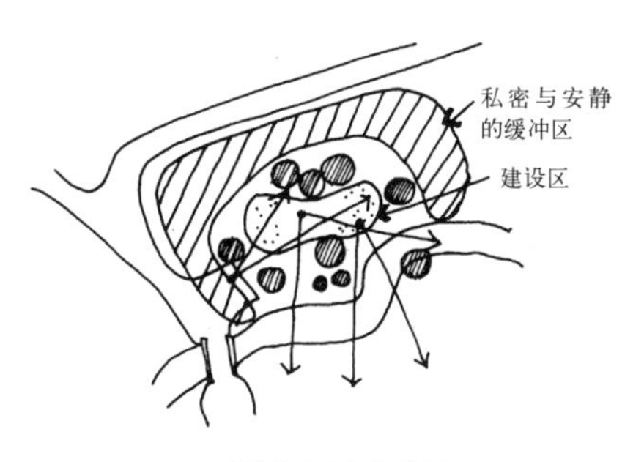

基地的分区与景观分析

图5-9 基地分析草图

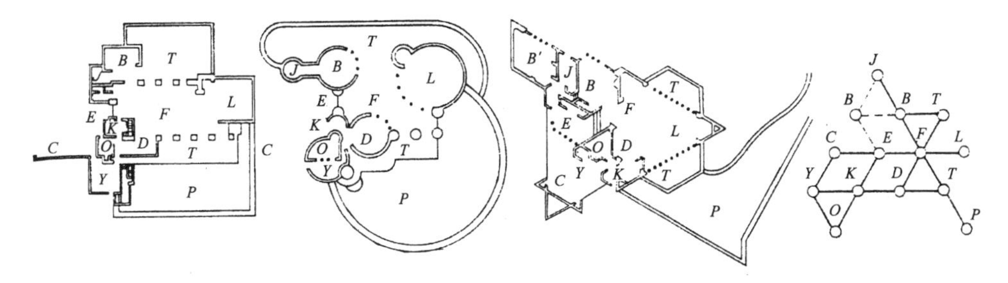
用新数学的图解可分析赖特的三个住宅方案的平面关系
B—卧室；B′—卧室；C—停车；D—餐室；E—入口；J—浴室；F—家庭室；K—厨房；L—起居室；O—办公；P—水池；T—平台；Y—院子

图5-10 用数学图解分析赖特的三个住宅方案的平面关系

是设计方法论的经典著作《系统设计方法》和《设计方法——人类未来的种子》的作者。

他指出，设计在任何场合、任何时候都不应受到现实界限的制约，以开阔自由的思路发挥主观的创造性思维能力。同时，不依靠记忆、记录与设计有关的情报，而创造出使设计需求与问题求解相结合的手段。依照上述前提，从分析、综合、评价三个阶段进行设计：

（1）分析阶段

将全部设计要求以图表形式表示出来，再把与设计相关的问题进行伦理性思考，整理成完整的材料。包括：无规则因素一览表、因素分类、情报的接受、情报间的相互关系、性能方法、方针的确认；

（2）综合阶段

指对性能方法各项目的可能性求解的追求，以及最终以最少的妥协使设计目的完成。包括：独立性思考、部分性求解、限界条件、组合求解、求解的方法等内容；

（3）评价阶段

评价阶段是检验由综合而得到的结果是否能解决设计问题的阶段。包括：评价方法和对操作、制作及使用的评价。

《形式合成纲要》与《模式语言》的作者克里斯托弗·亚历山大（C·Alexander）对设计方法研究的贡献颇丰，他提出并应用了“解体”法和模式设计方法（图5－11a、b）。他对早期方法学家把使用者需要的阐明——如琼斯的性能说明书、阿舍尔的设计目标——作为设计的起点表示异议。他认为使用者的真正需要是不可能肯定的，因此提议用一种“倾向”[1]的概念来取而代之。亚历

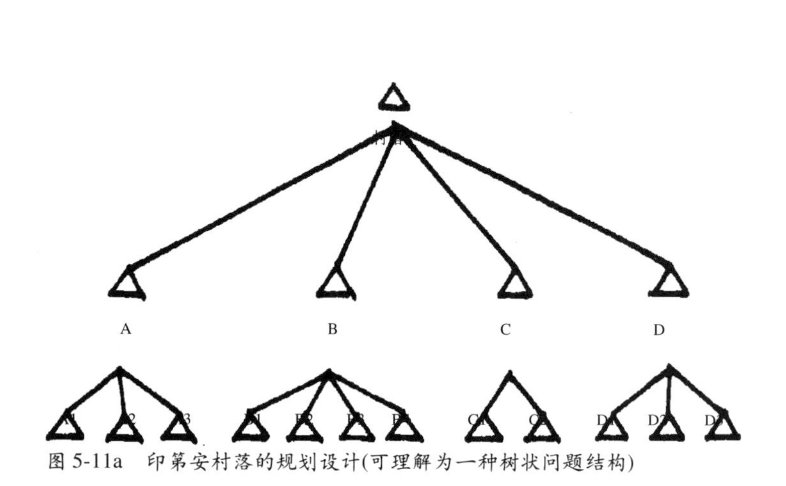

图 5-11a　印第安村落的规划设计(可理解为一种树状问题结构)

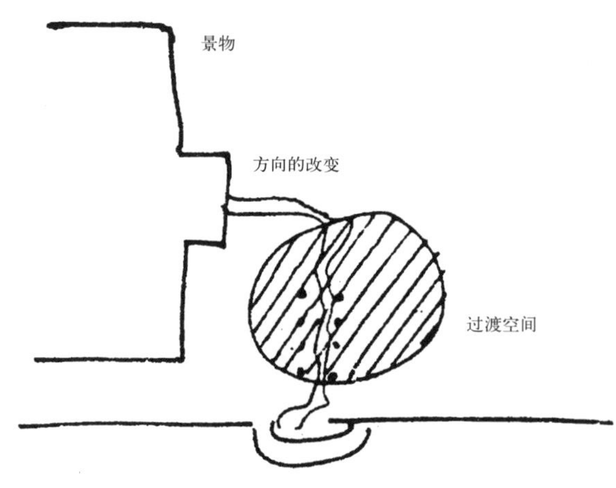

图 5-11b　亚历山大模式 112 条“入口过渡”的关系图示

1 倾向：当给予机会时，人们去做的行为。刘先觉主编.现代建筑理论.北京：中国建筑工业出版社，1999 年第 1 版 P504

山大还强调了两点：其一是倾向冲突发生在某种特定条件下，因此防止这些倾向冲突的关系也只在这种特定条件下才有可能；二是在实际设计过程中，倾向的表达、冲突的表达和关系的表达可能是一道发展的。亚历山大试图达到的是建立一个外在化、客观化的设计知识体系而与科学知识体系相类似。雷特尔(W·J·Rittel)和韦伯(M·Webber)在对现实规划设计问题进行考察后，认为规划设计问题是“软”问题，不存在标准的答案和绝对的好坏。他们认为“应该以一种规划设计作为讨论过程的模型基础；在这个过程中，一个问题的意向和解答的意向逐渐从设计的参与者中产生，它作为一种持续的判断结果将受到各方的评论。”接着，达克(J·Darke)、希力尔(B·Hillier)、勃劳德彭特等又进行了新的研究(图 5—12)。

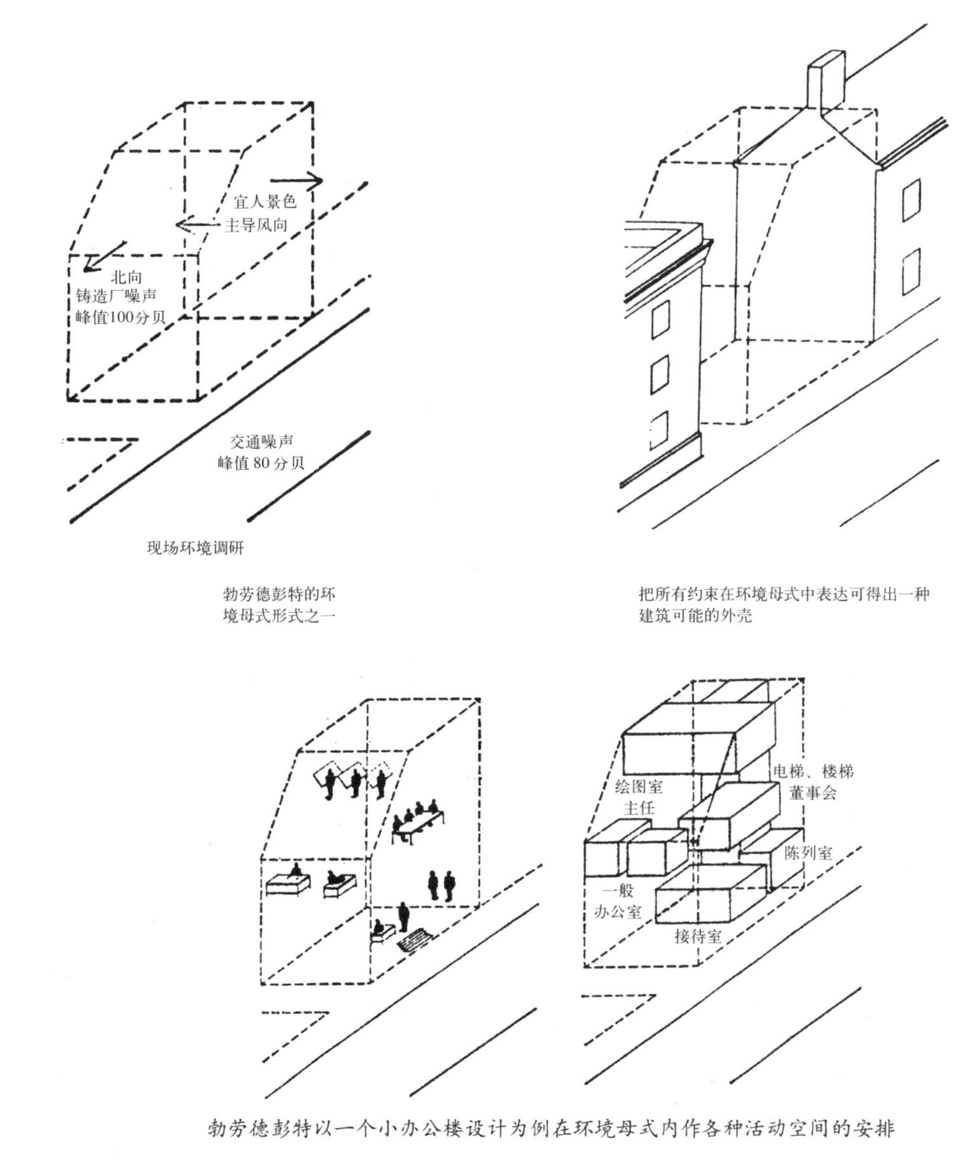

图 5-12　勃劳德彭以一个办公楼为例在环境母式内作各种活动空间的安排

小组设计法又称“智囊法”、“头脑风暴法”。它是由多人组成的团体来进行激励头脑的创造性思维，集思广益，排除批评，把各方面解决的问题、途径、异议综合起来，归纳为新的方案系统。在运用小组设计法的过程中，需要遵守以下原则：

(1) 对畅谈中的设想先不作任何优缺点的评价，尽可能广泛地、自由地发挥参与者一触即发的灵感火花和想像力设想；

(2) 制造轻松愉快的气氛，欢迎思想开放、随心所欲的思考和构想，思路求新，不受束缚地突破已有状态的限制，得到创造性的观点；

(3) 追求设想方案的数量，这是由量变产生质变的重要基础；

(4) 谋求巧妙利用并改善他人的设想，通过互相启发，互相碰撞，增加联想的深度和广度，产生连锁和共振反应，诱发出更多的创造性设想；

(5) 以详实的图文资料，确切的数据资料，深入、充分地完成方案成果。

现代设计要想完成这些间断的进程（设计创作），形成经典的理论，没有使用者的行动是不行的。因此，消费者“参与设计”绝不是家长哄孩子的一块面包片，而是一件精心制作的艺术作品的固有特征。以城市规划为例，古典主义设想在独裁政权下能够实现对整个城市的规划，而现代规划师们则为了能够满足社会新的需要进行着不断的设计。“这个蓝图在实行之中随着需求的变化必然出现各种不同的和不可预料的变化。”[1]

公众参与设计的含义是：在规划过程中让市民们参与决策过程，而这些市民就是完成后的环境艺术项目使用者。公众参与设计的领域是广泛的，除了环境艺术设计之外，还包括城市规划、建筑设计以及路桥设计等。公众参与的过程实际上是一个设计者和使用者都受教育的过程，专家们教授给使用者一定专业知识，而使用者使专家们懂得了人们的实际行为需求（不等同于把使用者的任何要求都尊为圣旨）。获得使用者意见的办法很多，如进行现场设计；把设计室建在居住区中以便使用者随时来拜访和提供想法；把设计图和模型公开展示供批评建议；或组织研讨会及娱乐性活动来征求意见(图 5-13)。

PARTICIPATION

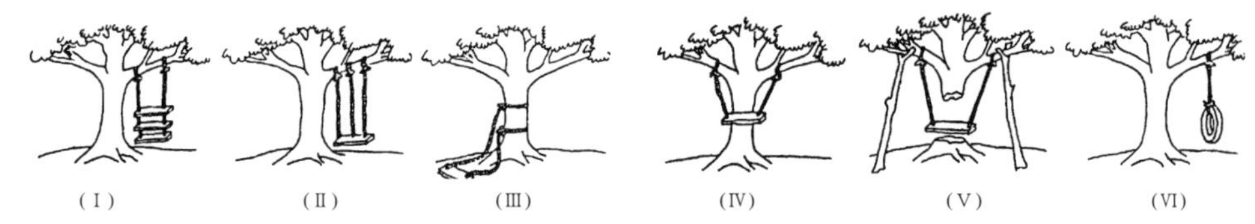

(Ⅰ)设计的保证人提供的方案；(Ⅱ)按设计的要求提出的方案
(Ⅲ)资深的设计者提出的方案；(Ⅳ)按计划进行设计的人提出的方案
(Ⅴ)象在使用者的场地上安装的设备；(Ⅵ)使用者想要的方案
(转引自 C · Alexander，The oregon Experiment)

图 5-13　设计者、使用者等不同群体提出的方案(转引自C · Alexander, The Oregon Experiment)

---

1 [意]布鲁诺 · 塞维著，席云平、王虹译.现代建筑语言.北京：中国建筑工业出版社，1986年第1版 P66

在一座城市、一个地区，由于历史、生活环境的影响，人们有趋于一致的共同或相近的爱好、兴趣、理想、价值取向。这种共同的价值观念和意识是造成社会群体的结合和存在的思想基础，并进而产生共同或相近的认同感、归属感。由群体共同构建的共同社会价值意识，体现了社会群体共同的经验、知识、情感和意识，它既是价值的共同认知，又是价值的取向。从某种意义上讲，一个城市的空间环境改善和建设的实施是一种意志和决策的结果，同时也应是群众共同参与的结果。另外，环境艺术设计是为公众服务的，公众对环境建设当然具有一定的发言权。环境的建设应该倾听公众意见，也需要不同形式的公众参与(citizen's participation，或public participation，或people's participation)并使之制度化。如以政府为主而让公众有限度的参与，以交友的方式增加设计师与使用者相互的了解，以请律师等代言人的方式在设计师和公众之间沟通联系，或在设计师的引导下由使用者按自己的意愿完成某些子作品。西方一些国家有"决策过程中的民主化"的传统，公众积极关心并参与环境建设的讨论，抵制了一些足以影响环境质量的建设。在美国费城中心区规划改建过程中，建筑师E·培根(E.Bacon)等领导当地规划当局发挥了地方团体的作用：①规划设计制定者让一般居民研究规划设计的目标；②居民在制定规划过程中参与意见；③在公众的关心下尽可能减少居民与市政当局的误解与摩擦；④居民与规划设计管理者就共同问题取得一致意见，形成共同意识。规划设计中所谓"民主的反馈"("Democratic Feedback")，[1]不仅在不同专业的内部之间，也包括不同方面的公众的参与。美国50年代曾计划在剑桥建造肯尼迪图书馆，当地群众担心由于其建筑体积庞大，会破坏当地查理士河的景观与城市尺度，故予以抵制，意见最终被采纳。

公众参与形式的景观建设在现代城市尤其是居住区范围内应运而生，并且形成"城市公众自助景观环境体系(Citywide System for Environmental Self-help)"，它的形式不拘一格，主要利用空闲废弃地块，由公众参与进行自主和灵活的设计、种植、建造，一般不需要统一管理和投资（经费采用社区自筹、社团捐助等方式）。这种"自助景观环境体系"在美国"社区花园"景观中较为普及。卡尔·林是一位专门从事"社区花园"设计的景观建筑师。1959年他加入麦克哈格(Ian McHarg)主持的宾夕法尼亚大学的一个新项目，在那里，他形成了"通过服务性工作而学习(Learning Through Service)"的方法，引导学院专业毕业生在费城建造游戏场地和邻里公共用地(Neighborhood Commons)。后来，在新泽西技术学院任教时期，卡尔·林仍以独特的视角进行景观创作。他专门写了《从碎石地到景观重建》(From Rubble to Restoration)一书。

---

1 [美]E.D.培根著，黄富厢、朱琪译.城市设计.北京：中国建筑工业出版社，1989年第1版

劳伦斯·哈普林(Lawrance Ha Lprin)也是一位强调公众参与设计过程的著名景观建筑师。他说："我认为我的工作是以创造人们可以享乐的环境为目标——不只是透过人的理性，而是透过人所存在的环境，因此我特别强调'参与'以及相关的行为。"哈普林的设计所就包括了许多不同专业性质的人才，除景观设计师、建筑师与规划师外，还有艺术家、生态学家、心理学家及作家、舞蹈家等等；每项设计都由精心组成的设计群共同完成，这本身已经是一种外行参与的设计方式了，而在具体的设计中则涉及了更广的参与面。在设计一个社区时，让居民们在设计组的指导下参与进来，在研讨有关规划的诸现状的阶段就开始引导公众有意识地参与，使人们意识到他自身有能力参与此规划，并能够观察环境所应具有的内容与意义。哈普林在实践中尝试各种参与方法，并提出了一种称为RSVP的循环设计系统，它由四个阶段组成：①资料；②记分；③评价；④完成。其中记分阶段的工作是记录对设计成果的希望，这是最为重要的阶段，各行各业的人们通过这种记分的方式在这一阶段参与到设计过程中。[1]

现代科学技术正向广阔的领域和史无前例的深度发展，给自然科学、社会科学、技术科学和人类生活都带来了一系列深刻变化；作为与人类物质生活和精神生活息息相关而又得依赖一定物质技术手段才能实施的环境艺术，也必然发生相应变化。传统的设计方法是在过去的社会条件、科技水平及思想观念基础之上逐渐发展起来的，已不能适应当今以至未来的新变化；需要探讨传统设计方法的改进问题，将新的观念、技术引入到环境艺术当中，探寻新的设计方法。

• 分析评价

评价是一种价值判断活动。遗憾的是，在当代环境艺术设计活动中，分析评价、价值与价值观念问题没有受到应有的重视。维特鲁威提出的"适用、经济、美观"评价标准在当今仍然适用，但只能是最基本的标准。人们一般以设计的要素和原则为依据，将评价体系分门别类：功能体系（人—机体系）；材料体系；结构体系；技术体系；安全体系；审美体系；价值体系。[2]这种新的环境艺术会使我们产生什么感觉：是更年老还是更年轻，是更丰富多彩还是更枯燥无味，是更聪明还是更为愚蠢，是更熟悉这个世界了还是对这个世界更加陌生。

在环境艺术设计中有许多重复出现、性质相近或相同的问题和信息，通过技术处理，这些问题和信息就会转变为一系列客观准确的数据，成为具有较普遍意义

---

1 刘先觉主编.现代建筑理论.北京：中国建筑工业出版社，1999年第1版 P529

2 有人提出环境艺术具有多种评价标准，如：社会标准、生物标准、功利标准、民族标准、地理标准、时间标准、环境标准、科学标准、政治标准、经济标准、以至于物理的亮度标准等。顾孟潮.时代在呼唤环境艺术—关于环境美的思考与建构.天津社会科学院技术美学研究所编.城市环境美的创造.中国社会科学出版社，1989年第1版 P374

的社会知识和经验，使设计者摆脱传统设计方法的限制，避免单纯依靠个人经验，这就需要科学、系统的评价方法。除了设计人员拟定评价项目和标准，进行自我测评的方法以外，调查问卷法更为准确、可行。

调查问卷法适用的前提：受试者有足够数量，有一定代表性；提问的类型广泛，分析认真。瑞典隆德工学院的库勒博士曾选择了200个瑞典词汇，让受试者对15个起居室、15个风景景观和15个具有多样特征的环境做出语义标度的选择，最后从中归纳出8个具有代表性、最常用的语义标度试样用于环境的评价：[1]

（1）舒适性：环境的安全、舒适程度；

（2）复杂性：环境的生动、复杂程度；

（3）统一性：环境各种成分之间的协调程度；

（4）围护性：环境的封闭、开敞程度；

（5）潜能：环境的表现力和象征性的强弱；

（6）社会地位：环境所体现的使用者的社会政治和经济状况；

（7）年代性：环境的新旧和其内在的情感价值；

（8）新颖性：环境是否具有新奇感。

进而，库勒用这8个词义标度试样作横轴，再把每个试样分为7个标度，这样就构成了一个简明、实用的语义标度表。我们试着用它来评价一条街道，可以先请受试者对其心目中理想的街道作语义标度选择，求得其每一纵坐标上的平均值，并用折线把各点连接起来，这样就得到一个理想街道的“语义轮廓线”。之后，让受试者对实际的街道进行语义标度选择，同样求出一条平均“语义轮廓线”。将二者对照，就能反映出使用者对街道设计的满意程度。两条轮廓线成为环境品质优劣的临界线，之间的区域即为理想范围，这使环境艺术设计人员有了一个明确目标和可靠依据。

凯文·林奇大规模采用调查问卷法进行研究分析，他坚持认为：“为了解环境印象在我们生活中的作用，必须仔细考察一些市区并与市民们交谈。不但要检验印象性这一概念，而且通过印象与可见实体的比较去探索什么样的形式可激发起深刻的印象，从而归结城市设计的一些原则。”调查工作分两部分进行：第一，调查者请当地居民中的受试者详细叙述对城市的印象（调查者进行提问）；第二，现场分析，由受过训练的观察者完成。他们步行对调查区域进行勘察，画出这个地区的地图，指出环境要素给他们感受的强弱，并找出原因，以及思考要素之间有什么样关系才会形成“可识别”、“可印象”的环境。

批评是评价的一种集中表现。

---

1 邓庆尧著.环境艺术设计.济南：山东美术出版社，1995年第1版 P179

英国乔弗莱·司谷特（Geoffrey Scott）在《人文主义建筑学》（1924年）一书中对当时建筑评论中两种思想方法进行了批评。一种基本上是历史性的，它把建筑看作是一种混乱和偶然的现象，而他评估这种现象时所用的方法则与现象本身一样，也是混乱和偶然的。它一会儿使批评的主题与科学关联，一会儿与艺术，与生活关联。它用结构技能标准来评价一幢建筑，用节奏和比例标准评判另一幢，又用实际使用或建造者的道德动机评判第三幢。另一种批评方法则更为危险，它为了获得评论的简明性，对建筑规定了若干"定律"，并认为好的建筑设计应当能"表达建筑所应服务的用途"、应当"忠实地陈述它的结构事实"，或者应当"反映一个高贵文明的生活"等等。在做出这类貌似公正的假设之后，它就把自己的理论推向结论，在那些支持其立场的例子上大做文章，而讨伐那些不能证实其理论其实可能是很优秀的作品，把问题大大简单化了。[1]

什么是环境艺术设计的基础呢？它与生活直接联系，是生活的一个部分，是一种生活方式。"环境艺术设计始终从人的现实需求而不是任何别的需求出发，不应做颠倒目标与手段之类本末倒置的追求。于是，环境艺术设计便获得了坚实、可靠的价值评判标准与尺度——人文的尺度。这种尺度具有坚实的客观社会性，从而环境艺术设计创作不再是随意的行为，不再是追求新鲜、时髦的风格而无所适从。很显然，要对当代环境艺术设计活动进行真正深入的反思和批评，就必须把视野扩展到整个文化领域，使这种批评成为一种文化的批判，一种价值观念和人生态度的批判；而人文精神、人文价值和人文理想的建构应当也必然成为这种批评的目的和追求。这是强调人文尺度和人文精神的主要原因。

对于环境艺术而言，只有以人文尺度为依据，才有可能判断设计活动是否真正强化或改进了（而不是倒退或破坏了）人的生命活动。而其他一切尺度，包括科学的、逻辑的、感观的尺度等，都只是外在的、衍生的尺度。

有关环境艺术分析评价的研究为设计工作提供了一种有力的工具。在某种程度上结束了环境艺术设计偏重经验、直觉的传统方法，加深了设计者与使用者的联系，使使用者有渠道阐发自己的观点，使设计者有机会了解使用者的要求和期望，使设计工作切中问题的要害。

5.1.1.3 环境艺术审美

审美活动归根到底就是人的一种生命体验。审美作为一种主体对客体的反映形式，是文化的产物，是人类自我意识和自我实现的情感表现。审美价值以对物质需求和社会功利需要为背景，在全部价值关系中形成对应的直觉情感体验，实现

1 [英]乔弗莱·司谷特著，张钦楠译. 人文主义建筑学. 北京：中国建筑工业出版社，1989年第1版 P1-4

着创造和满足的过程。环境艺术设计的终极目标是"帮助人找到存在的根据地，并领悟到其含义"（舒尔茨），与审美活动的终极目标：领悟世界与自身存在的意义，是一致的。

随着人类审美实践的各种形式日益普遍地进入当代公众的现实生活领域，"以前不了解艺术的广大阶层的人们已经开始成为文化的'消费者'"（阿多诺）。在审美过程中，人们在对审美对象感性存在的关照之外，也包含了对自身存在价值的理解。

图5-14　中央公园　航空照片，美国纽约　曼哈顿

人的视觉、知觉、心理结构和情感是感知美、体验美的承载物质，它们对来自于物的美进行判断、选择和接受，从而实现其审美价值。环境艺术的功能性与艺术性的截然划分，常常误导人们把审美同环境中的生活、体验割裂、对立开来。因此，审美成了对某种事先形成的"结果"的欣赏和被动接受，而不是人在环境中生活、体验的过程，这曲解了环境艺术审美。即使对审美视觉而言，"视觉不是对元素的机械复制，而是对有意义的整体结构式样的把握"（图5-14）。[1]就审美知觉而言，卡西尔曾指出："我们的审美知觉比起我们的普通感官知觉来更为多样化并且属于一个更为复杂的层次，在感官知觉中，我们总是满足于认识我们周围事物的一些共同不变的特征。审美经验则是无可比拟的丰富。它孕育着在普通感觉经验中永远不能实现的无限的可能性。"[2]唐人王昌龄从创作角度对审美意境作过描述："诗有三境：一曰物境。欲为山水诗，则张泉、石、云、峰之境，极丽艳秀者，神之于心，处身于境，视境于心，莹然掌中，然后用思，了然境象，故得形似。二曰情景。娱乐愁怨，皆张于意而处于身，然后驰思，深得其情。三曰意境。亦张之于意而思之于心，则得其真也。"环境艺术不仅在视觉上有无限丰富性，而且在功能与精神方面更能满足人的审美心理需求的无限丰富性（彩图86）。

接受的过程是将环境艺术作品具体化的过程，它并非只是被动的反应环节，亦非对作品的简单还原，而是积极的思考并不断地做出判断、选择的过程。接受美学指出，未经阅读的文学作品不过是一堆无意义的纸张和印刷符号，仅仅是具有某种潜能的"潜在的存在"，只有当作品被接受者感知并引起反应时，这种潜能才会转化为形象、含义、价值和效果，因此，这些形象、含义、价值、效果并不是作品所给定的客观存在，按伊瑟尔的说法，它们既不是作品的固有物，也不是接受意识的固有物，而是二者相互作用的产物。为此，接受美学特别强调接受者在接受活动中的创造性。环境艺术作品总会留下许多意义的"未确定点"或"空白"之处，需要人们通过创造性的想像去发挥。伊瑟尔说，"我们只能想像作品文本中没有的事物；文本中所写出的部分给我们知识，但正是未写出的部分才给我们想像事物的机会……"，而"作者只

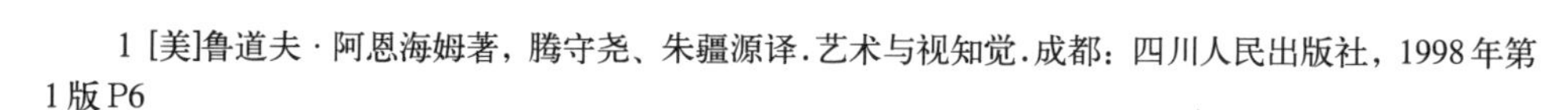

1 [美]鲁道夫·阿恩海姆著，腾守尧、朱疆源译．艺术与视知觉．成都：四川人民出版社，1998年第1版P6

2 [德]恩斯特·卡西尔著．人论．上海：上海译文出版社，1985年第1版P193

有激发读者的想像，才有希望使其全神贯注，从而实现作品原本的意图。”[1]

人们对于环境的一切感知和审美体验只能通过置身其中，甚至真实的生活而获得。一条街道、一座广场、一个公园、一个社区，乃至一座城市，都在用无声的语言述说着它的过去、现在和未来；人们在观看它、接近它和使用它的过程中依据自身生活的观念和情感去感受它、体味它。台湾王镇华先生在一篇介绍皖南唐模村的文章中写道：“水边曲折的水街，形成许多小角落，这些符合人性尺度的小空间，异常重要。因为，有这样的空间才会产生你自己的独特经验，有你自己的故事；有故事才有记忆，而有记忆人才能活在较厚的感情生活里。”[2]

环境艺术的美不是绝对的，人们在审视人为造化的时候总是按否定之否定的原则调整着自己的审美尺度。柏拉图式的固有审美模式在环境艺术领域中很难找到合理的地位，相对性与偶然性，即人们审美判断的相对比较与调整，对于特定环境或特定文化的偶发审美联想和即兴创造是不可忽视的。环境艺术审美的过程是一个多元化的感受与认识过程；个性离不开一般意义的、功能上的普遍性；现实性离不开历史上的延续性和发展上的未来性；诗性离不开实用性。

艺术或设计，并非少数艺术家或设计师的事，而是千万个专心致志的手艺人的劳动成果，并且是建立在特定时代更为广泛的人们营造的艺术土壤之上的。当“知识分子”从有知识的“世俗”大众中异化出去的时候，实际上是一种异常严重的文化疾病的症状，没有一个社会允许这样一种恶疾无限制地蔓延下去。要提高环境艺术审美水平，就必须增强大众的艺术修养。世界杯冠军最有可能产生在许多人踢球的文化中，一个伟大的环境艺术设计师最有可能从将设计和审美看作生活重要组成部分的时代与文化中脱颖而出。“造就和培养高水平的世俗公众，提高他们的文化程度，扩大其数量，这被法国学者和艺术家所强调。”[3]房龙曾经告诉人们，“你想做轮船模型也好，作曲也好，暑假期间去画山景也好，或是设计郊区花园也好，请立即向缪斯女神出身卑微的门徒（此处泛指艺术界出身卑微的艺术家）求救吧，他们是你的良师益友。你对艺术的专心和忠诚将会收到回报。”

5.1.2　应用性科学技术方面

“技术“是指人类在利用、控制和改造自然过程中，按照特定的目的，根据自然与社会规律所创造的，由物质手段和知识、经验、技能等要素所构成的整体系

1 [德]伊瑟尔．阅读过程的现象学研究，转引自王又如．英加登现象学美学与文学理论的主要特色．外国文学报道．1987年第1期

2 窦武．海峡那边的同行们．世界建筑．1990年第2、3期合刊P113

3 [英]汤因比．艺术：大众的抑或小圈子的．[英]汤因比等著，王治河译．艺术的未来．南宁：广西师范大学出版社，2002年第1版P16

统。"[1]技术是科学的物化，是人类活动手段的总和。技术具有一种赋予事物以生命的力量，技术为人们强化和扩展这种赋予事物以生命和意义的意向提供了手段。它的确是一种不可抗拒的力量。

第20届世界建筑师大会《北京宣言》指出："技术是一种解放的力量。人类经过数千年的积累，终于使科技在近百年来释放了空前的能量。科技发展，新材料、新结构、新设备的应用，创造了20世纪特有的建筑形式(彩图87)。如今，我们处在利用技术的力量和潜能的过程中。"由此可见，使用科技手段，与环境艺术设计有机地结合创造出舒适、健康的室内外环境是现代环境质量的保证。

"基于国内各地区经济、科学技术、文化发展的不平衡性，地区城市化的不平衡，农村发展水平也很不一，我们只能因地制宜，发展'适用技术'('Appropriate technology')的科技政策。所谓适用技术，简言之即能够适应本国本地条件，发挥最大效益的多种技术。就我国情况而言，适用技术应当理解为既包括先进技术，也包括'中间'技术(intermediate technology)，以及稍加改进的传统技术。"[2]

法国近代建筑师A·倍莱(Auguste Perret)有一首诗，写到：

"技术是我们长时间给自然的献礼，
是想像力的主要根据，
是灵感的真实源泉，
是最有效的祈祷，
是所有的创造者自己的语言。

依着诗人来处理技术，
这就是建筑艺术。"[3]

随着新技术与材料的发展，建筑、工业产品、环境艺术乃至流行的服装设计都进入一个新时代，人们以更积极的态度寻找具有人情化、自然化的新形式，人们用装饰积极地在环境中创造贴近于自身生活情感的东西，新技术与高情感必然融合。

5.1.2.1　工程学

工程学的发展有助于解决施工中愈来愈复杂的问题，比如降低室内环境的空气污染，较好地处理热湿环境，尽量避免眩光、改善光环境，降低噪音、创造良好的声环境。

室内空气污染物的来源可分为室内人员的活动、建筑与装饰材料、室内设施以及室外带入等。通过工程技术处理，改善基地、建筑结构，来减少室外带入及由

---

1 陈念文等主编.技术论.长沙：湖南教育出版社，1987年第1版 P14
2 吴良镛著.广义建筑学.北京：清华大学出版社，1989年第1版 P77
3 海赛娜·锡尔库斯.关于标准设计的报告.华揽洪、吴良镛译，国际建协，1955年

于材料不合理应用、设施不合理布置而产生的污染物的数量；合理运用通风与空气调节等工程技术，控制好换气量与换气次数。

热湿环境形成的最主要原因是各种外扰和内扰的影响。外扰主要包括室外气候参数如室外空气温湿度、太阳辐射、风速、风向变化，以及邻室的空气温湿度，均可通过围护结构的传热、传湿、空气渗透使热量和湿量进入到室内，对室内热湿环境产生影响(图5—15)。内扰主要包括室内设备、照明、人员等室内热湿源。我们可以根据需要改善维护结构的性能来获取恰当的热湿环境。工程学的发展使人们对于照明（光通量、发光强度、照度、亮度等）的计算越来越精确，光源种类、照明方式也愈来愈多；吸声材料和吸声结构，隔声原理和隔声措施能够有效控制噪声，创造一个良好的室内外声学环境；工程结构完善，使其可以免受地震、洪涝的破坏，必要时还能进行建筑、构筑物平移。

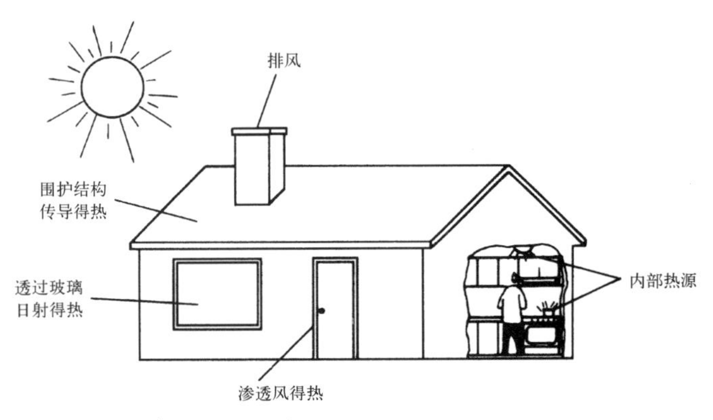

图 5-15 建筑物获得的热量

5.1.2.2 遥感、地理信息系统

遥感(remote sensing，简称RS)是指不直接接触物体本身，从远处通过探测仪器接收来自目标物体的信息讯号以识别目标物体。RS技术是根据传感器所测得的目标物体以图像或数字为表现方式的信息数据，通过一定的数据处理和分析判读探测和识别目标物体及其现象的技术和方法(图5—14)。[1]

RS可以进行多种专题调查，如大气环境、水体环境、植被、人工物体（建筑物、道路、固体废弃物等）。RS技术已广泛应用于农业、林业、地质、地理、海洋、水文、气象、环境监测、地球资源勘探及军事侦察等诸多领域；近些年来，RS技术开始运用到城市规划、环境艺术设计领域，特别是宏观环境（如国家公园、自

1 遥感图像有很多种：航空遥感图像有①黑白和彩色相片②红外相片③热红外扫描图像④雷达图像；航天遥感图像有①多光谱扫描仪(multispectral scanner，MSS)图像②专题制图仪(thematic mapper，TM)图像③高分辨率可见光扫描仪(HRV)图像④改进的甚高分辨率辐射计(AVHRR)图像。宋永昌、由文辉、王祥荣主编.城市生态学.上海：华东师范大学出版社，2000年10月第1版P337—339

然保护区）与复杂区域（如山区的风景名胜区）的规划与设计。

在环境艺术设计中，既需要图表数据也需要文字描述信息的地方，地理信息系统(GIS)可以大显身手。完整的GIS主要由四个部分构成，即计算机硬件系统、计算机软件系统、地理空间数据与工作人员。其中计算机系统是GIS的核心部分，地理空间数据反映了GIS的地理内容，而工作人员和用户则决定了系统的工作方式和信息表达方式。GIS把数据库中的图表信息和文字描述信息综合在一起。文字描述性信息（空间关系）被定义为拓扑关系。这可以使线性图的特征连在一起，把地区连起来，展示出相邻的地区。所有图的特征都与地理坐标系相关。图的特征都是用如结点、线、面这样的术语来定义的。一个地理信息系统(GIS)，除了提供像地块规模和地段号码这样的文字描述性信息外，还可给出更具体的资料。

某一具体场地的土地规划资料，在GIS中能很快地被提取出来。可以包括这样的资料，如：分布带行政区、税收地段号码、地块规模、土壤类型、洪水区等。GIS能搜寻关于一个场地的以下方面的具体信息：公益设施位置、管道大小、树木位置等。[1] GIS的数据库管理有利于将这些数据信息归并到统一系统中，指导城市和区域多目标的开发和规划。GIS还可以在城市生态调查与城市生态管理与检测中提供信息收集、处理与存储服务。

5.1.2.3　计算机多媒体技术广泛应用

技术革命与设计语言的革命是一致的。计算机使我们有可能模拟实际情况，但这已经不是透视绘图法那样片面的描绘，而是从视觉、从性质等所有方面进行完全真实的模拟，我们可以检查一个房间的空间、大小、光照、采暖、通风等等。它将使我们在一座建筑甚至一座城市中漫步，它使我们有可能在无数方案中进行比较分析。当然，它不能保证建筑师使用现代语言，但是它提供了使用现代语言的可能性，而这种可能性以前都被丁字尺、两脚规等设计工具限制住了。

使用计算机来存储、分析资源资料已经普及，尤其是大面积场地规划设计，要求把图表资料存储起来并可调出来以备各种比较之用。环境艺术设计师和工程师们经常使用计算机辅助设计即CAD (Computer Aided Design)软件，它协助设计人员进行工程设计的计算、分析、综合、设计和优化，并能绘制各种工程图和编制各种技术文件，甚至可以完成设计方案评估。在场地工程中，为完成技术设计工作，AutoCAD协同其他程序，通过解析几何来巧妙使用勘测数据。计算机辅助设计可使数据分层排布。这样的程序可以很方便地对地形、公路、沼泽地等的基础层叠图的各层信息加以改动，而不必擦去图上的线(彩图88；图5—16)。三维(3—D)应用可允许人们创造高度、宽度不同的物体，而且可以把这些物体在空间中展示出来。三

1 [美]哈维·M·鲁本斯坦著，李家坤译.建筑场地规划与景观建设指南.大连：大连理工大学出版社，2001年第1版P17

维(3—D)模型可以使人们从不同角度观察一个设计。透视图和轴测图可以从任何角度来绘制，这可以使人们更好地从建筑群中理解一个设计或土地规划(图5—17)。

除了视觉图像方面的强大功能，计算机还能提供不断变动的土地和建筑的面积数据，不同类型的铺装或地被植物的面积，砖瓦土石的立方数，能够完成复杂的结构计算与绘制。

计算机还具有深刻的美学意义，在于它迫使我们怀疑古典的艺术观和现实观。计算机通过混淆认识者与认识对象，混淆内与外，否定了以往赋予艺术纯粹客观性的幻想。另外，在知识与感受性的获得上，电子信息控制过程与印刷相比是卓越的生活体验。[1]不过，当前的计算机辅助设计有很大的局限性。实际上，受宠的计算机根本不懂“设计”。它既不具有领悟能力，也不具有推理能力，它明白不了业主的脾性，感受不到基地的特点，也难以产生对山石、草木、水体，以及视域中一切风景的感触之情(表5—1[2]

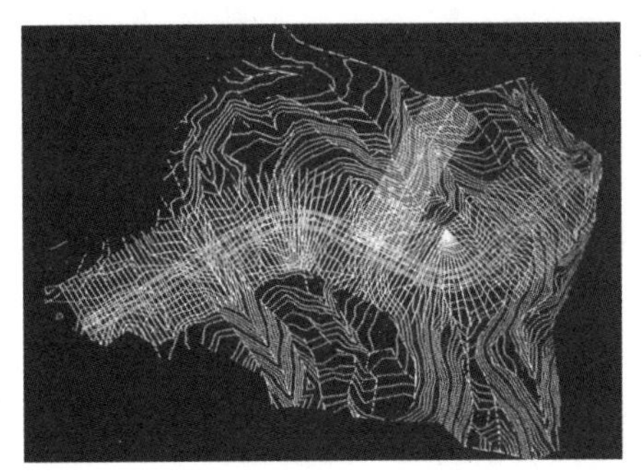

图5-16　CAD绘制的等高线及道路设计

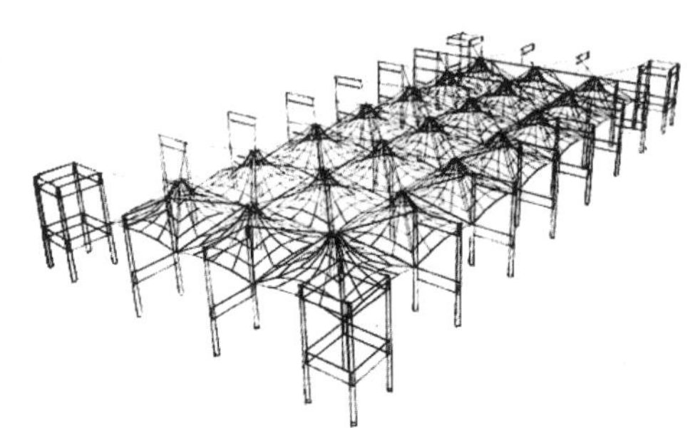

图5-17　沙特阿拉伯吉达航空港伞形体组合透视

人脑与电脑的比较　　**表5-1**

序号	比较方面	人　脑	电　脑
1	逻辑方式	经验型、直觉、联想及判断	系统性、形式化
2	智慧水平	能积累、思考、灵活运用、因人而异	学习能力差、但易达到预期效果
3	创造能力	能构思、幻想、有触发灵感、能动性	机械、因循
4	数据处理	慢、少而不规则化	快、多、规律、详尽、严密
5	分析能力	能直观分析判断、数据分析能力差	无直观分析，但数据分析力强
6	资料编码	简单、快捷	复杂、费时
7	信息储存	量小、时间长，容易遗忘、出错	量大、不受时间影响
8	综合判断	能力强，但易受外界影响	能力弱，不受外界影响
9	资料提取	能力强，可选择性提取	能力弱，需全面搜索，但不遗漏
10	信息传递	量小，速度慢	量大，速度快
11	错误可能	容易出错	很少错误
12	重复作业	重复性差，乏味、费时	重复性好、快速、准确
	综合评价	有创造性、灵活性、综合性和主观能动性	记忆力大、速度快、严密准确、系统性强

1 [美]J.W.伯恩海姆.智能系统的美学.[英]汤因比等著，王治河译.艺术的未来.广西师范大学出版社，2002年第1版P72，85

2 刘先觉主编.现代建筑理论.北京：中国建筑工业出版社，1999年第1版P450

做了人脑与电脑的比较)。计算机及设计应用软件还有很大的发展空间。

计算机与多种外接设备（扫描仪、打印机、数码相机、数码印刷机等）连接，延伸了计算机的功能；计算机多媒体技术的发展与完善，可使设计人员更好地完成设计制作与演示任务；计算机互联网技术的发展，使设计师更方便地查询、搜集资料，实现设计师之间、设计师与工程师之间、设计师与业主之间的信息快递，提高了工作效率与设计质量。

1994年美国出版的《电脑空间与美国梦想》中认为："电脑空间的开始意味着公众机构式的现代生活和官僚组织的结束"。未来公司的工作程序和组织程序也变得越来越虚拟化，他们的生存与运作取决于电脑软件和国际互联网，而非那些实用主义的、规范的建筑环境构架，多维联系已超过了空间关系。

5.1.2.4　环境体验的监测与调控技术

环境体验除了视觉的优先地位，还包括：触觉、听觉、嗅觉、味觉等。环境体验有：①回顾体验，这是根据历史资料对一个区域过去某一历史时期的环境质量进行回顾性体验；②现状体验，这种体验是根据现场监测、资料调查，对一个区域内的环境质量的变化及现状进行体验；③影响体验，这是对一项拟议的开发行动方案或规划所产生的环境影响进行识别、预测和体验。城市环境的体验较为复杂，具有综合性、指向性和选择性强烈、差异性、直觉性、与审美相关的情感性等特征。

环境影响体验所涉及的监测与调控技术主要有：①区域的环境质量现状调查；②污染源的污染物排放情况及其对环境造成的影响；③为规划设计或评估规划设计项目进行的监测；④其他必须进行的测试和调查工作。各类环境专题监测包括：大气、水质、水体、土壤、生物、固体废物、噪声、眩光监测等。[1]

环境监测与调控技术（包括监测与调控设备等硬件配置）的提高，能够为环境艺术设计提供各类大量数据资料（尤其是自然环境资料，还涉及地理地形图件等），指导或者直接服务于规划设计与施工。

5.2　工程实践范围拓宽

5.2.1　对郊野、乡村的关注增加

古人论述在城市郊外选址造园，"郊野择地，依乎平冈曲坞（按：坞——在山区两边高而中间低的地区，或称"洼子"、"冲子"），叠陇乔林，水浚通源，桥横跨水，去城不数里，而往来可以任意，若为快也。谅地势之崎岖，得基局之大小；……开荒欲引长流，……月隐清微，屋绕梅余种竹；似多幽趣，更入深情。两

1 陆雍森编著．环境评价．上海：同济大学出版社，1999年第2版 P330

三间曲尽春藏，一二处堪为暑避。”可看出，古人已注重郊野的景观价值。

在城市化的发展过程中，大量良田被不合理占用兴建厂房、住区开发或做他用。有些随着工厂衰败、住区落后闲置而荒废。随着开发权的转换，生态敏感或产量很高的农用地可能要在政府部门与规划部门协商下，通过交易将原土地使用权没收，取而代之的是给他们一块在另一可选地区的相近或不同项目类型的土地开发权。经过这样的安排，有价值的土地财产得以保护，大面积闲置或荒芜的郊野地带转化成旅游休憩地或住宅房地产，很多人都能从中受益。汽车的到来和高速路网的外扩为人们外迁提供了动力，这给郊区外围的农用地和森林带来威胁。因而，城市需要增加生气而变得更加诱人，随着对城市扩散的有效控制及对区域规划和再开发增强信心，繁华而优美的都市、诱人的郊野、迷人的国家公园以及高产的乡村可以共生。

郊野、乡村的土地充足，由田野、林地、天空组成的开阔视野具有一种自由感，这是乡村景观的基本特征。尽管项目基地会受产权界限的限制，但视域跨度很大，可涵盖远处广阔的景观视野。规划设计考虑的范围增加许多，篱墙、果园、农田，甚至远处的山峰、湖泊、地平线都可成为设计的条件和因素。在郊野和乡村，人们更多地暴露于自然中——风、雨、霜、雪、太阳、冬季的严寒以及夏日的酷暑，场地—构筑物和建筑自身都应反映出对气候适应的深入思考；本土材料——耸立的巨石、田间的石块、板岩、碎石以及木材等对于景观贡献颇多，建筑、围篱、桥梁和墙壁多采用此类自然材料会加强构筑物同周围环境的关系；足够的土地提供更大机动性，在基地界限内，汽车和行人的道路等重要设计元素安排可以展现最佳的环境特征；郊野、乡村景观是微妙的——树荫、天光、云影交相辉映，如不恰如其分地应用，便会浪费美好的景观（彩图89； 图5—18）。[1]

图5-18　蛇形园林景观，查尔斯·詹克斯(Charles Jencks)，英国Dumfriesshire 1993年

要深入细致地规划小城镇，寻求城乡协调发展的模式。有特色的小城镇要继承传统，使居民分享传统与地方环境的韵味；城镇又要快速发展，设计师要把新的观念溶化到那个地区的文化和环境中去。

5.2.2　环境艺术设计向纵深发展，细节设计深化

社会愈进步，人们功能要求就愈多；生活内容愈复杂，对物质的建设（对建筑和它的环境建设）要求也就愈复杂。另外，“物质”的环境包括人工的和自然的环境，它的内容、结构、形态等也必然随着社会的发展而演变。环境艺术大多需要丰富性，亚历山大·蒲柏（Alexander Pope）曾这么指教英国景观设计师：为求逗乐设置重重迷津，一惊一变方可有所收获。

1 [美]约翰·O·西蒙兹著，俞孔坚、王志芳、孙鹏译.景观设计学.北京：中国建筑工业出版社，2000年第1版P140，141

日益宽广的环境艺术设计是将基地的整体系统转换成细部中的架构，这对于小尺度的规划设计方案较为合理，比如由于大环境所感应与影响的公园或庭园，而对于某些较大尺寸土地规划决策的准则是依据基地上现有房屋、土地和设备及设计与技术上细部的了解。良好的光环境、声环境以至嗅觉环境常常延长参与户外活动的时间，提供安全和保障，且通过突出像喷泉或雕塑这样的特写要素而增加趣味。关于园林中的香气，波斯诗人哈菲茨写到：

啊！搬出你无数玫瑰铺就的床榻，园林隐幽的欢乐地透出阵阵香气；

细枝交错低垂，舞弄婆娑的树影，吐纳香气馥郁，如同啜饮葡萄美酒！[1]

光环境与声环境的开发常由环境艺术设计师或建筑师同电工等技术人员合作完成。在光环境中要强调自然光的应用。今天许多设计师不再执着于对自然光的追求，满足于触动开关，满足于电灯光，无视自然光的丰富多彩，也无视节能问题。深化环境艺术设计，还要考虑时间因素，为全年所有的月份（季节）而设计。

观察力敏锐的马塞尔·普鲁斯特(Marcel Proust)写到："在看到夏尔丹(Chardin)的绘画作品之前，我从没有意识到在我周围，在我父母的屋子里，在未收拾干净的桌子上，在没有铺平的台布的一角上，以及在空牡蛎壳旁的刀子上也有着动人的美存在"。[2]他描述的就是细节之美。处理好广告、招牌、橱窗等细节与环境的关系变得重要。路牌、灯箱、霓虹灯、粉墙广告，商店、企事业单位招牌及橱窗都是凭借环境中某些物质实体来传播消息的。虽不能将其看作艺术品，但它们具有一定艺术性，只有和周围环境的其他景物有机结合，互为依托，才能发挥其审美功能(彩图90)。

5.3 文化性与艺术性要求增强

"'文化'这个术语与其说是名词，不如说是动词。文化不再是一种外在于人的、在历史中自动发生作用的非人格力量。现代人开始领悟到人性正在走向一种包罗万象的世界文化；这种文化不是自动出现的，而是必须不断地由人自己来指导和驾驭。比起以往任何时候来，今日的文化更是一种人的战略……。"（C·A·冯·皮尔森语）皮尔森赋予"文化"一个广泛的定义，即文化是按照一定意图介入和干预自然的一切人类活动的总和。他认为，"文化问题并不是理论思考的目的本身；对它的分析应当有助于形成一个指向并着眼于未来的文化

1 [美]查尔斯·莫尔、威廉·米歇尔、威廉·图布尔著，李斯译.风景.北京：光明日报出版社，2000年第1版 P81

2 [美]约翰·拉塞尔著，陈世怀、常宁生译.现代艺术的意义.南京：江苏美术出版社，1996年第2版 P4

图 5-19 雕塑式射灯组群，浦东发展银行，中国上海

政策。”[1]在他看来，人类同周围世界始终存在着某种紧张的关系，人类在这种紧张的关系中要想对抗比他更强大的、甚至是神秘和不可知的异己力量，就必须要有灵活的政策，从而以人类自身的创造性成果反施于对象世界，赢得自身的生存、自由和发展。显然，由科学精神与人文精神的结合而决定了文化战略的一个突出特点，就是关注文化形式的合理性问题。这一问题表现为两个方面：一方面是对历史上的文化形式采取一种开放、同情、理解和宽容的态度，即把任何文化形式都看成是人的某些基本潜能的特定方面和方式的实现，换句话说，任何文化阶段都包含有一定的合理性；另一方面，对合理性问题的探讨又意味着不再把既有的存在看作是理所当然的合理存在，也就是说，任何面向未来的文化都要继续发展，也就都应克服自身的某些不合理性。

文化战略思想为我们提示了一个走出存在危机，争取自身生命自由、充分和全面发展的努力方向，其原因在于这种战略把目标直接指向了人的生命活动，这使它获得了对人类的最深刻的影响力量和内在、持久的话语权力。设计文化是人类极为重要的生存活动和生存文化，因而设计文化战略也是人类生存与发展的重要战略。我们一切理论与创作的一切努力和追求，都将以人的生命存在及其意义作为原则、目标和参照，从而将获得一种内在的客观性，在继承吸收传统文化、借鉴外来文化的过程中，减少主观随意性和盲目性(彩图 91；图 5—19)。

5.3.1 传统文化与艺术的继承与发展

“我先要给你们分析种子，就是分析种族及其基本性格，不受时间影响，在一切形势一切气候中始终存在的特征；然后研究植物，就是研究那个民族本身及其特性，这些特性是由历史与环境加以扩张或限制，至少加以影响和改变的；最后再研究花朵，就是说艺术，尤其是绘画，那是以上各项因素发展的结果。”[2]此处“种子”、“植物”的比喻生动地说明了传统的重要性。

现代化是不是必然以淡漠人情，甚至牺牲和压抑人性为代价呢？我们自身文化传统中的一些合理因素在一种清醒的自我批判和检讨中获得新的生命。甘阳先生曾写过一段话：“中国是前现代文化最发达的国家，尤其是儒家那种“道之以德，齐之以礼”的伟大伦理政治，“必也使无讼乎”的美好生活理想，“父为子隐、子为父隐、直在其中”的浓厚人情味，堪称为世界上最完善、最成功的伦理系统，也确足以使中外学子一唱三叹，难以忘怀。然而，所有这些，恰恰又必然使中国成为建立现代文化系统最艰难的国家，因为中国前现代文化系统中这些最优秀、最

---

1 [荷]C·A·冯·皮尔森著，刘利圭、蒋国田、李维善译.文化战略.北京：中国社会科学出版社，1992年第1版 P4

2 [法]丹纳著，傅雷译.艺术哲学.北京：人民文学出版社，1963年第1版 P147−148

有价值的东西恰恰是与一个现代文化系统两相抵牾、直接冲突的。这对于中国学人来说是极其痛苦的现实，但是，在这痛苦中正孕育着中国文化新的伟大、新的光荣！”[1] 比如风水作为中国人的一种传统环境观，对中国及周边一些国家古代民居、村落和城市的形成与发展产生了深刻影响。各种聚落的选址、朝向、空间结构及景观构成等，均有着独特的环境意象和深刻的人文含义；风水“具有鲜明的生态实用性”（美国生态设计学专家托德语），“在许多方面，风水对中国人民是有益的，如它提出植树木和竹林以防风，强调流水近于房屋的价值”（李约瑟语）。它关注人与环境的关系，强调人与自然的和谐，风水表现出一种将天、地、人三者紧密结合的整体有机思想。《阳宅十书》“论宅外形”中说：“人之居处，宜以大地山河为主，其来脉气势最大……”。风水的这些观念对现代环境艺术设计、建筑学和城市规划，对“回归自然”的新的环境观与文化取向仍有启示。风水的思想性和风水现象的广泛性，都使得风水无可争议地成为中华本土文化中一个引人注目的内容（图 5—20a、b）。

图 5-20a　魏塘祠的小环境(据《莆田浮山东阳陈氏族谱》)

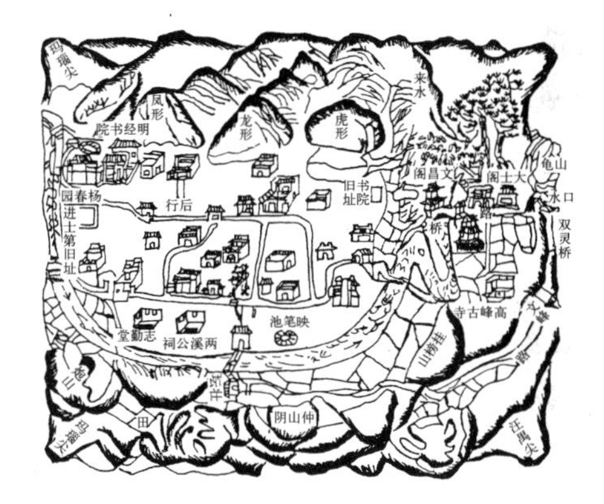

图 5-20b　徽州考川水口园林(据《仁里明经胡氏族谱》)

日本平安时代一位日本贵族对造园提出建议：开始的时候就要考虑到地与水的布局。要研究过往大师的杰作，回忆你知道的漂亮的地方。然后，在选定的地方让回忆说话，把最感动的东西融入自己的构建之中。“过往大师的杰作”便充溢着遗留下来的传统精髓。德国的 G·阿尔伯斯（G.Albers）教授说过：“城市好像一张欧洲古代用作书写的羊皮纸，人们将它不断刷洗再用，但总留下旧有的痕迹”（大意）。这“痕迹”之中就包括传统。关于传统，布鲁诺·塞维曾写到，“古典主义是一种超出柱式以外的心理状态，它甚至能使那些完全使用反古典主义言词表达的论文也变得荒谬不堪”。继承传统，不能生搬硬套。布鲁诺·塞维告戒我们要纠正两种顽固的误解（与历史传统有关）：一种是关于不接触任何文化和语言的苦行主义诗人的神话；很容易证明，每一个有成就的建筑师都从研究过去中获得过灵感，不管带有什么样的偏见，他在其中选择的共鸣总要比他的批评更有意义的多。第二种误解是一个建筑师不需具备对历史先例的渊博知识就能掌握现代建筑语言。

古典主义自有它的弊端。波伊多指出了它的两点愚蠢之处：第一是用那么多的方盒子、轴线、正面透视、沉闷、反功能、奴性十足地遵守对称和比例的教条。第二是系统化地背叛古代著名建筑的真正原则，他们为了一种先验的思想体系和美术学院派的教条既埋葬了过去，也牺牲了现实。传统在一定程度上是一把双刃剑。注重传统的设计风格，并能有效地将其与当地的文脉和社会环境结合起来，通过良好的设计能建立历史延续性，能表达民族性、地方性，有利于体现文化渊源；如果生搬硬套，就会显得拙劣，令人厌倦。被动地模仿历史的复兴主义和完全不

1 甘阳.八十年代中国文化讨论五题.哲学研究.1986 年第 5 期 P75—76

顾历史的某些先锋派人士的做法都是愚蠢的。[1]

设计师运用传统既有实用价值，也有表现艺术的价值。可以在"旧的无能为力时，利用传统部件和适当引进新的部件组成独特的总体。格式塔心理学认为环境给部件以意义，而改变环境也使意义改变。"[2] 特别是那些古老国度的建筑师，浓厚的本土传统文化无疑潜移默化了他们备受现代教育的大脑——传统与现代应该是相融的。他们一旦完成对现代设计观的转变以后，所致力的就是如何将自己的作品放在现有人文景观中而无可挑剔。也就是说，环境艺术作品将成为某个地区的实在体，那么它就必须成为这个地区符号系统的一个序列。

北京城并不能像威尼斯那样完整地维护古都风貌。吴焕加教授说："北京城区之内，不但有古风区，也要有新风区，以及半新半旧区。除了前面说的必然如此的理由（经济因素、城市职能因素等）外，从环境美的角度考虑也应如此。单一的，千篇一律的东西不符合现代人的欣赏情趣。"

城市环境及其建筑物是特定环境下历史文化的产物，体现了一个国家、民族和地区的传统，具有明显的可辨性和可识别性。要继承和发展传统设计文化，就要注重历史环境保护（图5—21）。在标志性建筑和重点保护性景观的周围建立保护区

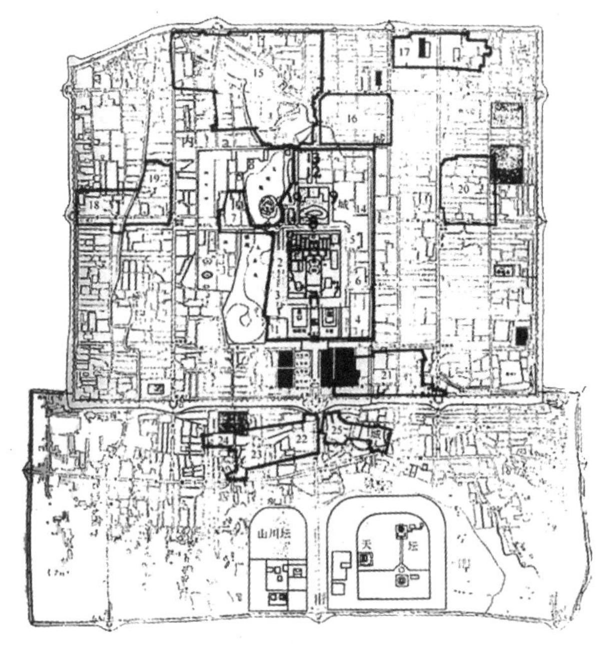

图5-21　北京市划定的25片历史文化保护区(本图系标在明、清北京城图上)，2000年

1 [意]布鲁诺·塞维著，席云平、王虹译.现代建筑语言.北京：中国建筑工业出版社，1986年第1版P112

2 [美]罗伯特·文丘里著，周卜熙译.建筑的复杂性与矛盾性.北京：中国建筑工业出版社，1991年第1版P32

（包括天津、上海等城市的近代外来建筑文化）（图 5—22）。保护空间环境的完整性不被破坏，主要是有效控制周围建筑的高度、体量与形式等，根据不同城市、不同地段和不同的建筑物性质加以具体规定（图 5—23）。同时城市是个有机体，生生不息，城市需要更新，受到新陈代谢规律的支配，表现出强大的延续性和多样性（彩图92）。对待传统，德国剧作家席勒的观点虽有些偏激但有其道理，"美也必然要死亡，尽管她使神和人为她倾倒"。因为，变化是生活的法则。继承与发展传统文化正是为了新的创造，"真正天才的标识，他的独一无二的光荣，世代相传的义务，就在于脱出惯例与传统的窠臼，另辟蹊径"。[1]

图 5-22　马可波罗广场，原意大利租界区，中国天津

5.3.2　地域性文化与艺术的挖掘与体现

"地方精神象征着一种人与特定地方生动的生态关系。人从地方获取，并给地方添加了多方面的人文特征。无论宏伟或者贫瘠的景观，若没被赋予人类的爱、劳动和艺术，则不能全部展现潜在的丰富内涵。"（勒内 · 迪博斯[Renė Dubos]语）随着世界科学技术的进步，交通的发达，信息传播的迅速，在世界范围内某些中心在不断地传播最富有社会所特有的知识、技能、美学趣味，以至处世之道等等，每占统治地位，其结果，使社会的非地方化、经济、社会和文化方面的世界性日益增强。这种世界文化的"趋同现象"使"整个的创造性领域遭受压制，社会的个性和独特形态遭到破坏"。[2] 乡土文化、地方作风、"回归自然"为更多人们所关注。

图 5-23　由国会山望 The Mall 的东西轴线，前方为华盛顿纪念碑和林肯纪念堂，美国华盛顿

不必一味强调新技术、新材料的广泛应用，对于环境艺术建造材料，在许多地方首先应考虑就地取材，并尽可能地发挥材料的物质的、美学的潜力。在形式类型上，由于受当地条件、社会、文化的长期影响，也应有明显的地域性。环境艺术设计要注重自由构思结合地方特色与适应各地区人民生活习惯。传统砖石等材料与现代设计构思相结合，这种做法既区别于历史式样，又为群众所熟悉，能获得艺术上的亲切感。

"面对基本社会进程的不断增长的世界化，面对使个性和集体精神状态统一化的压力，个性的觉醒是一种压倒一切的需要，即对特性的需要的表现。这种表现在世界各地都能看到，而且某些国家努力提高本国的文化价值所取得的成功，或最近所采取的行动是一致的。"它导致人们对区域特性、地方特性、民族文化的追求，越来越有目的地、自觉地去发展地区文化，包括保留城市内部的"亚文化群"，历史城市及城市中的历史地段的保护，地区特色的追求等。特性将不仅被看作是古老价值的简单复活，而主要是体现新的文化设想的追求。趋同现象下地方特色

1 [法]丹纳著，傅雷译.艺术哲学.北京：人民文学出版社，1963 年第 1 版 P339

2 阿马杜 · 马赫塔尔 · 姆博.探索未来.联合国教科文组织出版，1982 年

图 5-24　川崎町湖畔公园，日本宫城县

的追求，现代化的巨浪与继承文化的呼吁和努力，同时存在。这也是研究现代设计文化的不可忽略的两个方面。一个典型的例子：日本在吸取西方文明的同时，没有丧失对自己传统特色的发扬。在设计领域（建筑设计、环境艺术设计、产品设计、平面设计、服装设计等），涌现出一大批民族特色鲜明的现代作品（图5-24）。

在建筑设计领域，20世纪70年代以后，《没有建筑师的建筑》(Bernard Rudolfsky 著)一书问世，引起了很大的反响。一些以往被忽略的乡土建筑的创造，重新被发掘出来。这些乡土建筑特色是建立在地区的气候、技术、文化及与此相联系的象征意义的基础上，长期存在并日趋成熟。有人在研究非洲、希腊、阿富汗的一些特定地理区域的住房建筑之后表明，"这些地区的建筑不仅是建筑设计者创作灵感的源泉，而且其技术与艺术本身仍然是第三世界国家的设计者们创作中可资利用的、具有活力的途径"。这类研究仍在继续，并发展为两种趋向：即所谓"保守式"趋向——运用地区建筑原有技术方法和形式的发展；所谓"意译式"趋向——在新的技术中引入地区建筑的形式与空间组织。乡土论者与地区论者逐渐走向合流。[1]

乡土建筑、乡土环境受着生产、生活、民族和地域的历史文化传统、社会民俗、感情气质和审美观念的制约。它置身于地域文化之沃土，虽然粗陋但含内秀，韵味无穷如大自然山间野花独具异彩，有深厚的文化内涵等待挖掘，予以推陈出新。

5.3.3　西方文化与艺术的借鉴

鲁迅曾经盛赞汉唐时代对吸收外来事物的"雄大气魄"，他说，"人民具有不至于为异族奴隶的自信心，或者竟毫未想到，凡取用外来事物的时候，就如将彼俘来一样，自由驱使，绝不介怀"。[2] 对西方文化与艺术理应采取"拿来主义"的态度。但是，我们对西方文化的领受和吸取往往是得其形而忘其意，浮光掠影式的。虽然我们对西方文化的认识经历了从器物到制度再到思想文化的逐渐深化过程，但始终主要侧重于器物这一最初引发冲动的层面，因而对三个层面始终缺乏清晰而自觉的区分意识，当然也缺乏整体的意识。

有学人指出："中国百多年来，确是不如意事常八九。但最不如意之事，便是在许多挫折之后失掉了自信心，逐渐变得凡事总以西人观点和标准来反观和反测中国事物。"不过，"近代以来尊西崇新的势头虽然很足，但西方文化，包括其人文精神，我们真正领会的，恐怕还远不够。中国学人追西方，总求最好最新，以为新就是好。但西人新东西层出不穷，结果是追还来不及，更谈不上消化。"[3] 这种不求甚解、盲目崇洋崇新的心态背后，潜伏着一种文化虚无主义。这种虚无主

1 吴良镛著．广义建筑学．北京：清华大学出版社，1989 年第 1 版 P31

2 《鲁迅全集》第 1 卷．北京：人民文学出版社，1957 年第 1 版 P301

3 罗厚立、葛佳渊．谁的人文精神．读书．1994 年第 8 期 P61−62

义的表现，就是价值始终无由建立，意义之不断丧失。

说到过度照搬外来的形式和观念时，布鲁诺·塞维有一段话“‘诚实的人永远开着窗，那窗子已年代久远，却使他精神清爽’可是当我们换气过多时，也是会着凉的”。

5.3.4　当代大众文化价值观念的体现

大众文化，按照一般的理解，主要指一定地区或国家中被一般人所信奉、所接受的文化。它的规范性不强，容易性较大，容易随着时尚的变换而变换；它往往通过大众传播媒介（如电影、电视、电台、报纸、杂志等）而得到传达和表现。大致说来，无论是内容还是形式，大众文化都更多地与物质生活相联系，它要求通俗易懂、便于操作、易于传播，并“为公众喜闻乐见”……。“艺术的现代观念是新的一代人总的表达方式，现代艺术（包括设计艺术）与他们共命运，对他们的愿望作出反应。”（费尔南·莱歇[Fernand Léger]语）

每一个时代，都有它的歌唱、绘画或建筑方式。不论我们怎样努力（我们下过很大功夫），我们抓到过去时代的艺术神韵的希望，是不大的。[1] 康定斯基（Wassily Kandinsky）说过：“试图复活过去的艺术原则，至多产生一些犹如流产婴儿的‘艺术作品’”。因为，艺术是反映所在时代文化价值观念的。凡尔赛宫的规模庞大，可同时容纳一万人入住，是历来最大的，最富的，最强的，最富有魅力的君主制的中心。当时的艺术家们听说，那里花钱如流水，赶紧打点行装，奔向那里。但是，无论它多么豪华、多么有艺术韵味，它体现的只是王室贵族的文化价值观念。尺度超人的印度庙宇让人产生毁灭有即将降临之势，似乎它在宣传，在冷酷无情的造物主面前，一切人间的努力都是无济于事的。熠熠生辉的沐浴池，神庙屋顶上的镏金，佛像身上的珠宝体现的是宗教教徒的文化价值观念（图5—25）。那时候，艺术的创造是少数人的事，艺术的欣赏也是少数人的事。技术革命的浪潮，经济发展、交通便捷、大众传播媒介的发展、文化艺术的民主化，才使之成为历史。计算机雕塑家伯恩海姆的研究与实践表明，计算机在填平艺术与大众之间的鸿沟的过程中起着重要作用。环境艺术大众化使其变为物质——精神双重意义上的创造。它是技术与艺术在环境的重建中的结合，是信息产业（及工业）与自然的结合。

在设计与艺术领域，后现代派并没有为人们提供更令人喜爱、被人接受和更具有说服力的作品，逐渐丧失了吸引力。这不仅是因为文丘里等人虽然引入和鼓吹大众文化后“又把它推回到象牙塔理论的尖角里去”（汉宝德语），没能真实联系社会生活；而且，更主要的是，对“大众文化”本身缺乏一种全面、深入的认识

图5-25　泰姬陵(The TaJ Mahal, Agra) 中轴线条形水渠，印度，沙加汉时期（1627～1658年）

1 [美]房龙著，衣成信译．人类的艺术．北京：中国和平出版社，1996年第1版P393

和理解，未能使人文性真正显露，反而使之堕入流俗。肯尼思·弗兰姆普敦写道：文丘里与近期的后现代理论家，诸如历史学家查尔斯·詹克斯，决心把拉斯维加斯形容为大众喜好的真实表露。但是，正如马多那多在1970年的《设计、本质与革命》中所争议的，事实恰好相反。拉斯维加斯不过是“半个多世纪以来存在的那种戴了假面具的操纵性暴力，旨在形成一种表面上自由和充满嬉笑，实际上却剥夺了人的创新意志的城市环境”这样一种虚伪的传播介质的终结。[1]当设计师为设计而设计的时候，他们是鄙视公众的。反过来，公众则通过忽视这些设计师及其作品的存在对之进行了报复。

现代工业文明渐渐渗透到了世界的每一个角落，渗透到了人的心理结构和人格结构中，或深或浅地改变了人们感知与认识世界的方式，导致了人的感性和理性的分裂。于是，人的情感、想像、直觉受到了压抑，灵性钝化了，感受力衰退了，人迷失了生活的终极价值与目标。[2]对此，法兰克福学派的著名哲人马尔库塞（Herbert Marcuse）在《单向度的人》一书中指出：当代工业社会是一个新型的极权主义社会，因为它成功地压制了这个社会中人们内心中的否定性、批判性和超越性的向度，从而使这个社会成了单向度的社会，使生活于其中的人成了单向度的人。[3]

城市和地区的组合意味着和自然环境的对话。精神分析学和人类学的研究警告我们，在人类进入文明时代的同时，也丧失了一些我们本来的价值，如时空统一的观念、游牧生活的自由、在无边无际的原野上作无目的漫游的乐趣等。我们能够并且必须恢复这些价值。绿党的活跃、公众对污染的城市及伤害野生动物的反抗正是迫切清除这些文化污点的明显标志。

“科学的引进，或者说寻求客观发现的做法，只能在一定程度上成为人文科学工作者的指导思想。它能够而且也应该缩小主观的范围，但它不能而且也不应该消灭主观性，因为主观性的消灭将导致人文科学的非人性化。我相信这种非人性化是不合适的，也是不可能的，因为人文科学毕竟是关于人的科学。”（E·H·贡布里希语）西方现代哲学家们为了阐发人的自由本性，一般都反对主客二分，主张“天人合一”；反对旧形而上学的超感性世界，主张唯一的现实世界；反对道德原则，主张非道德意识。这三者也是西方现代哲学不同于近代哲学的主要特征。[4]比之近代哲学，西方现代哲学更加强化了人的个体性和自由本性。

---

1 肯尼思·弗兰姆普敦著，原山等译.现代建筑——一部批判的历史.北京：中国建筑工业出版社，1988年第1版 P370—371

2 [美]徐千里著.创造与评价的人文尺度－中国当代建筑文化分析与批判.北京：中国建筑工业出版社，2000年第1版 P20

3 [美]赫伯特·马尔库塞著，刘继译.单向度的人－发达工业社会意识形态研究.上海：上海译文出版社，1989年第1版；“向度”又可译为“维度”，主要具有价值取向和评判尺度的意义

4 张世英.中西方关于自由问题的哲学思考.江海学刊，1994年第2期 P72—78

今天，随着公众的主体意识的觉醒，人们变得不再期望将自己的个体情感和意志纳入到一个代表公众趣味的整齐划一的圈子里，而是开始寻求一种多元价值观和真正属于自己生命的意义判断。面对环境的日益均质化、无个性化和非人性化，人们越来越强调创造和表现具有一定意义的空间、场所、环境，“可识别性”、“场所感”等，都表明了人们对价值或意义的关注。门德尔松(Men-delsohn)的表现主义如此强烈以至在他的设计中三维透视体横扫了一切静态的端庄，它异军突起，为园林景观增添了异彩，令人耳目一新。

环境艺术设计是一种综合的文化现象，它是当时当地的现实生活的写照，不以追求某种时尚为目标。人们生活习俗、生活方式会赋予环境一种设计艺术特色和个性，这便产生了一个模糊的字眼——风格。“文明过度的特点是观念越来越强，形象越来越弱。教育、谈话、思考、科学，不断发生作用，使原始的映像变形、分解、消失；代替映像的是赤裸裸的观念，分门别类的字儿，等于一种代数。”[1] 未来的风格使用一种有着丰富的词汇和短语的语言，不拘束于句法，既富于想像又十分准确，既有诗意又有科学性，适合表达形形色色最为困难的思想与价值。我们这样的一个时代，彼此的交往繁乱复杂，向前的节奏非常之快，给环境艺术设计制定任何一种规则都是不能够的，不可能的，也许也不应该(图5—26；彩图93)。正如房龙所说的，“我现在完全失去方位感，不能辨别方向，我现在一点也弄不清，我们的浪涛，是向下落呢，还是已然开始向上汹涌。我只知道，不论我们是向上，还是向下移动，我们总是向前移动。”我们了解的形象众多，我们的回忆与多重的复杂性混在一起。我们喜欢变化。虽然感觉到对设计完整性的执着追求，也感觉到打破这种画面以便从不止一个层面来体验环境艺术的快乐。

比如低收入者的居住环境，许多都是基于一种人道主义的心情，忽视了美观，甚至否定视觉艺术(Art-Visiul)，而对埃及建筑师H·法赛(H.Fathy)来说，即使是粗陋的泥土做成的拱或穹隆，也要使之具有艺术的魅力。印度建筑师C·柯里亚(C.Correa)认为“我们生活在有丰富历史文化遗产的国家”，“我们不要忘了这个星球的大多数人的实际生活状况，他们在为改善未来生活而挣扎。只有颓废的建筑才是向后看，有活力的建筑总是不断变化的，并探索明天！”[2] 无障碍设计深入人心是当代重视大众文化价值观念的重要反映。美国《1990年残疾人法案(ADA)》为公共场所和商业场所制定了残疾人通行标准。在设计新的设施和对现有设施的改动中要核实指南并加以应用(图5—27)。

---

1 [法]丹纳著，傅雷译．艺术哲学．北京：人民文学出版社，1963年第1版 P98

2 [印]C·柯里亚1985年在开罗召开的国际建协大会上的讲话，大会论文集[UIA CAIRO 1985] Hassan-Uddin Khan：〈Charles Correa〉，A Mimar Book，1987年。吴良镛著．广义建筑学．北京：清华大学出版社，1989年第1版 P59-61

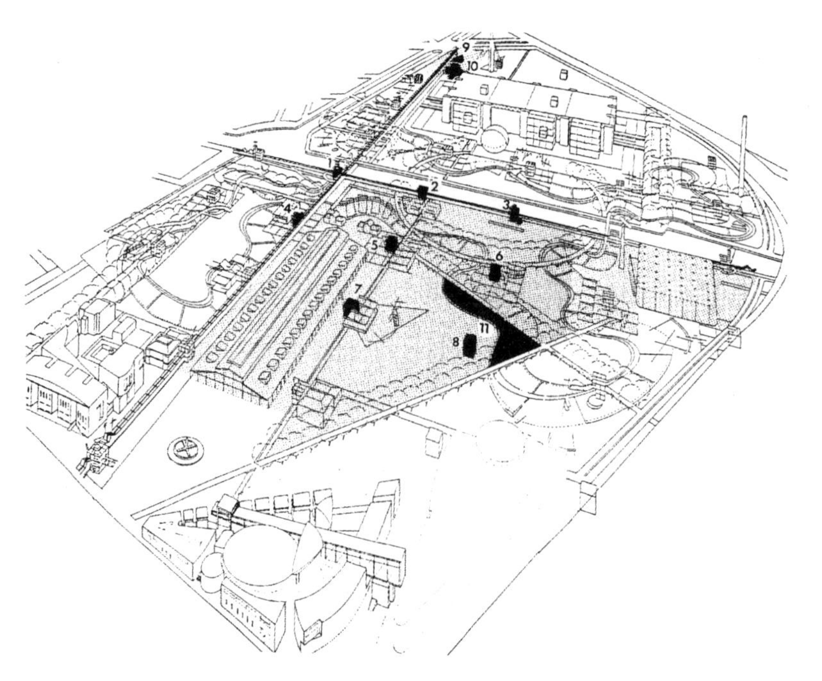

图 5-26　拉·德方斯(La De Fance)区拉·维莱特(Villette)公园全貌，屈米，法国巴黎

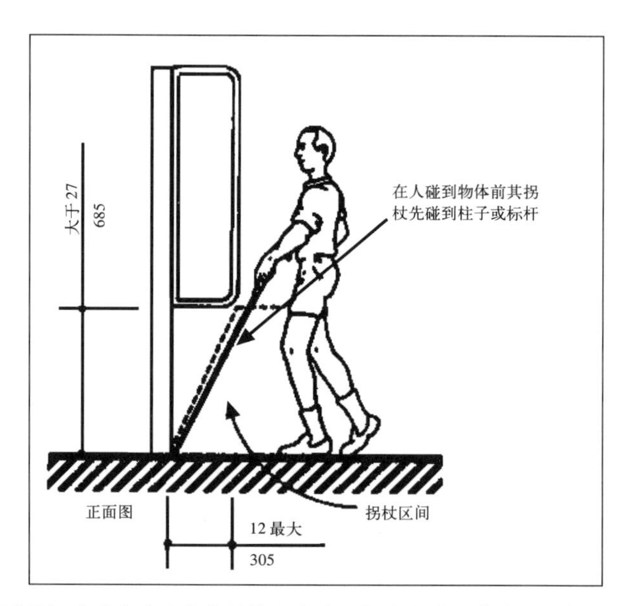

图 5-27　与带有突出物体的墙垂直的人行道(据美国残疾人法案[ADA])

5.4　环境生态平衡与可持续发展

生态平衡(Ecological Balance)是指自然界中由各种环境因素所构成的生态系统经过长期的相互作用而形成的协调关系和平衡状态。人类一旦破坏了这种平衡就

会产生一系列不良后果，包括资源的丧失及由于环境结构和环境机能的破坏所带来的对生物生存条件的威胁等。[1]

可持续发展(Sustainable Development)是指"既满足当代人的要求，又不影响子孙后代他们自己的需求能力的发展"，我们今天的发展不要对明天的发展带来危害，应是支持性的发展，而非掠夺性的开发；少用不可再生的资源，有条件地使用可再生资源；减少废弃物及对自然的污染，为子孙留下蓝天清水。现在以至未来，可持续性发展逐渐突破了自然环境的范围（即生态的可持续性，它是可持续性发展的最基本的内涵），扩展到社会、文化、经济领域的可持续性。[2]

我们的先辈钓鱼、设置陷阱或打猎，农耕、放牧或交易，在河流中划船，在山坡上或水边定居，从草地、河流、森林之中获取大自然的恩惠，这种生活方式有数千年之久而未严重地破坏自然。但是，世界人口数量在19世纪几乎增加了一倍，到了20世纪初，除了在南美洲腹地和南北两极之外，人们都在将自己的生活方式以大同小异的形式强加给地球。现代人借助于科学技术，大规模地改造了地貌，大地上留下了许多被人掠夺的伤痕，野生生物，特别是那些比人尺度大一些的动物几乎面临着绝迹的危险。人类对生态平衡与可持续发展的认识可追溯到两百多年前，英国经济学家马尔萨斯(T.R.Malthus)的《人口学》(1798年)一书中就已提出了人口增长应与经济增长、环境资源相协调。

20世纪70年代以来，人类的快速发展与全球的环境破坏更是愈演愈烈。在现实面前，人们不得不重新审视过去奉为信条的发展体系和价值观。1970年罗马俱乐部米多斯(D.Medows)提出"增长的极限(The Limits to Growth)"理论，指出工业化过度发展导致的环境、能源、生态危机，引起人们广泛注意。爱因斯坦说出了这样的话："我们的时代是工具完善而目标混乱"。1972年6月联合国在斯德哥尔摩召开了人类环境会议，提出了《只有一个地球》报告(Only One Earth)，通过了《人类环境宣言和行为计划》。而后全世界掀起关注人类环境的波澜：1976年在温哥华联合国召开第一次人类住区大会；1981年国际建筑师协会(UIA)发表"华沙宣言"《人类·建筑与环境》；1984年成立了世界环境与发展委员会；1987年委员会主席挪威首相布郎特兰(Gro Harlem Brundland)在一份题为《我们共同的未来》(Our Common Future)报告中首次提出了可持续发展的概念，并建议召开联合国环境与发展大会；1992年6月3日联合国在里约热内卢召开了《环境与发展大会》，通过了一系列文件，世界各国普遍接受了"持续发展战略"；1994年3月25日中国国务院通过了"21世纪议程——中国21世纪人口、环境与发展白皮书"；1999年

1 杜白操[执笔].国外的环境设计与居住环境.建筑师，1982年第10期，P129

2 李德华主编.城市规划原理.北京：中国建筑工业出版社，2001年第3版P185

UIA第20届大会的主题是“人与自然——迈向21世纪”，通过了《北京宪章》，3R原则(Reduce，Reuse，Recycle)标志了新的环境观深入人心。

人们逐渐认识到：在城市发展和环境建设过程中必须优先考虑生态平衡与可持续发展问题，把它作为与经济、社会发展同等重要的一环。设计师应该依照自然生态特点和规律，贯彻整体优先和生态优先的原则，掌握生态学和设计学的一些专业技巧，形成人工环境与自然环境的和谐共存。

5.4.1 整体生态环境观

李约瑟（Joseph Needham）曾对中国的环境观有着溢美之辞：“我初从中国回到欧洲，我最强烈的印象之一是与天气失去密切接触的感觉。木格子窗糊以纸张，单薄的抹灰墙壁，每一房间外的空阔走廊，雨水落在庭院和小天井内的淅沥之声，使个人温暖的皮袍和炭火——在令人觉得自然的心境，雨呀、雪呀、日光呀等等。在欧洲的房屋中，人完全被孤立在这种境界之外。”中国环境规划“不能失落它们的风景性质，中国建筑总是与自然调和，而不反大自然”。[1] 从中国古典园林选址法则上显现出其整体生态环境观：①因地制宜，即依地势高低曲直，布置园内景观；②傍山带水，山因水活，水随山转，以山水为基本结构；③遵从阳宅“卜筑”的原则，即选择一种“天时、地利、人和”的环境，以求心理上的平衡。园林艺术与山水画一样，强调以山为园林的骨架，以水为园林的血脉，灵活多样地构建园林空间(图5—28)。

图5-28 古典园林中的环境观，摹自王维《辋川图》部分

1 [英]李约瑟.中国的科学与文明.中译本第10册.台北：台北商务印书馆，1977年第1版P162－163

帕特里克·盖兹(Patrick Geddes, 1854～1932)于1915年出版了《演进中的城市》(Cities in Evolution)一书，在书中他以远见卓识阐述了与生活、文明、艺术、科学休戚相关的生态学。他认为自己的观点是对亚里士多德主要见解的发展，即是把一个城市当作一个整体来看。按生态学原理建立起来的人类聚居地，其社会、经济、自然得到协调发展，物质、能量、信息得到高效利用，生态进入良性循环，这种城市与乡村是一种高效和谐的人类环境。美国生态建筑学家理查德·瑞杰斯特(Richard Register)认为，生态城市是指生态方面健康的城市，它寻求人与自然的健康，并充满活力和持续力。[1]

马克思曾说过"人和自然的完善化的统一体——自然的真正复活——人的彻底的自然主义和自然的彻底的人道主义"。[2] 温州瓯江有绿岛，谢灵运有诗赞曰"乱流趋正绝，孤屿媚中川，云日拥辉映，空水共澄鲜"。表达了对自然之景的赞美。在有特殊造型的山地和有重要意义的名山旁、江湖畔建城，可以把城市放在从属的地位，不破坏周围的整体生态。广西桂林群山环绕，市中心有异峰突起。"桂林山水甲天下"，这是其他任何地方见不到的。青岛旧城凭借山地的优势，在面向大海的缓坡上形成了统一而富有特色的城市面貌。

渐渐地，人们有了如下共识：能欣赏自然景观的真实价值；人们把自己当作生态平衡系统中的一部分的参与意识，并以此来缓解来自现代生活的压力；拥有一种合理调节现代生活与生态平衡关系的愿望。

5.4.1.1 乡村自然式及乡土化设计

乡村场地的规划设计意味着期望同自然的和谐一致。让自然融于设计的目的和主题中，除非是为了改进自然环境，尽可能不要对它进行过分干扰和变动。在多数乡村，主要的天然景观特征已存在。顺依它们而建造，重点体现最佳特征，屏蔽、弱化不太理想的特征，设计与自然形态最佳结合的景观形式。顺应地形特征的土地规划可以很好地指导构筑物与建筑规划的组织。

一个充分考虑与地形关系的环境艺术设计作品其本身的力度会增强，同时与地形特征取得和谐。在乡土化设计中，建筑往往被看作景观的附属，对它进行设计以补充自然的轮廓和形态。芬兰建筑师仁玛·皮蒂拉(Reima Pietila)在赫尔辛基的奥坦尼米(Otaniemi)所建造的芬兰学生联合会"第波利"大厦(The Finnish Students' Union Building "Dipoli")结合自然环境，把平面做成自由舒展的布局，利用砖木材料本色，并在建筑四周叠自然岩石，衬托于茂密的树林之中，反映了强烈的乡土风格(图5-29)。

---

1 梁雪、肖连望编著.城市空间设计.天津大学出版社，2000年第1版 P6-7

2 [德]+++++++++++++卡尔·马克思著.经济学—哲学手稿.朱光潜译注.马克思〈手稿〉中的美学思想讨论集.陕西人民出版社，1983年第1版 P18

图 5-29　芬兰学生联合会“第波利”大厦，芬兰赫尔辛基

5.4.1.2　城市环境生态保护

“‘有机设计’这个术语不是空洞的陈词滥调。生物学可为设计者提供许多有价值的暗示……实际上，对支持将生物学方法纳入整个设计过程，可谓众说纷纭，主要都是因为已认识到一个广阔的生物学领域，即所谓的生态学。现在已开始着手研究一切有机体的动态关系，这些有机体——包括动物群和植物群——在地球表面上一个特定的区域中，彼此之间及其同整个环境的其他作用力之间存在着天然的联系。”（诺曼·T·牛顿[Norman T.Newton]语）

我们盼望这一天：曾是光秃的街道已绿荫遍地、花木扶疏；装饰的花卉、窗台的盆花和吊兰勾勒出商店的门面；闲置的角落和退后地利用立体种植床和座椅转变成微型公园；水泥干道的中间隔离带成为四季植物的展地；城内空闲地块的垃圾得以清除，成为社区公园和聚会空间。在更大的城市范围内，提倡和资助植树运动为数公里的街道和公路批上绿衣；污染的河道已被治理，重现清澈的蓝色水流，湖岸与水边成为景观重点，而为市民引以为豪。

在中心城区，腾空过境公路及某些街区道路可以为过境环路用地提供足够绿地隔离带；调整存有争议的停车场地和建筑物可以节省中心区面积；收回的空地或废弃（含低使用率土地）土地可以补充到公园及游憩用地中去。在“有机设计”思想的引导下，将大块平地和小片公共用地联合成整合的系统。在管理部门日益完善的统一指导下，当代城市终究会达到理想状态，即“以四周花园式公园环绕，建筑、道路和集会场所优雅地点缀其间”（图 5—30）。[1]

图 5-30　大连星海广场，中国辽宁

1 [美]约翰·O·西蒙兹著，俞孔坚、王志芳、孙鹏译.景观设计学.北京：中国建筑工业出版社，2000 年第 1 版 P346

5.4.2 特殊性环境生态要求

5.4.2.1 风景名胜区规划与保护

风景名胜区的保护属于历史文化遗产保护，历史文化遗产的保护起源于文物建筑的保护。自19世纪末起，世界各国陆续开始通过立法保护文物建筑。1982年11月19日，全国人大常委会通过了《中华人民共和国文物保护法》。1982年2月，国务院批转了国家建委、国家城建总局、国家文物局《关于保护我国历史文化名城的请示的通知》，将北京、曲阜、苏州等24个城市确定为首批国家历史文化名城（于1986年和1994年又公布了第二批38个、第三批37个国家历史文化名城，各地也陆续确定了一批省级历史文化名城和历史文化名镇）。1986年提出了“历史文化保护区”的概念，并要求地方政府依据具体情况审定公布地方各级历史文化保护区。风景名胜区是历史文化名城与历史文化保护区的重中之重，在规划与保护中既要维护原有风貌，又要恢复或合理开发其功能价值。在采取规划与保护手段的同时，特别是不要破坏原有生态并考虑到以后将要出现的生态问题。

对原有城市或地区在历史上已经形成的不仅具有文化价值，并且具有整体美的风景名胜等精华地区，需要千方百计设法加以保护（图5–31）。对历史地段保护的意义，不仅在于保护文物建筑、雕刻壁画等本身（“实体”部分）不被破坏，或对已经被损坏的地区进行科学地整理修复工作；还要保护其具有淳朴的“虚”的外在空间，具备整体美的环境，使“景观遗产（landscape heritage）”不轻易遭到破坏。对于仍在实际使用的历史文化环境，不仅古建学家、历史学家、工匠们积极投入修复、维护工作，还要求环境艺术设计师、建筑师、规划师运用新的环境概念来做精心的设计，增添必要内容，使它适于当今需要，在历史文化环境中仍具有时代的新气息，却又保持了旧有城市的结构和质地。另一方面，对于一般城市历史地段以外的新地区建设，显然可以有更多的自由创造新的时代风格，探索新模式；

图5-31 杭州西湖，中国浙江

但还应根据各城市或地区的历史、地理、文化情况，从不同程度上以不同方式去发展传统特色，在一些新设计中蕴有“旧”的文化根基。[1]

5.4.2.2 城市水系绿系规划设计

水是大自然的产物，是人类赖以生存的自然资源，又是城市和郊野景观的重要组成部分。在没有地面水系的城市往往人工开辟水面。历史上常见的是在城郭周围开辟护城河，起到防御外敌、保卫城市的作用（图5–32）。古人利用自然水系，挖湖堆山创造出一个又一个景点，供人们游憩、观赏，如北京的北海和琼岛白塔，城外的昆明湖和万寿山佛香阁（彩图94）。堪培拉中心的人工湖使澳大利亚的首都有了花园城市的美称。中国南方许多城镇河流纵横，河与街道两旁的房屋相互依偎。紧靠河边的过街门楼似乎伸进水里，人们穿过一个接一个的拱形门洞时，步移景异，趣味无穷。

人类有亲近自然、亲近水的天性。当城市滨水的时候，就要把水与城市连成一片，使其成为人们重要的活动场所（图5–33）。城市需要健康的水系供水，用于交通，改善生态环境（滋润生物，调节气候，有助于城市新陈代谢）。我国政府于1986年颁布、实施的《关于防治水污染技术政策的若干规定》中，明确肯定了污水土地处理和稳定塘等生态工程技术的作用，并建议各地根据当地条件优先考虑采用：①污水处理的水生植物生态工程技术；②污水湿地处理技术；③水体富营养化防治生态工程。[2]

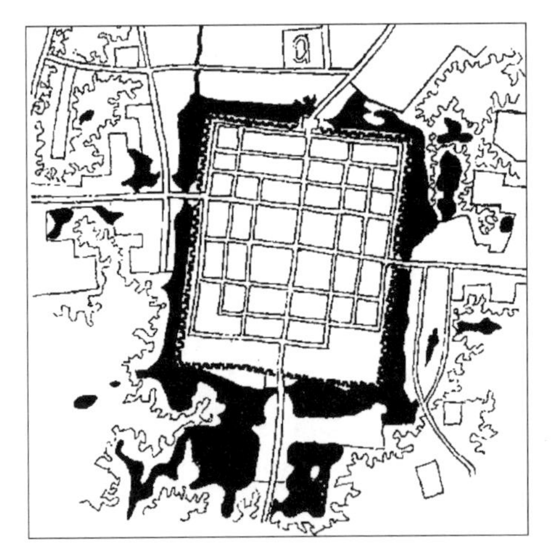

图5-32 商丘古城外围护城河，中国河南

图5-33 滨水大道通向悉尼歌剧院，澳大利亚

从生态学的观点看，城市结构应该依赖于生态系统，而绿系又是生态系统的一个主要组成部分。城市绿系主要包括：城郊的森林公园；城区内的独立式公园；滨河绿化带与滨江、滨海区域；居住区绿化。英国社会学家霍华德（Ebene zer Howard）在他的“田园理论”中就主张用绿色圈住现有城市地区；在“带形城市”中，规划师主张城市建设用地沿着河流或绿化带延伸。“楔状绿地”是将城市周围绿地中的森林引入市区而形成的，可以将大城市分成若干规划合理的地区，使绿地系统发挥出应有的作用。在欧洲的一些城市，往往将点状公园绿地与大片的绿带、绿环或森林公园相结合，创造出宜人的环境（图5–34；彩图95）。城市绿地系统建设的生态学原则是：①建成群落原则；②地带性原则；③生态演替理论；④潜在植被理论；⑤保护生物多样性原则；⑥景观多样性原则；⑦整体性和系统性原则。其中，生态演替是指一个群落被另一个群落所代替的过程；潜在植被是

1 吴良镛著.广义建筑学.北京：清华大学出版社，1989年第1版P167

2 富营养化防治是针对水的使用目的，对水体加以“适度控制”，即，并不是所有水体都是越贫营养越好。例如，作为水源地的水体应尽可能地贫营养，但是发展渔业和水产的水体，却允许一定程度的富营养化。参见宋永昌、由文辉、王祥荣主编.城市生态学.华东师范大学出版社，2000年第1版P290–292

指在大城市中，地带性的自然植被可能已不复存在，分布的大多是衍生的或人工临时性的植被类型，这既不经济又不稳定，更不能充分发挥绿地的生态效益。在这种情况下进行城市绿地系统建设，需找出在这个地区的气候和土壤等自然条件下可能发展的自然植被类型，即所谓的"自然潜在植被"(potential natural vegetation)。

城市绿系除了具有空间开敞性的视觉效果，更重要的是具有改善城市小气候，谋取环保效益的作用。"从生态学的角度来重新考察城乡规划中遇到的各种绿地时，就不难明白：它们绝对不是可有可无的景观美化的装饰物，或者是仅供满足休闲活动需要的休憩地，而是维持一定区域范围内人类生存所必需的物质环境空间。"[1] 在城市中，丰富的植物、广阔的绿色空间是一个安静祥和、欣欣向荣的社会的基石，它不仅具有生态功能（光合作用、调节气候等）、物理和化学效用，而且在调节人类心理和精神方面也发挥着积极作用。

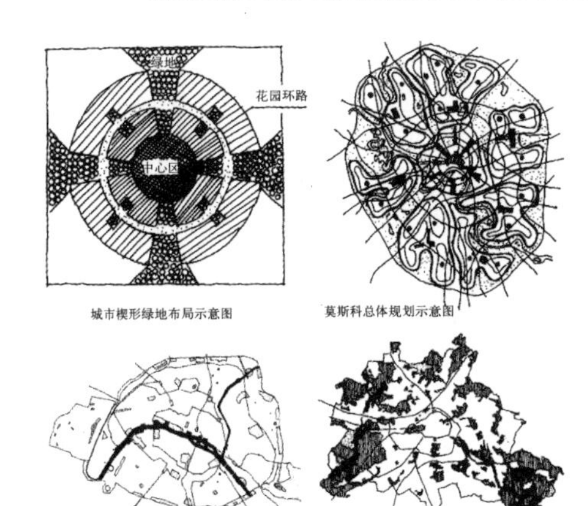

图 5-34　城市不同类型的绿系

5.4.2.3　废弃地恢复性设计

为体现并适应自然秩序，不仅应合理规划那些未受干扰的土地，而且在许多情况下必须重新集合并科学地再利用已被破坏的废弃地产。在当前以至未来，通过土地利用规划、区划、恢复开发、复垦和资源回收利用技术，使残缺、荒废的景观能够恢复到令人满意的形式，与周围环境构成一个健康的整体，一个充满生气的富足的地球栖息地。

在社会中第二产业转向第三产业后，原有的初级工业生产方式逐步被高科技和信息化的生产方式所代替。许多工业厂房往往被废弃不用。近些年来，先是发达国家，后有发展中国家致力于城市复兴，同时市民也普遍地提高了保护历史文化环境的意识，因此很多废弃房避免了被拆除的命运，被加以改造利用。第二产业时代的工业厂房体量都比较大，多为大跨度的梁柱结构，内部空间较为宽敞，改造后能适应多种用途，最多的是商场和购物中心。悉尼一座旧的发电厂，体量庞大，但其貌不扬。还是保留下来，用作实用艺术和科学博物馆。

由于城市性质发生变化，或者结构调整，遗留的码头、仓库，车站、机场不再发挥它们原有的功能，长期闲置不用，造成生态破坏，又会产生消极空间。芝加哥的河道曾用来运输货物，城市扩展后性质变了，河畔留下的纸张分类仓库经过设计改造为"河边住宅"。改造后的楼房底层增设咖啡店铺，掩映在河岸绿丛中，成为一个环境幽雅的去处。北京前门车站修建时原名为京奉铁路正阳门火车站，车站东移后改为综合商场，保持了原有风貌。

有些近代建筑或景观，颇具特色，能代表一个时期的历史，便可以保持原物。

1 李敏.生态环境系统与人居环境规划.清华大学人居环境研究中心成立学术报告会论文集.1995年

图 5-35 圆明园残迹

有文物价值的历史建筑，无论是地上的或是地下挖掘出来的，更应按原物保留。让它们在城市的空间环境中体现特定历史时期当地的文化景观（图 5—35）。[1]

随着城市这个有机体的增长，新旧建筑之间应根据建筑物的性质和不同的时间、地点通过立面呼应、细部运用、甘当配角、恰当对比等来处理好相互关系。

5.4.3 环境的可持续发展要求

可持续性发展的核心是发展，人类不求发展，不求进步，就不可能获取完美生活。问题是要从全局，长远的观点去认识这个“发展”。

“技术的进步，生产力的发展，生产关系的变革，促使世界范围内社会经济的变化，其结果之一便是城市的出现。在古代，世界经历了缓慢而漫长的城市化(urbanization)过程，直到1800年，世界上城市人口仅占全球人口的3%。”[2]产业革命推动了城市的急剧发展，促成了世界范围内的近代城市化。有些学者指出，‘新技术革命’和‘后工业社会’的发展，必然促进城市的发展和居住形式的新变化（比如当前所谓‘逆城市化’[Counterurbanization]现象等等）。西欧与美国二战后城市化水平已经达到60%；而我国在1985年尚为16.85%。随着经济、社会的进一步发展，仍会有加速阶段的不断到来。

我们的国土并非都如诗人眼中的诗情画意一般。大好河山中还存在不少亟待整治的地方；还有相当多的良田被不合理地占用，草原沙化，水面消失；人口、土地、环境生态等很多实际问题有待解决。《建筑模式语言》一书的作者亚历山大就

---

1 白德懋著.城市空间环境设计.北京：中国建筑工业出版社，2002年第1版 P292—300

2 [苏]大百科全书第3版“城市化”词条.王进益译.中国城市规划研究院城市规划情报研究所资料.1982年

说过："农业上最好的土地，也常是最好的建筑用地，但耕地是有限度的，一旦遭到破坏，上百年也难于重新获得。"希腊学者萨迪亚斯(Doxiadias)对生态问题忧心忡忡，在其《人类聚居学与生态学》一书中认为，可以乐观地说，地球上的资源是不会枯竭的，但是土地、空气和水是不可能增加的，"这将确确实实地限制我们这个星球的表面上生存的人类的数量"。况且，资源并非如他所说"是不会枯竭"的。如今在设计领域有了越来越多的可持续性发展的考虑：在能源方面有"重能源的设计(Energy Conscious Design)"，结合当地实际的环境控制技术、能源设计技术、采光理论、为节能服务的能源模型等；印度建筑师C·柯里亚(C. Correa)提出了"形式服从气候(form follows climate)"的口号，并在这个方向上做出了重要努力。[1]

建立可持续发展的环境艺术体系是一个高度复杂的系统工程。要实现它，不仅需要环境艺术设计师、建筑师和规划师运用可持续发展的设计方法和材料、技术手段，还需要决策者、管理机构、社区组织、业主和使用者都具备深刻的环境意识(节约自然能源；少制造废弃物；自愿保护、改善生态环境)，共同参与环境建设的全过程(图 5—36)。

图 5-36　前波美尼亚州保险公司，辛内克·魏贝尔格　昆多尔夫·埃宾尼，德国新勃兰登堡麦克伦堡

记得有人说过，人只有适应地球，才能世代分享地球上的一切。只有最适应地球的人，才能其乐融融地生存于其环境中。为了理想——获得爱和自由，即对自己的栖居环境的爱以及生活于这个环境的自由——我们坚持可持续发展的道路，设计我们的环境(彩图 96)。

1　吴良镛著.广义建筑学.北京：清华大学出版社，1989 年第 1 版 P28

提示(TIPS):

1.公众参与的形成与目的

有关公众参与的设计探讨在20世纪60年代已有人尝试。到70年代初，有关公众参与的设计方法的探讨无论在理论上还是实践中都已影响到西方建筑界，然后影响到整个设计领域。在英国形成了"社区建筑运动"，在美国则有"社区的建筑"等。这种现象的出现有着深刻的政治、社会背景。公众参与设计的目的主要是，试图重新给予普通人以某种程度上控制他们自己的生活环境的权力，让他们加入到住宅、公共设施乃至整个城市的规划设计过程中。这样，不仅有可能创造出比设计师独自设计更为丰富的和合乎人性的生活环境；而且参与设计的经历能促使公众增加主人公感，从而产生更稳定和自我满足的生活环境。

2.可持续发展

可持续发展（Sustainable Development）是20世纪80年代提出的一个新概念。1987年世界环境与发展委员会在《我们共同的未来》报告中第一次阐述了可持续发展的概念，得到了国际社会的广泛共识。可持续发展是指既满足现代人的需求以不损害后代人满足需求的能力。换句话说，就是指经济、社会、资源和环境保护协调发展，它们是一个密不可分的系统，既要达到发展经济的目的，又要保护好人类赖以生存的大气、淡水、海洋、土地和森林等自然资源和环境，使子孙后代能够永续发展和安居乐业。可持续发展与环境保护既有联系，又不等同。环境保护是可持续发展的重要方面。可持续发展的核心是发展，但要求在严格控制人口、提高人口素质和保护环境、资源永续利用的前提下进行经济和社会的发展。全球可持续发展五大要点:发展援助、绿色贸易、清洁水源、能源开发、环境保护。

思考题:

1.何为"环境心理学"、"人体工程学"？学习环境艺术设计的过程中，为什么要研究这些学科理论？

2.环境艺术设计方法中的"公众参与"的含义及其形式？

3.举例说明科学技术对环境艺术设计的作用和影响？

4.在进行郊野、乡村项目的环境艺术设计时，你认为应如何处理自然因素与人工因素的关系？

5.谈一谈在环境艺术设计中继承传统文化与艺术，借鉴西方文化与艺术时需注意的问题？

6.环境艺术设计是否需要提倡地域性？地域性与时代性有何关系？

7.阐述一下你所认识的"大众文化"？

8.19世纪末，霍华德提出了"田园城市"的概念，强调人与自然的和谐；20

世纪末，中国科学家钱学森提出“山水城市”的构想，可以说是中国“生态城市”的一种设想。利用本章整体生态环境观的相关知识，分析这种概念与设想对环境艺术设计有何启示。

9.“可持续发展”这个词的意义，其实在前工业社会中是一种现实。今日人们进行的“可持续性发展”研究的意义已变为人们与生活、生命过程的关系中形成一种十分神圣的关系。这种关系在环境艺术设计领域应如何得以体现？

后记

在中国，城市化已成为现代化的象征，势不可挡。于是，新老城市的产业、人口、交通，特别是城市生态结构的调整是21世纪城市建设的核心任务，乡村与小城镇也面临着重新规划、地域性延续、环境保护等问题。环境艺术设计将迎来更为广阔的应用领域。行业的发展需要从业者不断地进行思考、总结。由于经济发展、文化背景、社会制度等众多因素不同，目前，国内外的设计水平仍有差距，侧重点也有所不同。环境艺术设计的学科建设与专业教育有待进一步完善；工程实践范围需要拓宽，涉及的内容要增多；学科理论有待深化，与其他学科渗透的程度要加深。20世纪后半叶以来，环境艺术设计出现了多元化发展倾向的并存和融合，这种融合并存的状态有时看上去似乎是互为矛盾的，甚至是对立的。然而它们也应拥有共同的理念，那就是站在新世纪的起跑点上，反映大众文化与艺术价值观念，遵循生态平衡与可持续发展的原则，保持与"人"密切联系的表现形式，即真、善、美的形式，创造人类环境的未来。未来的环境艺术定将别具风采。本文尝试提出了环境艺术设计专业的学科框架体系并论及发展方向，期待大家评判并希望与之探讨，一起思考环境艺术设计专业的学科建设道路与未来前景。

参考文献

[1] 吴家骅编著.环境设计史纲.重庆：重庆大学出版社，2002

[2] [美]H·H·阿纳森著，邹德侬等译.西方现代艺术史.天津：天津人民美术出版社，1994

[3] [英]E·H·贡布里希著，范景中译.艺术发展史.天津：天津人民美术出版社，1998

[4] [日]相马一郎、佐古顺彦著，周畅、李曼曼译.环境心理学.北京：中国建筑工业出版社，1986

[5] 邓庆尧著.环境艺术设计.济南：山东美术出版社，1995

[6] 刘沛林著.风水－中国人的环境观.上海：上海三联书店，1995

[7] 天津社会科学院技术美学研究所编.城市环境美的创造.北京:中国社会科学出版社，1989

[8] 朱铭主编.环境艺术设计〈室外篇〉.济南：山东美术出版社，1999

[9] [美]查尔斯·莫尔 威廉·米歇尔、威廉·图布尔著，李斯译.风景.北京：光明日报出版社，2000

[10] [意]布鲁诺·塞维著，席云平、王虹译.现代建筑语言.北京：中国建筑工业出版社，1986

[11] 李道增编著.环境行为学概论.北京：清华大学出版社，1999

[12] 杨·盖尔著，何人可译.交往与空间.北京：中国建筑工业出版社，1992

[13] 林玉莲、胡正凡编著.环境心理学.北京：中国建筑工业出版社，2000

[14] 章利国著.现代设计美学.郑州：河南美术出版社，1999

[15] 李龙生编著.艺术设计概论.合肥：安徽美术出版社，1999

[16] 朱铭、荆雷著.设计史.济南：山东美术出版社，1995

[17] 李砚祖著.工艺美术概论.长春：吉林美术出版社，1991

[18] 李龙生.设计思维的辩证逻辑.设计新潮.1997年第4期

[19] [苏]莫·卡冈著，凌继尧、金亚娜译.艺术形态学.北京：三联书店1986

[20] 布正伟著.自在生成论－走出风格与流派的困惑.哈尔滨：黑龙江科学技术出版社，1999

[21] [美]约翰·拉塞尔著，陈世怀、常宁生译.现代艺术的意义.南京：江苏美术出版社，1996

[22] 白德懋著.城市空间环境设计.北京：中国建筑工业出版社，2002

[23] 吴良镛著.广义建筑学.北京：清华大学出版社，1989

[24] 沈福煦编著.现代西方文化史概论.上海：同济大学出版社，1997

[25] [美]房龙著，衣成信译.人类的艺术.北京：中国和平出版社，1996
[26] [法]丹纳著，傅雷译.艺术哲学.北京：人民文学出版社，1963
[27] [美]H·G·布洛克著，滕守尧译.现代艺术哲学.成都：四川人民出版社，1998
[28] 凌继尧、徐恒醇著.艺术设计学.上海：上海人民出版社，2000
[29] [美]凯文·林奇著，方益萍、何晓军译.城市意向.北京：华夏出版社，2001
[30] 刘育东著.建筑的涵意.天津：天津大学出版社，1999
[31] 刘先觉主编.现代建筑理论.北京：中国建筑工业出版社，1999
[32] [美]马克·第亚尼编著，滕守尧译.非物质社会.成都：四川人民出版社，1998
[33] 吴家骅著，叶南译.景观形态学.北京：中国建筑工业出版社，1999
[34] [美]梯利著，伍德增补，葛力译.西方哲学史.商务印书馆，1995
[35] [日]今道友信著，崔相录、王生平译.存在主义美学.沈阳：辽宁人民出版社，1987
[36] [英]伯特兰·罗素著，崔权醴译.西方的智慧.北京：文化艺术出版社，1997
[37] [英]E·H·贡布里希著，范景中、杨思梁、徐一维译.秩序感.长沙：湖南科学技术出版社，2000
[38] 邓焱著.建筑艺术论.合肥：安徽教育出版社，1991
[39] 冯友兰著.中国哲学简史.北京大学出版社，1996
[40] 宗白华著.艺境.北京大学出版社，1999
[41] 张绮曼主编.环境艺术设计与理论.中国建筑工业出版社，1996
[42] 熊明著.城市设计学－理论框架·应用纲要.中国建筑工业出版社，1999
[43] 杜汝俭、李恩山、刘管平主编.园林建筑设计.中国建筑工业出版社，1986
[44] 刘滨谊.21世纪中国需要景观建筑学.建筑师.1998年第2期
[45] 中国城市规划学会、中国建筑工业出版社编.滨水景观.中国建筑工业出版社，2000
[46] 中国城市规划学会、中国建筑工业出版社编.商业区与步行街.中国建筑工业出版社，2000
[47] 中国城市规划学会、中国建筑工业出版社编.城市广场.中国建筑工业出版社，2000
[48] 普方.室内设计进入新阶段.室内ID+C.2001年第12期
[49] 范云.APEC会议主会场室内环艺设计.室内ID+C·2001年第12期
[50] 史春珊.设计个性的产生.室内ID+C.2001年第12期
[51] [英]汤因比等著，王治河译.艺术的未来.桂林：广西师范大学出版社，2002
[52] [美]伊里尔·沙里宁著，顾启源译.形式的探索——一条处理问题的基本途径.中国建筑工业出版社，1989
[53] 邹德侬.回归第三世界，回归基本目标.建筑师.1992年第47期

[54] [美]罗伯特·文丘里著，周卜熙译.建筑的复杂性与矛盾性.中国建筑工业出版社，1991
[55] 韩冬青.建筑形态建构方式的比较和探索.新建筑.1994年第3期
[56] 陈志华著.北窗集.中国建筑工业出版社，1993
[57] 崔世昌编.现代建筑与民族文化.天津大学出版社，2000
[58] 杨贵庆.从住屋平面的演变谈居住区创作.新建筑.1991年第2期
[59] 曾昭奋.繁荣与沉寂.世界建筑.1995年第2期
[60] [美]约翰·O·西蒙兹著，俞孔坚、王志芳、孙鹏译.景观设计学.中国建筑工业出版社，2000
[61] 徐千里著.创造与评价的人文尺度－中国当代建筑文化分析与批判.中国建筑工业出版社，2000
[62] [美]C·亚历山大著，赵冰译.建筑的永恒之道.中国建筑工业出版社，1989
[63] [美]劳伦斯·哈普林著，林云龙、杨百东译.景园大师－劳伦斯·哈普林.台北：台湾尚林出版社，1984
[64] 金招芬、朱颖心主编.建筑环境学.中国建筑工业出版社，2001
[65] 俞孔坚、刘东云.美国的景观设计专业.国外城市规划.1999年第2期
[66] 俞孔坚.哈佛大学景观规划设计专业教学体系.建筑学报.1998年第2期
[67] 黄妍.景观建筑学＝风景园林？.建筑学报.1999年第7期
[68] 潘鲁生主编，荆雷编著.设计艺术原理.济南：山东教育出版社，2002
[69] 洪得娟著.景观建筑.同济大学出版社，1999
[70] 陈绳正著.城市雕塑艺术.沈阳：辽宁美术出版社，1998
[71] [英]F·吉伯德等著，程里尧译.市镇设计.中国建筑工业出版社，1983
[72] 施慧著.公共艺术设计.杭州：中国美术学院出版社，1996
[73] 赵云川著.陶瓷壁画艺术.辽宁美术出版社，2001
[74] 任梦璋编.欧洲环境艺术.辽宁美术出版社，1996
[75] 广东美术馆编.潘鹤－走进时代的艺术.辽宁美术出版社，1997
[76] [美]哈维·M·鲁本斯坦著，李家坤译.建筑场地规划与景观建设指南.大连：大连理工大学出版社，2001
[77] 杜白操[执笔].国外的环境设计与居住环境.建筑师，1982年第10期
[78] 梁雪、肖连望编著.城市空间设计.天津大学出版社，2000
[79] [美]威廉·詹姆士著，陈羽纶、孙瑞禾译.实用主义.北京：商务印书馆，1979
[80] [美]鲁道夫·阿恩海姆著，腾守尧、朱疆源译.艺术与视知觉.四川人民出版社，1998
[81] 王小慧著.建筑文化·艺术及其传播.天津：百花文艺出版社，2000
[82] 李德华主编.城市规划原理.中国建筑工业出版社，2001

[83] [美]霍尔姆斯·罗尔斯顿著，杨通进译.环境伦理学.北京：中国社会科学出版社，2000
[84] 陆雍森编著.环境评价.同济大学出版社，1999
[85] [丹麦]S·E·拉斯姆森著，刘亚芬译.建筑体验.中国建筑工业出版社，1990
[86] 周鸿、刘韵涵著.环境美学.昆明：云南人民出版社，1989
[87] 吴景龙、袁华军.国外小城镇建设与发展模式及其对我国的启示.小城镇建设.2001年第2期
[88] 李开然、冯炜.城市公共自助景观环境体系及景观建筑师卡尔·林.中国园林.2002年第4期
[89] 戴月.关于公众参与的话题：实践与思考.城市规划.2000年第7期
[90] 周秀云.自然山水资源与山水城市.中国园林.2002年第4期
[91] 宋永昌、由文辉、王祥荣主编.城市生态学.上海：华东师范大学出版社，2000
[92] 周鸿编著.人类生态学.高等教育出版社，2001
[93] 刘文军、韩寂编著.建筑小环境设计.同济大学出版社，1999
[94] 荆其敏著.建筑环境观赏.天津大学出版社，1993
[95] 陈炎主编，廖群著.中国审美文化史·先秦卷.济南：山东画报出版社，2000
[96] 曹意强著.艺术与历史.中国美术学院出版社，2001
[97]《数字城市导论》编委会.数字城市导论.中国建筑工业出版社，2001
[98] [英]W.C.丹皮尔著，李珩译.科学史—及其与哲学和宗教的关系.桂林：广西师范大学出版社，2001
[99] [英]卡尔·皮尔逊著，李醒民译.科学的规范.北京：华夏出版社，1999
[100] [美]凯文·林奇 加里·海克著，黄富厢、朱琪、吴小亚译.总体设计.中国建筑工业出版社，1999
[101] [德]维勒格编，苏柳梅、邓哲译.德国景观设计.沈阳：辽宁科学技术出版社，2001年第1版
[102] [英]盖伊·库珀、戈登·泰勒编著，安晓露译.未来庭园.广州：百通集团 贵阳：贵州科技出版社，2002年第1版
[103] [西]弗郎西斯科·阿森西奥切沃编著，龚恺、曲捷、王巍等译.世界景观设计·城市公园.广州：百通集团.南京：江苏科学技术出版社，2002年第1版
[104] [西]卡尔斯·布罗托编著，何炳威译.世界景观设计·城市主义.广州：百通集团 南京：江苏科学技术出版社，2002年第1版
[105] [美]詹姆斯·G·特鲁洛夫编著，周文正译.当代国外著名景观设计师作品精选·马里奥·谢赫楠.北京：中国建筑工业出版社，2002年第1版
[106] [美]詹姆斯·G·特鲁洛夫编著，佘高红、王磊译.当代国外著名景观设计师

作品精选·枡野俊明.北京：中国建筑工业出版社，2002年第1版
[107] Tim Richardson. The Vanguard Landscapes and Gardens of Martha Schwartz. London:Thames & Hudson Ltd,2004
[108] Udo Weilacher. Between landscape architecture and land art. With forewords by John Dixon Hunt and Stephen Bann. [Transl.into Engl.:Felicity Gloth]. —Basel;Berlin;Boston:Birkhäuser,1999